犬を科学する

石橋　晃・板橋久雄・桜井富士朗
島田真美・祐森誠司・本澤清治　監修

養賢堂

切手になった犬たち

日本のオリジナルデザイン切手

イヌをデザインした世界の切手（1）

ガンドッグ

イヌをデザインした世界の切手（２）

ハウンド

ワーキング

26 27 28

イヌをデザインした世界の切手（3）

ワーキング

ハーディング

イヌをデザインした世界の切手(4)

コンパニオン

45　46　47

48　49　50

51　52

トイ

53　54

55　56

イヌをデザインした世界の切手（5）

トイ

テリア

スピッツ

71

72

73

犬種ほか

1.秋田犬　2.忠犬ハチ公　3.樺太犬タロ・ジロ　4.ふみの日(ダックスフント)　5.のらくろ　6.記念切手(プードルとスピッツ)　7.アイリッシュ・セター　8.アイリッシュ・コッカー・スパニエル　9.イングリッシュ・セター　10.ジャーマン・ポインター　11.オーベルニュ・ポインター　12.ゴールデン・レトリーバー　13.ジャーマン・ポインター　14.ラブラドール・レトリーバー　15.アフガン・ハウンド　16.エルクハウンド　17.ダックスフント　18.アイリッシュ・ウルフハウンド　19.アイリッシュ・グレーハウンド　20.サルーキ　21.ブラッドハウンド　22.ボルゾイ　23.バーバリアン・ハンティング・ドッグ　24.ロシアン・ウルフハウンド　25.ロシアン・グレーハウンド　26.アラスカン・マラミュート　27.グレート・デーン　28.シベリアン・ドッグ　29.シベリアン・ハスキー　30.チベタン・マスティフ　31.ドゴアルヘンティーノ　32.ロットワイラー　33.土佐犬　34.セント・バーナード　35.ピレニアン・マウンテン・ドッグ　36.ドーベルマン　37.ニューファンドランド　38.バーニーズ・マウンテン・ドッグ　39.ボクサー　40.モンゴリアン・ドッグ　41.ライカ犬　42.ウェルシュ・コーギー・ペンブローグ　43.オールド・イングリッシュ・シープドッグ　44.コリー　45.ダルメシアン　46.ジャーマン・シェパード・ドッグ　47.シェットランド・シープドッグ　48.プーリー　49.チャウ・チャウ　50.チャイニーズ・シャーペイ　51.フレンチ・ブルドッグ　52.ブルドッグ　53.チワワ　54.マルチーズ　55.パグ　56.狆　57.ミニチュア・ピンシャー　58.メキシカン・ヘアレス・ドッグ　59.ペギニーズ　60.パピヨン　61.ポメラニアン　62.ワイアーヘアード・フォックス・テリア　63.ケアンズ・テリア　64.ウェスト・ハイランド・テリア　65.ヨークシャー・テリア　66.シュナウザー　67.チェコ・テリア　68.ラフヘアードフォックステリア　69.ブル・テリア　70.スムース&ワイアーヘアード・フォックス・テリア　71.柴犬　72.珍島犬　73.タイ・リッジバック・ドッグ

はじめに
犬についてもっと知ろう

小動物栄養研究会を立ち上げてから20年近く経ちました．遅々とした歩みではありますが，随分と勉強になりました．メンバーの出入りもありました．ここで僅かではありますが勉強の成果を本にまとめることにしました．

動物愛護の精神の理解は深まりつつありますが，一方で食用のために家畜を殺すことは仕方ないということが理解できない人も多くいます．日本では家畜の霊を慰めるため畜魂碑などを建てます．犬に対しても同じような碑が残されています．一方で，闘犬など動物愛護の精神に欠けるようなことも行われています．世界的には犬肉を食べることも続いています．犬は家畜か，家族の一員か，によってとらえ方が変わります．

現在身近な動物でありながら犬に関しては知らないことが多すぎます．専門家の先生方による立派な専門書はたくさんありますが，特に栄養関係や犬全般にわたる本は多くはありませんし，誤解に基づくものも少なくありません．そこで「猫を科学する」では不十分だった点の反省も含め，本書を姉妹本としてまとめることにしました．本書が愛犬家の皆様のお役に立てば幸甚です．

最後に，本書を出版するに当り，会員諸氏，ご多用のところ御執筆頂いた諸先生，ご協力をいただいた方および終始ご高配頂いた養賢堂の 加藤　仁様に心より感謝申しあげます．

監修者，執筆者，協力者，小動物栄養研究会員一同

監修者　石橋　晃　板橋久雄　桜井富士朗　島田真美　祐森誠司　本澤清治

執筆者　大木富雄（大妻女子大学）大辻一也，川村和美，島田真美，藪田慎二（帝京科学大学）熊倉克元（佐野高校）岡田幸之助，小佐々学（日本獣医生命科学大学）小松千江（新百合丘動物病院）杉田昭栄（宇都宮大学）祐森誠司（東京農業大学）田名部雄一（岐阜大名誉教授）中俣由紀子（かしま動物病院）原千佳子（日本科学飼料協会）比留間俊美（比留間ペット栄養クリニック）本澤清治（飼料・ペットフードコンサルタント）本間恵子（やまとなでしこ倶楽部）

ご協力いただいた方　小島　誠　小野幸子　片岡千弥子　川村　和　武石　勝　武田英嗣　為谷茂樹　平澤和恵　堀口恵子　松下英樹　三宅達也　百瀬清一　正木 理々子

目　次

Ⅲ　イヌの繁殖……42（岡田幸之助）

Ⅳ　イヌの歴史と現在と仲間たち……56

Ⅴ　イヌとの暮らし……62（島田真美）

Ⅵ　イヌの品種とその仲間……77（祐森誠司）

Ⅺ　イヌの食べ物と水……197（本澤清治　島田真美）

Ⅻ　飼主のそこが知りたい（Q ＆ A）……222（島田真美）

（ ）内は担当執筆者．章の後にある時は章全体を，節の後にある時はその節のみを執筆しています。

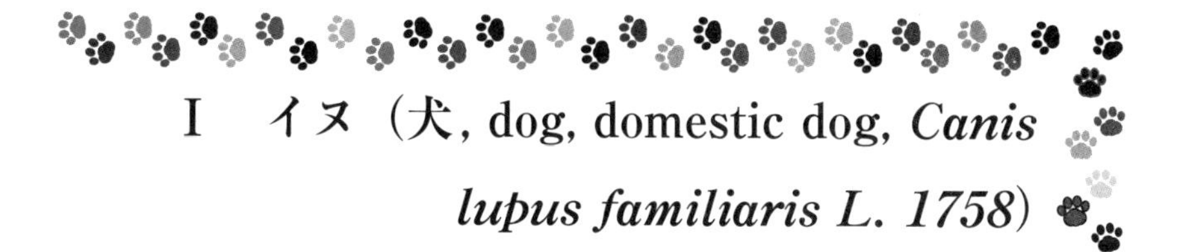

I　イヌ（犬, dog, domestic dog, *Canis lupus familiaris L. 1758*）

イヌはネコ目*Carivora*，イヌ亜目*Fissipedia*，イヌ下目*Cynoidea*，イヌ科*Canidae*，イヌ亜科*Caninae*，イヌ族*Canini*，イヌ属*Canis*，種タイリクオオカミ*C. lupus*，亜種イエイヌ*C. lupus familiaris L.1758*．属名の*Canis*と種小名の*lupus*は，ラテン語由来でイヌ，オオカミを示し，亜種名*familiaris*は家庭に属するという意です．以前食肉目としていたのがネコ目に改訂されたのは1988年文部省の学術用語集動物学編で，目以下の名称がすべてそれぞれの動物群を代表する特性を持っている訳ではなく，単に親しみやすい名前に変えたかったからという理由です．イヌがネコ目から派生してくるのは不自然な感がありますが，イヌとネコは共通祖先から分岐しており，どちらが先とした訳ではありません．ただし，本来特定の動物名で表せるのは上科までで，目のような大分類を動物名で表すのは無理なのです．ネコ目は英語でCarnivoreなので，訳としては食肉目の方が正しいと思われます．

1　イヌを表す漢字

1）犬

犬という字は象形文字です．漢字の起源とされる甲骨文字では 図Ｉ-１-Aや図Ｉ-１-Bと描かれます．「金文（きんぶん）」といって金属器に鋳出されるか，刻まれた文字では，図Ｉ-1-Cとなり，かなりリアルな形になっています．さらに書道の篆書（てんしょ）体では，図Ｉ-1-Dと書かれます．これらは中国古代に主に猟犬として飼われていた逞しいイヌです．中国文字学の標本的古典である「説文解字」には犬字の説明として「狗の縣蹏（けんてい）有る者なり」とあります．縣蹏とは退化してほとんど使われない蹄（ひづめ）のことですが，こうした蹄を持ったイヌは猟犬に適しているといわれています．この犬の字と人とから成り立

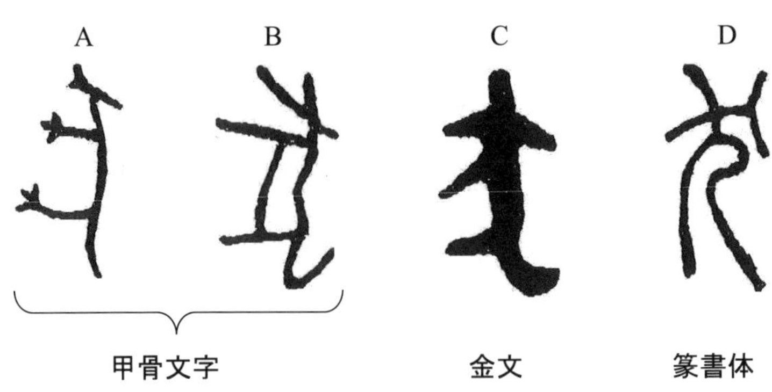

A・B：甲骨文字は亀の甲羅や牛や鹿の肩甲骨に刻まれた
C：金文は鋳型に流し込む故に書体が太い．金は青銅のこと
D：篆書体は一文字の大きさが均等になり，線の太さも同じになった

図Ⅰ-1　骨に書いたかき文字
左から順に甲骨文字・金文・小篆

つ「伏」の漢字は殷や周で王墓の守護に武人やイヌを生贄（いけにえ）として棺の下に埋めることを意味しています．また「器」という字は本来「器」と書き，犬という字が使われています．イヌを生贄として清められた器の意味です．また「類」という字も本来は「類」というように犬という字が使われていました．米つまり穀物を供え，犠牲としてのイヌを焼き，その臭いを天空に上らせて天帝を祀ることを意味します．イヌが生贄として貴いものとされていたことを示します．臭という字の「自」は正面から見た犬の鼻の形，その下の「大」は，本来は「犬」でした。常用漢字の簡略化は，こうしたイヌにまつわる歴史を失う結果になりました．犬の字の字音はケン（中国音quan）ですが，これはイヌの鳴き声を真似た擬声語との説があります．

2）狗

これは子犬を指します．子馬を駒と書くのと同じ関係です．この字の獣偏はイヌを表し，右側の旁（つくり）の「句」はその漢字の発音を表すもので，句には「小さくかがむ」の意味があり，意味上の繋がりも持っています．また，この字音クないしはコウ（中国音gou）は子犬の鳴き声に由来し，犬と狗とはその大きさと同時に鳴き声（quanとgou）の違いも表しているのかもしれません．

3）戌

これは一の形に戈が合わさったもので,「刃物で作物を刈り取りひとまとめにする」の意でしたが，後に方角，時刻，干支等の暦法関係の用語として使われるようになり, 本来の意味から離れました．適正に当てるべき漢字がなくて，他の同音の漢字を借りたもので, 漢字の成り立ち方の１つとして仮借（かしゃ）といわれます．ちなみに戌は十二支ではイヌですが，方角では西北西，時刻では現在の午後八時前後，陰陽五行では土に当ります．

２　獣偏の漢字

獣偏の漢字はイヌに関わる文字が多いようです．

⑴　**犯**　旁は本来「度を超える」の意の氾で，イヌが暴れて，周囲のヒトを害することを表します．そこで「おかす」という訓読みが当てられました．

⑵　**狩と獲**　狩の旁の守はシュないしはシュウの字音で,「取り囲む」の意，つまり猟犬を使って, 獲物を取り囲んで捕えること, 獲の旁の蒦（カク）は「とらえる」の意で，狩猟で鳥獣を捕らえることを表します．この偏はその際にイヌが重要な役割を果たしていることを示しています．

⑶　**狂**　旁の王は「むやみに走り回る」の意で，むやみに走り回るイヌの意です．これより，狂ったように走り回るイヌの意となりました．

⑷　**猛と猋**　猛の旁の孟は「突進していく」の意味で，ドッグレースのイメージです．犬を３頭合せた猋は字音ヒョウで，文字通り，イヌが「群れて走る様子」の意です．これぞドッグレースのごとく速く走る様子を指しています．

⑸　**獄**　真ん中の言を取ると，㹜（ギン，ゴン）となります．２頭のイヌがお互いにいがみ合っている様子．その間に言が入って,「相手を訴えて, 言い争う」の意味になります．さらに裁判の意となり，その裁判で判決を受けた者を収監するヒトや監獄，牢獄の意に発展しました．

⑹　**狡猾**　ずる賢いことを評して狡猾といいます．狡の旁の交は「身をよじる」ということで, すばしこい子犬の意味です．これが悪い意味合いで捉えられて，ずるいの意味に変化します．後の猾の旁は「悪賢い」の意味です．ここでは，イヌの素早い動き，身のこなしが悪い意味に取られています．これに対して，

史記に「狡兎死して，良狗烹（ニ）らる」とありますが，これはすばしこいウサギが死ぬと今まで大切にされていた猟犬は煮て食われてしまうの意味で，敵が滅びると，功績のあった忠実な家来も殺されてしまうの例です．

3　和　名

漢字伝来以前の呼び名の「いぬ」，つまり和名としての由来について「大言海」（大槻文彦　昭和７～12年）では，その鳴き声に由来し，ワンワンのワがイに転じ，インインとなり，やがてイヌに繋がったとしています．江戸期の1826年刊の高田与清著「松屋叢考」には，イヌはウエヌの転と書かれています．ウエヌとは現在のウェンに相当します．これも鳴き声に由来するものと思われます．当時の物名の語源を解説した1662年の松永貞徳の「和句解（わくげ）」や1699年の貝原益軒の「日本釈名」によれば，遠くからでも飼主の所に戻る（イヌル）ことからイヌと呼ぶようになったとあります．新井白石による語学書「東雅」（1719年成立）では，まずイヌのイとは，イエ（家）が縮まってエ，さらにこれがイに転じて発音されるようになり，それに助詞の現在の～のに当るヌがついたものと説かれています．つまり家の～のという意味になります．この家の，～の後には多種多様な言葉が入りそうです．狩谷棭斎著「箋注和名類聚鈔」（1827年成立）には，犬にはイヌとエヌとがあり，漢字の犬と狗との区別のようにイヌは成犬，エヌは子犬ですが，本来の区別が混同されていると書かれています．つまり，犬のことをイヌと呼んだりエヌと呼んだりするヒトがいて，意味上の区別はされていないということなのです．

以上のように，イヌの語源はイヌたちが日常見せる様々な生態や鳴き声から名づけられています．イヌは私達の生活に身近な存在だけに，その語源的由来を究めようとし，多くの語源説が生まれていますが，決定的な説はありません．ちなみに，英語のdogは神godの逆の綴りとなっており，地面に鼻をつけて歩くイヌは聖なる立場とは逆の意であるとする説もあります．

4　名前にイヌのつくもの

植物にはイヌの言葉がつく名前がたくさんあります．その命名にはイヌの特徴に似ているもの（オオイヌノフグリ，イヌノハナヒゲ，イヌノヒゲ等），食用にはならない等，利用性が低いことを意味するもの（イヌマキ，イヌビワ，イヌヒエ，イヌムギ，イヌガラシ，イヌツゲ，イヌサンショ等）があります．米国ではハナミズキをdogwoodと呼びます．理由は樹皮がイヌの皮膚病(疥癬)の薬となった，葉からノミ取りの薬が作られた等があります．

5　イヌに関する記述

古くから身近な存在だけあってイヌが主人公，またはそれに準じるキャラクターであるもの，作品のテーマに関わる重要な役割を果たす文学作品，映像作品，コミック等とてもたくさんありますが，良くも悪くも取られます．

1）格言と諺

⑴　**日本と中国の格言と諺**　たくさんありますが，その発祥は中国の故事に由来するものが多いです（表Ⅰ-1）．

⑵　**英語の格言，諺，成句**　英語圏においてイヌは家族の一員として扱われていますが，成句では否定的な意味で用いられています（表Ⅰ-2）．

2）童話・ファンタジー・ミステリー・サスペンス

枚挙にいとまないほどですが，代表的な作品を表Ⅰ-3と-4にまとめました．

3）エッセイ・紀行

イヌの登場するエッセイや紀行も多く,作者には文豪が名を連ねています(表Ⅰ-5)．

4）ノンフィクション

イヌは単に人の眼，耳，手足になるだけではなく，家族の一員であり，友でもあります．一緒にいるだけでも，心の支えとなり，生活を潤してくれるのでノンフィクション作品にもたくさん登場します（表Ⅰ-6）．

5）小説，詩，短歌，俳句

イヌが登場する小説では主人公がヒトでも少し別の味わいがあり，より深い感動，感激や哀しみ，切なさを感じる場合もたくさんあります．表の他にも遠藤周作，江藤淳等高名な小説家や評論家によるものも数多くあります．

詩，短歌，俳句にも登場します．斎藤茂吉の全集の中には29首，俳句にはそ

表Ⅰ-1　日本と中国の格言と諺

日本

赤犬が狐を追う	犬の遠吠え	暗がりの犬の糞
一犬影に吠ゆれば万犬声に吠ゆ	負け犬の遠吠え	鶏犬の声相聞こゆ
一犬虚に吠ゆれば万犬実を伝う	犬の蚤の噛み当て	犬猿の仲
犬一代に狸一匹	犬は三日の恩を三年忘れず	犬牙相制す
犬が西向きゃ尾は東	犬骨折って鷹の餌食	犬馬の心
犬が星見る	犬骨折って鷹に捕らわる	犬馬の年
犬腹（いぬっぱら）	犬も歩けば棒に当たる	犬馬の齢
犬に肴の番	犬も頼めば糞食わず	犬馬の養い
犬になっても大家の犬	犬も朋輩、鷹も朋輩	犬馬の労を取る
犬になるなら大所の犬になれ	犬を喜ばせる	犬羊の質
犬にも食わせず棚にも置かず	飢えた犬は棒を恐れず	米食った犬が叩かれず、糠食った犬が叩かれる
犬に論語	兎を見て犬を放つ	笊（ざる）舐めた犬が科かぶる
犬に念仏猫に経	内は犬の皮、外は虎の皮	棄犬（すていぬ）に握り飯
犬の川端歩き（犬川）	大犬は子犬を責め、子犬は糞を責める	夏の風邪は犬もひかぬ
犬の子の徒歩き	尾を振る犬は打てず	夏の蕎麦は犬も食わぬ
犬の糞で敵を討つ	尾を振る犬は叩かれず	夫婦喧嘩は犬も食わぬ
	飼い犬に手を噛まれる	吠える犬は噛まぬ
	垣堅くして犬入らず	煩悩の犬は追えども去らず

中国

鶏鳴狗盗	描虎類狗	蜀犬吠日
鶏犬不寧	狼心狗肺	粵犬吠雪
陶犬瓦鶏	犬馬之心	越犬吠雪
飛鷹走狗	犬馬之年	邑犬群吠
鷹犬之才	犬馬之齢	一犬吠形百犬吠聲
鼠窃狗盗	犬馬之養	狗吠緇衣
狡兎死 走狗烹	犬馬之労	白衣蒼狗
狡兎走狗	犬羊之質	蒼狗白衣
驢鳴狗吠	淮南之犬	狗頭生角
驢鳴犬吠	楊布之犬	狗尾続貂
羊頭狗肉	喪家之狗	泥車瓦狗
画虎成狗	桀犬吠尭	唐犬額
画虎類狗	跖狗吠尭	

表I - 2　英語の格言，諺，成句

英語	意味
dog eat dog	仲間争い，食うか食われるかの競争
go to the dogs	落ち目になる，事が流行らなくなる，体調が悪くなる，ドッグレースにいく
Every dog has its/his day	誰にでも得意な時はある
It's a dog's life	惨めな生活のこと
put on the dog	見栄を張ったり，勿体ぶったり，気取ったりする
a dog in the manger	イソップ寓話から，自分に用のないものを他人に使わせるのを嫌がるような，意地の悪い人のこと
a dog's breakfast	めちゃくちゃな，困った状態のこと
(as) pleased as a dog with two tails	まるで尾が2本あるように見えるほど，嬉しそうに尻を振る様子から大喜びするという意味
(as) sick as a dog	とても気分が悪い状態
die like a dog	恥ずべき死に方，悲惨な死に方をする
dog day	暑中，盛夏の候
dog ear	耳折れ，本のページの隅を折ること
dog meat	死体，つまらないもの
dogged	容易に屈しない，強情，根気強いこと
doghanged=hangdog	こそこそした，おどおどした
doglike	犬のような，忠実な，ひたすらな
hound's tooth	千鳥格子模様
blush like a black dog	黒い犬が顔を赤らめても判らないことから，しゃあしゃあとしている，全然顔を赤らめないという意味
a dog's chance	ごくわずかな見込みもないこと
eat dog（dirt）	屈辱をしのぶ
keep a dog and bark oneself	人にやらせるべきことまで全部自分でやる羽目になる
the dog sees the rabbit	見せてくれ，どいてくれ，やらせてくれ
Never follow dog act	他人の引立て役にならないように注意
You cannot teach an old dog new tricks	老犬は新しい芸を覚えないことから，老人に新しい思想ややり方を教えることはできない
Love me, love my dog	私を慕うなら犬まで慕え，坊主憎けりゃ袈裟まで憎い
lead a cat-and-dog life	犬猿の仲で，喧嘩ばかりして暮らすこと
Give a dog a bad (an ill) name (and hang him)	悪名の力は恐ろしい
treat a person like a dog	犬のように扱うことから人を粗末にする意
Let sleeping dog's lie	寝た子は起こさない，面倒になりそうなことはそっとしておく，やっかいにならないようにする
A barking dog seldom bites	口やかましい人は案外悪意がない
Our dog's bark is worse than his bite	見かけほど気性は悪くない
a (the) hair of the dog (that bit one)	迎え酒
I am a dog person（dog people）	犬が好き

表Ⅰ-3　イヌの登場する童話やファンタジー

作品名	作家・訳者	出版社
仔犬のローヴァーの冒険	トールキン　山本史郎訳	福音館
白い犬とワルツを	ケイ　兼武進訳	新潮文庫
デューク	江國香織著、山本容子（絵）	講談社
ハイジ	シュピーリ　上田真而子訳	岩波少年文庫
101ぴきわんちゃん	福川祐司	講談社児童書
		ディズニーアニメ
フランダースの犬	ウィーダ　松村達雄訳	講談社
名犬ラッシー	ナイト　飯島淳秀訳	講談社

表Ⅰ-4　イヌの登場するミステリー・サスペンス

作品名	作家・訳者	出版社
犬猫先生探偵記	斎藤栄	双葉文庫
犬のミステリー	鮎川哲也編	河出文庫
ウオッチャーズ	クーンツ　松本剛史訳	文春文庫
却尽童女	恩田陸	光文社
ＳＦサスペンス　凍える牙	乃南アサ	新潮社
セントメリーのリボン	稲見一良	新潮社
バスカヴィル家の犬	ドイル　大久保康雄訳	早川書房
パーフェクトブルー	宮部みゆき	創元推理文庫
晩秋	パーカ	早川書房
パンプルムース家の犬	ボンド　木村博江訳	創元推理文庫
迷犬ルパンの名推理	辻真先	光文社
猟犬探偵	稲見一良	新潮社
ハードボイルド連作短編集　わしの息子はろくでなし	イヴァノヴィッチ　細美遙子訳	扶桑社
黄金の犬	西村寿行	徳間書店
犬笛	西村寿行	徳間書店
魔犬	田中光二	徳間文庫
クージョ	スティーブン・キング　永井淳訳	新潮文庫

表I-5　イヌが登場するエッセイ・旅行記

作品名	作家・訳者	出版社
愛犬物語	安岡章太郎	KSS
犬をえらばば	安岡章太郎	新潮文庫
愛犬リッキーと親バカな飼主の物語	藤堂志津子	講談社
日本の名随筆76　犬	江藤淳編	作品社
犬たちへの詫び状	佐藤愛子	文春文庫
犬連れバックパッカー シェルパ斉藤と愛犬ニホの「行きあたりばっ旅」	斉藤政喜	小学館
犬をつれて旅に出よう —スペイン・ポルトガル放浪300日	織本篤資	中公文庫
グレイのしっぽ	伊勢英子	中公文庫
コマのおかあさん	鷺沢萠	講談社
ゴールデン・レトリーバーとの日々	ヴァンダービルト 豊田菜穂子訳	WAVE出版
スリードッグナイト	大橋賢	里文出版
大好きだるまー	大橋歩	大和書房
だから愛犬しゃもんと旅に出る	塩田佐知子	どうぶつ出版
ダーシェンカ	チャペック 伴田良輔訳	新潮文庫
ダメ犬グー　—11年+108日の物語	ごとうやすゆき	幻冬舎文庫
ホカホカ犬日記 —しっぽパタパタ はなクンクン	有坂恵子	ペットライフ社
4人と4匹	井上富美子	河出書房新社
吾輩はハスキーである　愛犬物語	三田誠広	河出書房新社

表I-6　イヌが登場するノンフィクション作品

作品名	作家・訳者	出版社
愛犬物語	ヘリオット 畑正憲・エンジェル訳	集英社
犬のいる暮らし	中野孝次	文春文庫
ドクター・ヘリオットの犬物語	ヘリオット　大熊 栄訳	集英社
ハラスのいた日々	中野孝次	文春文庫
ベルナのしっぽ	郡司ななえ	角川書店
盲導犬クィールの一生	石黒謙吾	文芸春秋

れこそたくさんあります．

6）漫画

イヌが活躍する漫画やアニメーションも古くからあります．その一番は「のらくろ」でしょう．その名の由来は野良犬で黒い体毛によるものです．ディズニー映画の「ワンワン物語」にはトランプ（雑種）とレディー（アメリカン・コッカー・スパニエル）が登場します．日本人はトランプというとカードのトランプをイメージしてしまいますが，英語辞書の末尾に野良犬という意味が出てきます．

手塚治虫の漫画にもワンサという白い雑種がでてきます．米国で人気となったピーナッツに登場するスヌーピーはそのキャラクターからマスコット化して様々な人気商品が作られ，ビーグルの人気にも繋がりました．

TV番組，映画やコマーシャルによる効果で特定犬種に人気がでることが多く，ラッシーのコリー，名犬リンチンチンのジャーマン・シェパード・ドッグ，「101匹わんちゃん」のダルメシアン，佐々木倫子の動物のお医者さんではシベリアン・ハスキー，金融会社のコマーシャルではチワワが人気となりました．

7）埴輪と玩具

⑴　**埴輪**　殉死者の代わりとされた土で作った人馬（埴輪）の起源は弥生時代後期後葉の吉備地方の首長の墓であるとされており，前方後円墳の広がりと共に全国に広がり，埴輪の形や飾り方は時代と共に変化しました．畿内では6世紀中頃に次第に減りましたが，関東地方では作られ続けました．江戸時代に各地で出土した埴輪は記録され，絵図として残されています．作り方は粘土で紐を作り，それを積み上げていきながら形を整えたり，別に焼いたものを組み合わせており，基本的に中空です．群馬県伊勢崎市境上武士天神山出土の埴輪犬は国宝になっています．

⑵　**張り子（はりぼて）**　竹や木で枠を組み粘土で作った型に紙を張りつけて成形します．この技術は2世紀に中国で始まり，室町時代に伝来し，現在も，この技法による物として，だるま，犬張子，起き上がりこぼし，赤べこ，黄鮒，虎，三春張子人形，ひょっとこ，おかめの面等たくさんあります．

製法には芯の作り方が木や焼き物で作った凸型に和紙を貼り重ね，乾燥後に切り裂いて型を外し，切り口をつなぎ合わせる方法と粘土で作った原型を石膏等で型取し分割して作った凹型に和紙を貼り，乾燥後に型から抜き，つなぎ合わせる方法とがあります．できた張り子に彩色を施します．ベニスのカーニバルの仮装マスクやスペインの火祭り人形の伝統製法も張り子です．

6　記録と記憶に残るイヌたち

ヒトとの関係が最も長い動物だけに，記録や記憶に残るイヌたちがたくさんいます．

1）イヌの墓（犬塚）と動物愛護史

「忠犬」という言葉は昭和初期に忠犬ハチに使われて全国的に広まった新語で，それまでは「義犬（ぎけん）」が使われていました．義犬は今では死語になっていますが，命懸けの人命救助や主人の命令に殉じたイヌたちのことで，自己犠牲を伴っており，究極の愛犬であり伴侶犬でした．このようなイヌは，主人から信頼されて主人を慕っていた愛犬や伴侶犬であり，手厚く葬られた墓（犬塚）が日本各地にあります．犬塚の墓碑の碑文を解読することにより，古文書が少なかったイヌの歴史の空白期間を埋めると共に，日本の動物愛護史や日本人の動物観を知ることができます．

犬塚を作った記録は，8世紀初頭の「播磨国風土記」や「日本書紀」に載っています．また，聖徳太子の愛犬の雪丸の墓の話のように歴史的な根拠が乏しい伝説や伝承の犬塚は全国各地に多くあります．一方，歴史的根拠が明確で特定のイヌの死を悼んで弔った史実の犬塚は，動物愛護史の貴重な史跡です．江戸時代初期の1650年建立の肥前国大村藩家老の小佐々（こざさ）市右衛門前親（あきちか）の義犬・華丸（はなまる）の墓碑（長崎県大村市本経寺）にはこの墓が建てられた経緯と共に，前親と華丸は親しみ合っており，前親は華丸を愛して常に膝元に抱いていたことなど漢文の詳しい由緒書が刻まれています．これは「生類憐れみの令」の35年前で，忠犬ハチより285年も前のことで，日本の動物愛護や世界のヒューマン・アニマル・ボンド（ヒトと動物の絆）の貴重な記念碑とされています．西欧の教育法や動物愛護思想の影響が一般に及んでいなかった幕末から維新期頃までの史実の犬塚と共に，参考までに英国のボビーや昭和初期の忠犬の墓を表Ⅰ-7にまとめました．日本では仏教の「輪廻転生」思想や神道の「八百万の神」のような感性により，ヒトと動物の命は同等に扱われることが多く，動物に対して優しく同情的でした．後に過剰なイヌ保護政策により民衆の反感を買ってしまいましたが，17世紀末にヒトの保護も含む世界最初の動物保護法「生類憐れみの令」が発令されたのも，このような歴史的背景がありました．日本では今でも飼いイヌが死ぬと埋葬して墓を作っており，また動物慰霊碑が数多くあるのも同じ理由です．

表Ⅰ-7　犬塚の建立年と飼主と犬名（墓地の所在地）

1650年	小佐々市右衛門前親	華丸	（長崎県大村市）
1684～1687年	牧野忠辰	かふ	（新潟県長岡市）
1787年	加藤小左衛門	矢間	（長崎県雲仙市）
1835年	暁鐘成	皓	（大阪府東大阪市）
1853年	横田三平	赤	（高知県安芸市）
1866年	は組の新吉	八	（東京都墨田区）
1869年	島津随眞院	福	(宮崎県宮崎市）
1876年	小篠源三	虎	（熊本県熊本市）
1881年	ジョン・グレイ	ボビー	（スコットランド）
1935年	上野英三郎	ハチ	（東京都港区）
1940年	刈田吉太郎	タマ	（新潟県五泉市）

（小佐々　学　2013）

一方，キリスト教では旧約聖書の「創世記」にあるように，ヒトにとって動物は支配すべき対象であり，動物に対して厳しく無情で，かつては動物虐待が日常的に行われていました．また，動物には感情や霊魂がないとされていたので，動物の墓を作って葬ることはなかったのです．18世紀後半になって動物の痛みに対する感情に気づき，道徳的配慮をすべきだという活動が始まり，1822年に英国で動物虐待防止法が制定され，動物愛護や動物福祉活動が論理的，科学的に推進されてきました．その理由は，キリスト教の教義に反するために理論武装が必要であったこと，さらに1859年にダーウィンが進化論を発表したことにより，動物とヒトの連続性が理解されて，動物の苦痛を和らげる必要性が認識されたためです．このような経緯から，1881年にスコットランドで「忠犬ボビー」の墓が作られることになったのです．

20世紀後半には米国を中心にヒューマン・アニマル・ボンドの重要性が認識されて，動物介在活動，動物介在療法，動物介在教育が世界的に推進されるようになり，日本でも実践的な普及活動が行われています．

2）宇宙飛行犬ライカ

旧ソビエト連邦による宇宙開発の一環として地球軌道を周回するロケットに搭乗した最初のイヌがライカです．このライカという名前は北部ロシアで飼育されるイヌ全般を指しており，ロケットにイヌを搭乗させたニュースが世界を巡る中で混乱が生じ，ライカという名前に統一されました．ガガーリンによる有人飛行を念頭に通算で13回ほどイヌを搭乗させて軌道周回ロケットが発射され，そのほとんどは帰還していますが，ライカは帰還していません．

3）上野の西郷隆盛とツンの銅像

上野公園には西郷隆盛とその愛犬の銅像があります．西郷像は高村光雲が，ツンは後藤貞行が担当しました．ツンは西郷のお気に入りの薩摩犬（雌）ですが，作成時は死んでいたため，雄犬をモデルに雌犬として作成されました．

4）ギネスブックに記録されるイヌたち

ギネスブックに載っている最も重たいイヌはオールド・イングリッシュ・マスチフのアイカナ・ゾルバ・ラ・スーサの155.58kg（1989）です．近年は体重の記録は肥満犬を競争で生み出すこととなり，動物愛護の配慮で掲載されていません．グレート・デーンのゼウスは体高（地面から肩までの高さ）1.12mです（2011）．運動能力では，最も高くジャンプしたイヌとして，米国のグレーハウンドのシンデレラ・メイは172.7cm（2006），最高の縄飛び回数は犬種は不明ですが米国のジェロニモ（91回／分　2012）等の記録が紹介されています．

5）クローン犬のスナッピー

クローンとは，同一の起源を持ち，均一な遺伝情報を持つ核酸，細胞，個体の集団です．元はギリシア語で植物の小枝の集まりを意味するklōnで，本来の意味は挿し木です．クローンを作成することをクローニングといいます．無性生殖は，原則としてクローンを作ります．単細胞生物の細胞分裂は有性生殖をするまで，1つのクローンです．2005年，哺乳類で最も生殖工学の適用が難しいと考えられていたイヌのクローン（スナッピーと命名）が，韓国の研究者グループによって作製されました．2005年末この発表をしたソウル大学の黄禹錫教授らの『ヒト胚性幹細胞捏造事件』が発覚し，主だった論文の精査が行なわれ，イヌクローンだけは成功していたことが立証されました．

カビでは，体細胞分裂により生殖子を作る無性生殖により，クローンの子孫が生まれます．植物では栄養生殖があり，竹林のように匍匐茎を伸ばして増殖する植物は同一のクローンからできています．挿し木等のクローン技術が農業，園芸で利用されています．動物では，プラナリアやヒトデ等のごく一部の例外を除き，分化の進んだ体細胞や組織を分離してその細胞を動物個体に成長させることは，未だにできていません．分化の進んでいない受精卵ではそれが可能で，現在の技術では，胚や体細胞から取り出したDNAを含む細胞核を未受精卵に移植する「核移植」によってクローンを作成する胚分割して，人工的なクローン動物が作成されました．元の動物の細胞核が，生殖細胞（胚細胞）由来の場合は胚細胞核移植，体細胞由来の場合は体細胞核移植といいます．

1998年に若山照彦らは，核を除去した体細胞を卵子に直接注入することにより，細胞融合を行わずクローン個体を作製するホノルル法を開発し，現在，この方法がクローン作成法の標準となっています．

スナッピーの誕生以降，商業的にもクローン犬の製作が行われており，クローン作製を推進するラエリアン・ムーブメントの関連企業であるクロネイド社は，ES細胞を用いたクローン技術のヒトへの応用によって，人工臓器を作ることができ，多くの人々を救え，不妊に苦しむカップルにとっては，クローン技術こそ子孫を残すための唯一の方法であると主張しています．一方で，多くの宗教はクローンの作成について批判的な見解を持っています．

6）人命救助犬と警察犬

スイスのアルプス山岳帯ではセント・バーナードが2,500人もの遭難者を救助したとする報告があります．また，イヌが知的で自発的な行動をとることができる例として，ラブラドール・レトリーバーのエンダルは2001年に意識を失った飼主の体勢を整えた上で毛布をかけ，車中から携帯電話を運び出し，近くの

表I-8　クローン研究の歴史

1891年	人工的な動物個体のクローン　ウニの胚分割により正常なウニの幼生を発生
1891年	ハンス・ドリーシュは，ウニの受精卵を分割して，それぞれから個体を発生させることに初めて成功　人工的に作製された動物個体のクローン
1963年	童第周が初めての魚類のクローン作製
1981年	Willadsenはヒツジの受精卵からクローン
1984年	Willadsenは分化の進んでいない初期胚を未受精卵に核移植して哺乳類で初めて体細胞からクローン
1986年	ソ連の科学者マウスのクローンを胚細胞核移植
1995年	ロスリン研究所で，分化の進んだ胚細胞から1996年7月にイアン・ウィルムットとケイス・キャンベルによって，ヒツジの乳腺細胞核の核移植によるクローン　ドリー(2003年2月14日死亡)
1997年	同研究所において，人為的に改変を加えた遺伝子を持つトランスジェニックヒツジ．これはトランスジェニック動物のクローンとして世界で初
1997年	若山照彦ら細胞融合を必要としない体細胞核移植であるホノルルによってマウスのクローン
1998年	ウシ細胞融合を必要とする体細胞核移植　現在は，ホノルル法を用いて，ネコ，ウマ，ヤギ，ウサギ，ブタ，ラット，ラクダ等多くの哺乳動物で，体細胞由来のクローン作成
	①未受精卵に胚細胞の核を移植する方法（胚細胞核移植）による最初のクローン動物は，1952年にロバート・ブリッグスとトーマス・キングによりヒョウガエルから
	②動物の体細胞の核を未受精卵に移植する方法(体細胞核移植)による最初のクローンは，1962年にジョン・ガードンによりアフリカツメガエルのオタマジャクシから
2001年	ネコCC（コピーキャット）と呼ばれる　全く同じDNAを持つにも関わらず，性格はそれぞれ異なる
2004年	Genetic Savings & Clone社商業用ペットとしてネコのクローン　リトルニッキー
2005年	哺乳類において最も生殖工学の適用が難しいとされていたイヌでのクローン　スナッピー作製

家に向かって吠え立て，さらに近くのホテルへ駆けていって救助を求めました．警察犬として最も活躍したと認定されているのはゴールデン・レトリーバーで100人以上の犯人逮捕と末端価格6,000万ドル以上の麻薬を発見しました．

7）忠犬ハチ

1935年に死亡した秋田のハチは飼主の死去後も長年の間，渋谷駅前で帰りを待ち続けた忠犬として顕彰されており，渋谷や生地の大館市，ハチの飼主であった東京大学農学部教授，上野英三郎博士の出身地の津市には両者の銅像があります．東京大学農学部には2014年に新しく両者の像が建てられました．ハチを可愛がっていた博士は，ハチを飼い始めた翌年に大学で急逝されました．

ハチは主人の没後３日間は何も食べず，通夜の日でさえ故主を迎えに駅前に行っていたともいわれています．その後，飼主は変わりましたが，ハチは定刻に渋谷駅前で頻繁に目撃され，通行人や商売人からしばしば邪魔者扱いされていました．故人を迎えに通うというハチのことを知った日本犬保存協会初代会長の斎藤弘吉氏が，「いとしや老犬物語」として東京朝日新聞（1932年）に投稿し，人々に広く知られました．その後は多くのマスコミによって喧伝され，「忠犬ハチ」と呼ばれて大切にされるようになりました．ハチの銅像は生前の1934年に建立され，除幕式にハチも参列しましたが，翌年の1935年の３月に11歳でフィラリア症とガンが原因で死亡し，故主と同じ青山墓地に葬られました．亡骸の剥製は国立科学博物館に，臓器標本は東京大学農学資料館に残されています．この年に尋常小学校２年生の修身の教科書に「恩ヲ忘レルナ」として忠犬ハチの物語が採用され，全国的に有名な忠犬になりました．

その後，安藤照（てる）氏制作のハチの銅像は太平洋戦争中の金属供出によって失われ，現在の銅像は初代制作者の息子の安藤士（たけし）氏によって再建されました．忠犬ハチの物語は大戦前から外国にも紹介されており，再建像の除幕式には，GHQの代表も参列しました．2009年にはリチャード・ギア主演の映画「HACHI約束の犬」として舞台を米国に置き換えて製作されています．他にも，あるぷす大将（PCL映画製作所，1934年），ハチ公物語（松竹，1987年），伝説の秋田犬ハチ（日本テレビ，2006年）等の映画やテレビドラマになりました．

忠犬ハチの話には当時から様々な異論がありましたが，最近の検証では，当時のマスコミによって大々的に喧伝されて忠犬ハチのブームが起きており，国民的英雄として有名な忠犬にされたことがわかっています．まず，当時はまだ井の頭線は開通しておらず，上野博士は渋谷の松濤町の自宅からハチを連れて勤務先の駒場の大学まで毎日徒歩で通っていました．博士が西ヶ原の農事試験場に行く時には，渋谷駅から駒込駅まで省線（現ＪＲ）を利用していましたが，毎日の通勤には渋谷駅を使っていなかったのです．博士急逝後に，本来ならハチは故主が急逝した大学で毎日待つはずですが，なぜかハチは渋谷駅前に毎日来ており，帰りを待っていたとされています．また，ハチが有名になるきっかけになった東京朝日新聞の記事は，当時の鉄道記者クラブ（丸の内）にいた二社の記者が渋谷駅に老犬が毎日やってきて駅員も困っているらしいという話に興味を持って取材した話を，東京朝日新聞の記者が聞いて記事の原稿を書いたこともわかっています．この記事が多くの読者の同情を集め，その結果，特ダネになったというのが真相とされています．さらに，主人を待っていたという行為が忠犬とされたことについても，すでにハチが修身の教科書に載った年に，動物文学会の主催者の平岩米吉氏が主人を待つという行為はほとんどのイヌが持つ特性で，ごく普通の行動であり，ハチを忠犬として顕彰することや修身の教科書の教材として載せるのは大変な誤りであると書いています．この他にも，ハチの行動は擬人化されて人々の模範にされただけで，主人を失ったハチにとって渋谷駅周辺は餌場や寝場所だったという話もあります．このようにハチについては様々な見解がありますが，すべてはハチの行動を有名な美談にしたヒトの側の問題であり，ハチ自身には全く責任がないことはいうまでもありません．一方，ハチの美談で忠犬ブームが起き，動物愛護的な考え方が国内に広まったことや日本犬の保存運動にも貢献した事実は評価されています．

なお，ハチより60年以上も前に，英国でも似たような「忠犬ボビー」の話があります．スコットランドの首都エディンバラのグレイフライアーズにいたエディンバラ市警勤務のジョン・グレイ氏の飼い犬のスカイ・テリアのボビーはいつも主人と一緒に教会墓地近くのパブ（現グレイフライヤーズ・ボビー・パブ）で食事をしていましたが，主人が1858年に死去して墓地に埋葬されてから，ボビーはパブで餌を貰いながら14年間も主人の墓のそばで過ごして，1872年に死亡したとされています．キリスト教会の墓地には犬を埋葬できなかったため，ボビーは教会墓地の門の直ぐ外側に埋葬され，1981年に赤い御影石の墓碑が建立されました．また，ボビーの死後に等身大の銅像が制作されて今でもパブの正面に建っています．ハチと同様ボビーにも異論があり，実際には飼主のグレイ氏の職業やボビーの正確な素性は不明で，当時の教会墓地には「墓地犬」と呼ばれる定住犬がいたので，餌を貰っていた墓地犬がパブの宣伝に利用されたという話もあります．

8）忠犬タマ

ハチが東京朝日新聞の記事で有名になった２年後の1934年と1936年に新潟新聞で２度も報道され，地元では有名な話ですが，新潟県には「忠犬タマ」がいます．タマは新潟県五泉市の猟師の刈田吉太郎氏の猟犬の越後柴（越ノ犬）で，狩猟中に雪崩で遭難した刈田氏や仲間を２度も救いました．これが新潟新聞で忠犬として紹介され，「忠犬ハチ」を真似て「忠犬タマ」と名づけられました．忠犬タマの銅像が生前の1937年に五泉市川内小学校と新潟市白山公園に建てられて除幕式にタマも参列しました．太平洋戦争中に白山公園の銅像は供出されましたが，川内小学校の銅像は現存しています．戦後になって，白山公園の銅像は再建され，さらに新潟駅，五泉市村松公園やみどりこども園にもタマ像が建立されました.タマは1940年に主人に見守られながら11歳で亡くなりました．忠犬ハチは渋谷駅前で主人の帰りを待っていただけですが，忠犬タマは命がけで主人やその仲間を救っており，その行為は義犬に当るものです．

9）長距離帰還犬　ボビー

1923年米国インディアナ州で飼主とはぐれたコリー種のボビーは約６ヵ月後に飼主の住む家まで約4,000kmの距離を戻ってきました．このような帰巣本能は多くの動物にあります．渡り鳥は太陽，月，星や地形等，サケは生まれた川の匂い，ミツバチは体内時計を頼りにしているとされていますが，イヌの場合は未解明です．ディズニーの映画に「三匹荒野を行く」としてイヌ２頭とネコ１頭が主人の元へ長距離の旅をする話があります．

10）南極観測隊のタロとジロ

タロとジロは1956年の第１次南極観測隊が犬ぞりの利用を決め，その募集時に北海道に当時1,000頭ほどいた樺太犬の中から選抜された兄弟犬です．北海道での訓練を経て22頭の樺太犬と53名の隊員とが南極観測船宗谷で，南極観測に出かけました．11名の隊員とイヌたちは第１次越冬隊として南極の昭和基地に残り，第２次南極観測隊の到着を待ちましたが，天候が悪く第２次観測隊は昭和基地に到着できず，宗谷が遭難する危険性もあり，隊員は小型雪上機で回収され帰還しましたが，イヌたちは首輪でつながれたまま残されてしまいました．当然これらのイヌたちの生存は絶望視され，観測隊への非難が集中し，堺市には供養の銅像が建立されました．第３次観測隊が派遣され，昭和基地を上空から観察したところ，２頭のイヌの生存が確認されました．それがタロとジロでした．２頭は基地内の食糧や首輪に繋がれた他のイヌの死体を食べることなく，アザラシやペンギンを捕食して生き抜いたことが明らかとなりました．タロは1961年５月に４年半振りに帰国し，1970年８月に北海道大学植物園で生涯を閉じ，亡骸は剥製となって同園で展示されています．ジロは1960年まで昭和基地で第４次観測隊と暮らし，病死後は国立科学博物館で剥製となっています．2012年テレビ等の電波の発信源が東京タワーからスカイツリーに変更され，東京タワーにあった15頭の樺太犬記念像は立川市の国立極地研究所に移されました．1983年にタロとジロの生存は映画「南極物語」，2011年に連続テレビドラマ「南極大陸」が作製され，第１次観測隊でイヌの管理をした菊池徹は「犬たちの南極」を書いています．この時南極に行ったネコもいました．1991年に環境保護に関する南極条約議定書が採択され，南極大陸に外来生物を持ち込むことが生態系保全のために禁止されています．

11）ニッパー

JVCケンウッド（旧日本ビクター）やHMV，RCA等で蓄音機のスピーカーに耳を傾けるイヌのモデルとなったイヌが1884年生まれのニッパーで，ブルテリアの血が入ったジャック・ラッセル・テリアといわれています．聞き耳を立てるおとなしそうな感じとは逆にやんちゃで，襲ってきたイヌには立ち向かい，客の脚を噛（nip）もうとすることからNipperと命名されたそうです．1895年に亡くなり，死後３年目に商標出願され，1900年に登録されました．

12）パブロフのイヌ

1849年ロシア生まれのパブロフは大学卒業後，軍医大学校の生理学教員となり，消化腺の働きや神経活動の研究に取り組み，1904年にノーベル生理・医学賞を受賞しています．この受賞を機にレーニンとの親交が深まり，条件反射の研究が労働に対する規則性との関係に貢献するとして賛辞が送られました．条件反射の試験はイヌを用いて唾液腺の研究を行っていた時に，飼育管理者の足音で唾液の分泌が始まることに気づいたことに端を発します．この時に利用されていた実験犬がパブロフのイヌと呼ばれているのですが，１頭ではなく，実際には数百頭のイヌが供試され，名前もつけられていましたが，ここではその紹介は割愛します．

参考文献

小佐々 学　第２章獣医史学，獣医学概論，緑書房　2013

小佐々 学　日本獣医師会雑誌66巻１号　2013

小佐々 学　義犬華丸ものがたり長崎文献社　2016

Dunlop RH & Williams DJ Veterinary Medicine-An Illustrated History Mosby 1995

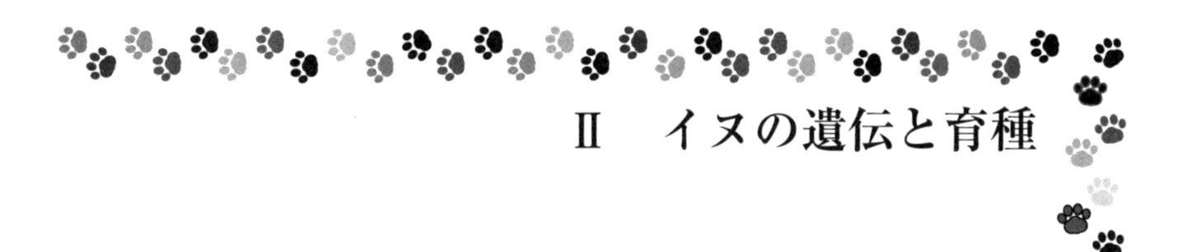

Ⅱ　イヌの遺伝と育種

1　イヌの祖先とヒト

1）イヌの祖先はオオカミ

イヌの野生原種（*Canis lupus lupus*）はオオカミで，現在もユーラシア大陸各地や北米に生息しています．現在知られているイヌとオオカミとの関係は，近年ミトコンドリアDNAを使った研究で確定しました．これはイヌとオオカミが同種の動物であるということです．図Ⅱ-1の系統図でも，各地に現存するオオカミのミトコンドリアDNAの塩基配列は，各地のイヌのそれと重なっていることがわかります．これは，現存する色々な種類のイヌの共通祖先が，オオカミであったことを示しています．そのためイヌの学名も，リンネによって名づけられた*Canis familialis*から，今は*Canis lupus familiaris*に変更されました．

イヌの骨の化石ではないかと思われる化石は，36,000年前のものが発見されています．しかし，はっきりイヌの骨の化石であるものが見出された年代は，27,000年くらい前のものです．おそらく35,000から27,000年前の間に，オオカミとヒトとの共生が始まり，ヒトと共生したオオカミの子（つまりイヌ）が，ヒトの移動と共に世界に広がったと考えられます．ヒト（ホモサピエンス）のユーラシア大陸内の移動は，60,000年以降と考えられています．イヌを家畜化した場所は，東アジア（中国）か西アジアか，まだ，確定していません．最近になって，イヌの家畜化は中央アジアのどこかであるとの報告もでました．

2）ヒトとオオカミの共生（symbiosis）関係の成立

共生とは，種が異なる動物が共に生活することを意味します．共生には，相利共生（mutualism）と片利共生（commensalism）とがあります．そのうち

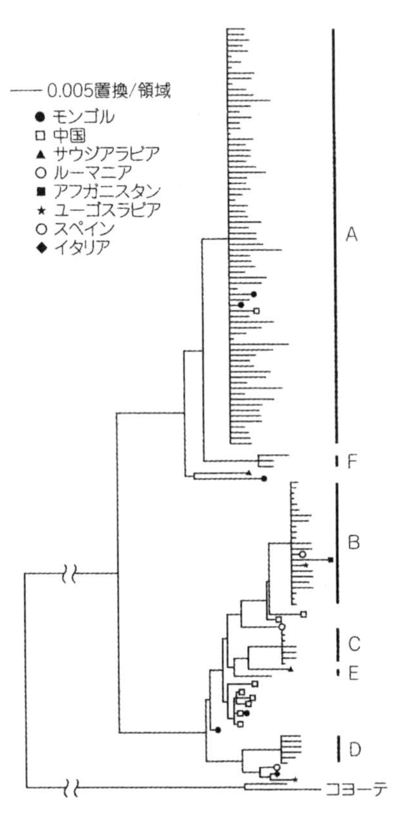

図Ⅱ-1　イヌとオオカミのハプロタイプの系統図
A〜Fの6つの短系統群に分かれる．図中の黒丸つきの横線はオオカミのものである．また他の●のない横線はイヌのものである．また横線の長さは，遺伝的距離を示す（Savolinenら，2002）．

前者は，2つの種が共に生活することで，相互の種に利益がある共生のことです．一方，後者は，共生する片方の種のみ利益があり，もう片方の種には全く利益がないか，少ししか利益がない共生のことをいいます．

ヒトとオオカミとの共生関係は，相利共生として，今から27,000年から35,000年前ころに成立したと考えられています．オオカミの嗅覚は鋭く，ヒトの嗅覚と比べて数万倍から1億倍の感度です．また，また視覚でも，視野がヒトより広く，動態視力も優れ，輝板を持っているため，夜でも目がよく見えます．聴覚でもヒトが聞こえない高音域（超音波）の音が聞こえます．また，ヒトより速く走れます．このためヒトはオオカミと共生するようになってからは，夜間は安心して暮らせるようになりました．また，ヒトは昼間の狩猟には，オオカミを助手として使い，効率よく行えるようになりました．一方，オオカミにとっては，ヒトが狩猟で得た肉のついた野獣の骨，内臓，皮という食物を確保でき，同時にオオカミ自身の安全確保に成功しました．ヒトは火を発見し，料理した食物に適応して知能が高く，かつ集団で行動し，石，棒，矢等の武器を発見し，これらを狩猟に使っていたので，猛獣に対しても強かったのです．

このようにヒトとオオカミとの共生は，相互の動物種にとって完全に利益が一致したので，長く今日まで続いています．また，オオカミが一夫一婦型の家族生活をするヒトと似た繁殖様式を持つ動物なので，ヒトとの共同生活をするのに適していたと思われます．イヌは当初，番犬を兼ねた狩猟の助手として使われたため，それに適したイヌが交配されていくようになりました．

3）地球上のヒトの集団の移動と家畜としてのイヌの成立

現在のヒト（新人類）は，16万年前頃にアフリカ北部で成立し，しばらくアフリカ大陸にとどまっていました．その後6万年くらい前には，ヒトの集団が紅海を渡り，アラビア半島東海岸を北上しました．この集団は，ペルシャ湾を渡ってから，西方（メソポタミア地方）に移動した集団と，東方（インド地方）に移動した集団に分れました（図II - 2）．東方に分かれた集団では，インドから，マレー半島，インドネシアを経て，約4万年前頃にオーストラリアに渡った集団（オーストラリア先住民のアボリジニー）と，インドから南シベリアを経て，2万年前頃に，当時氷結していたベーリング海峡を渡って，イヌを伴って北米大陸に移動し，さらに南米大陸に移り，約1万年前には南米大陸南端に

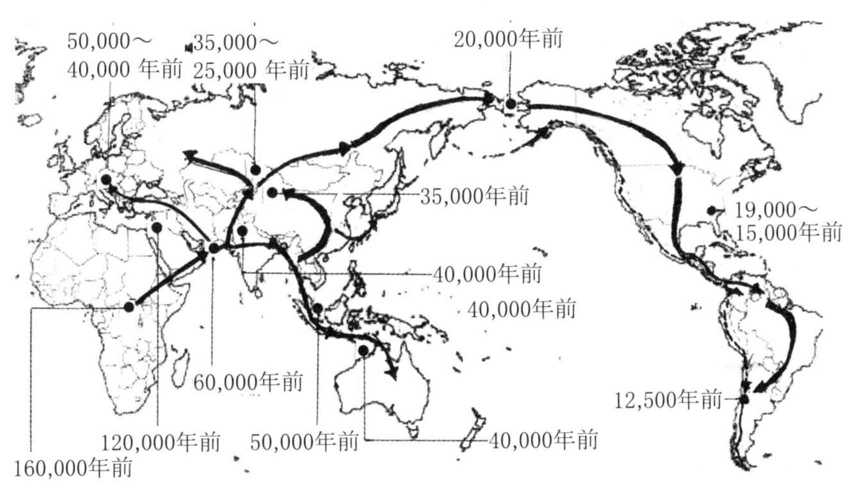

図II - 2　地球上のヒト（*Homo sapiens*）集団の移動（Oppenheimer, 2003; Roberts, 2009）．

到達した集団がありました．この米大陸の先住民は，アメリンドと呼ばれています．

4万年前頃に地球上を大移動したヒトの集団において，オオカミとの共生もなく，他の家畜も持っていませんでした．オオカミとの共生は，35,000年から27,000年前の間です．イヌが家畜化された場所については，中国説（Savolainenn, *et al.* 2002, Pang, *et al.*, 2009）とヨーロッパ説（Thalman, *et al.* 2013）があります．しかし　世界各地のイヌ5,392頭（単に飼育されている雑種犬）の185,805の遺伝子タイプの分析の結果から，その祖先は，中央アジアで，現在のネパールからモンゴリアの間のどこかではではないかと推測されました（Shannon, *et al.* 2015）．

オーストラリアの先住民アボリジニーはイヌを持たない集団として40,000年前頃にオーストラリア大陸に移動して来ました．オーストラリア大陸には，現在野生犬ディンゴ（dingo）がいますが，このイヌの最も古い3,500年前の遺骨の^{14}C測定がされ，3,500年前に入ったディンゴが，現存の再野生したイヌと推定されました．ディンゴは，ミトコンドリアDNA遺伝子による解析から，初めに南中国からマレー半島を通り，インドネシア諸島経由で，マレー人集団の移動に伴って海を渡り，オーストラリアに入ったイヌとわかりました．また，ポリネシア諸島にいるイヌは，マレー人種により広がったと推定されました（Oskarson, *et al.* 2011　図Ⅱ-3）．

また，スペイン人による新大陸（北米大陸）が発見された時に，先住民アメリンドが持っていた家畜は，イヌとシチメンチョウだけでした．また，スペイン人が南米に入った時に，アメリンドが持っていた家畜は，イヌとリャマ，アルパカ，テンジクネズミ，バリケンの5種でした．

したがって，ヒトの集団がアジア大陸から米大陸に移動した時に，すでに持っていた家畜は，イヌのみであったことがわかります．

4）日本犬の成立および他の家畜の導入

明治維新以前から日本にいたイヌを日本犬と呼びます．日本列島には，13,000年前に縄文人が移住して来ました．彼らが持っていた家畜は，体高35～40cmの小型の縄文犬だけでした．当時の日本列島には，現在は絶滅している

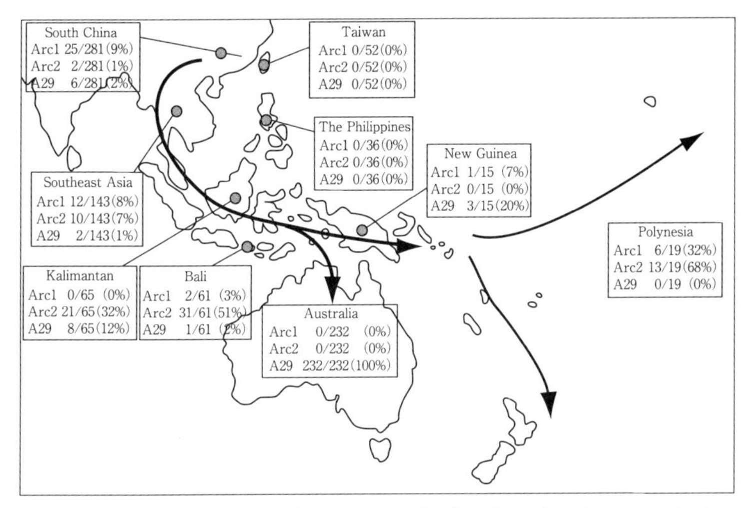

図II-3　東南アジアおよびオセアニア各地の在来犬のミトコンドリアＤＮＡの３ハプロタイプ（Arc1,Arc2, A29）の頻度（Oskarson,*et al.*2011）.

大型の野生オオカミが生息していました．しかし，縄文犬は，体が小型なので，体の大きさの違いから，その野生オオカミが家畜化されて，縄文犬になったのではありません．

愛媛県上黒岩道穴内に埋葬されていたイヌの骨が，^{14}C測定によって8,500年前のものであると同定されています．9,700年前の神奈川県の夏島貝塚でも，イヌのものと推定される骨がみつかっています．縄文人は，狩猟や採集によって食物を得ていました．その狩猟のための助手として縄文犬は重要であったので，大切に扱われていたと推定されています．縄文人は，イヌを食べることはなく，縄文中期の5,000年前頃からは，縄文犬が埋葬された遺跡の発見が急増しています．また，ヒトの傍らに，イヌが一緒に葬られている例も，多く発見されています．縄文時代は，今から2,300年前まで続きました．

2,300年前頃から以降を弥生時代といいます．この時代には，朝鮮半島を経て，新しい弥生人が，日本本土に入って来ました．弥生人の骨格は，縄文人とは異なっています．また，弥生人は，日本本土に水田稲作農業をもたらしました．水田稲作は，九州から始まりましたが，弥生人の進出に伴い，四国や本州に広がりました．弥生人が連れてきたイヌは，縄文犬より，体格がかなり大きく中型でした．弥生人は，農耕民族で，イヌの肉も食べていたようです．

1,800年前頃，また，新しいヒトのグループが，朝鮮半島を経て，日本本土に入って来ました．彼らは，巨大な墓を造ることから，古墳時代人と呼ばれます．彼らは，家畜として新たにウマやウシを持ち込みましたが，ヒツジ，ヤギ，ブタ等は持ち込んでいません．これらのことは，紀元後の238年，240年，243年，244年に，倭国（日本）を訪れた魏国（中国）の使者が，倭国の様子について書いた「魏志倭人伝」に記述されています．これによると，当時の日本では，ウシ，ウマ，トラ，ヒョウ，ヒツジ，カササギをみないと記述されています．ウマは５世紀初頭に導入され，主に騎乗用に使われました．またウシとウマは農耕用に使われたようですが，食用としては使われていません．

古墳時代は1,500年前まで続き，その後は歴史時代（飛鳥時代以降）になると，675年春から秋までウシ，ウマ，イヌ，サル，ニワトリの肉食を禁ずる法令，708年には牛馬を殺す禁令が出ています．この頃，殺生を禁ずる仏教が日本で普及したこともあり，日本本土人の獣肉食ができない時代が，長く続きました．

前述のように，先住していた縄文人と後から入った数の多い弥生人と数の多くない古墳時代の渡来人とが混血して，現在の日本人が成立したようです．

最近，ヒトのDNA配列の解読が容易になりました．全遺伝子において検出された一塩基の変異を「一塩基多型」といいます．Single Nucleotide Polymorphism（SNP）といい，一般に「スニップ」と略していいます．ヒトでは，2,000塩基配列当り，一変異が発見されます．このスニップを使って，琉球人，アイヌ，日本本土人集団と東北アジア人集団に分けた人種の相互関係が調べられました（図Ⅱ-４）．これは東大医学部の徳永勝士教授のグループの研究成果で，各人種から数十人のゲノム（全遺伝子）において50万種の一塩基多型を調べて系統樹を作ったものです．その結果，本州，九州，四国，北海道の日本本土人は，琉球人，韓国人と近いことがわかりました．アイヌは，骨の形態等から，縄文人直系の子孫であると考えられていますが，最も近縁の集団は琉球人でした．これらは，日本人が，アジア人の混血集団であることを示しています．

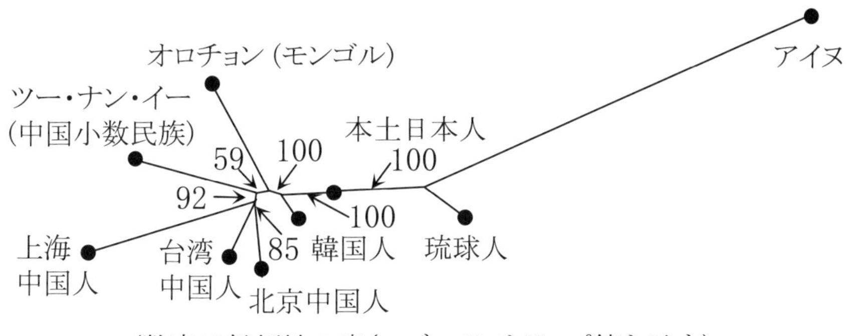

図Ⅱ-4　日本列島人集団と東北アジア人集団の系統樹（Jinam, 2012 徳永, 2014）.

イヌは，古墳時代以降，幕末や明治維新の頃まであまり海外から日本に持ち込まれませんでした．安土桃山時代には，少数の西洋犬が入りましたが，その影響は少なく，日本独自の日本犬が成立しました．ただ，おそらく8世紀頃に中国から狆（チン）が日本に入り，貴族や武家等の家庭犬として，他の犬種と交配しないで育種されてきました．狆は，幕末頃ペリー提督の来日時に贈られ，英国ビクトリア女王に献上されて，欧米に知られるようになりました．

日本には，500～1870年頃までの期間，外国犬が輸入されませんでした．このことは，明治維新以後に，イヌの流行病であるジステンパーが，日本のイヌに大流行したことでもわかります．イヌがこの病気に罹るのは，モービリウイルスに感染するためです．このモービリウイルスについては，近年のDNA解析によって，その感染症を起こしてきた道筋がわかりました．この祖先は，ウシのリンダーペスト（牛疫）ウイルスで，7,000～6,000年前頃に，ウシからイヌに感染して変異し，イヌのジステンパーウイルスであるモービリウイルスになりました．そして，5,500年前頃に，これがヒトに感染して変異し，ヒトの麻疹（はしか）ウイルスとなったことが明らかになりました（図Ⅱ-5）.

現在，ウシとイヌとヒトとの間では，それぞれの病気を起こしているウイルスによる病気の感染はありません．また，ウイルスが感染症を起こしてきた道筋を調べたDNA解析の研究によって，ヒトがウシを家畜にした8,000年以降に，

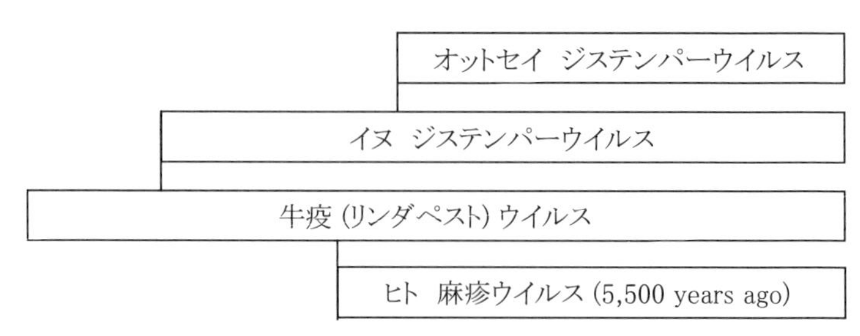

図Ⅱ-5　モービリウイルス（ジステンパーウイルス）の枝分かれ図（Blixenkrone-Moller, *et al*. 1992）.

牛間のウイルス病の感染が始まり，その時，おそらく中近東でヒトと共生していたイヌの集団へウイルス病の感染が起こって広がったと推定されています．イヌ集団でのジステンパー病の感染は，5,500年前頃に西アジアから西洋へのヒト集団の移動に伴って起こったと考えられます．しかし，2,800～1,600年前のアジアのイヌは，これに感染していませんでした．

ヒトと共生して移動するイヌの遺伝的特性の比較研究は，歴史時代はるか以前のヒトの移動ルートを探るのに重大な知見を与えてくれます．日本犬の起源を探る研究で，弥生人や古墳時代人は，朝鮮半島を経由して渡来したことがわかりました．しかし，最古の日本人集団が，南方経由から日本に移動してきたのか，サハリン経由の北方経由で移動してきたのかは，まだ不明です．明治維新前に日本にいた日本犬の縄文犬と弥生犬（古墳時代に入ったものも含む）では，体形や大きさに違いがあります．本州にいる日本犬は，遺伝子構成からみて，現在の韓国在来犬の影響を大きく受けたと考えられています．アイヌが飼っていた北海道犬には，舌斑を持つイヌが多いという特徴があります．この形質はインドネシア等の南アジア，特にカリマンタンにみられること等を含めて，本州にいる日本犬とその遺伝子構成に特徴がみられます．

日本には，明治維新以降にヨーロッパから多くの品種のイヌが導入され，それらのイヌと純粋の日本犬との相互の混血が起こりました．そのため明治時代の終わり頃には，純粋の日本犬は極端に減少しました．幸いなことに，日本は，山岳地帯の森林で狩猟を行う猟師たちによって純粋の日本犬が維持されていました．そこで，大正時代から日本犬の保存活動が始まりました．活動は，当時天然記念物保存会委員であった渡瀬庄三郎東大理学部教授や民間の犬研究家の斉藤弘吉氏によって提唱され，具体化されました．1928年に日本犬保存会が発足し，1931年に秋田，1934年に紀州，同年に甲斐，1935年に柴，1937年に四国，同年に北海道が天然記念物に指定され，それぞれの保存会で犬の登録と保存活動が始まりました．現在でも，日本犬は，主に番犬を兼ねた家庭犬として飼育されています．特に小型犬の柴の飼育は広く行われ，その飼育数は増えてきています．

2　イヌの形態の遺伝

世界各国で数多くのイヌの品種が成立しています．また成立した品種ごとにそれぞれの保存団体が結成されており，それぞれの品種の基準が決まっています．この基準には，大きさや毛色，毛の形等の形態によるものが多いので，ここでは形態の遺伝について述べます．

1）毛色の遺伝

哺乳類の皮膚や毛色の色素は，メラニン色素です．メラニンは，チロシンとシステインの２つのアミノ酸から作られる多量体です．哺乳類や鳥類のメラニンは，ユウメラニンとフェオメラニンの２種類です．ユウメラニンは，黒色の色素，フェオメラニンは黄褐色の色素で，この組み合わせで，毛色（鳥類では羽色）が決まります．イヌで発見される毛色の遺伝子のうち，６つは哺乳類の毛色に共通して見出されます．これらの遺伝子は，イヌの場合，A（アグーチ），B（褐色），C（色素発現），D（希釈），E（黒色色素拡張），P（劣性ホモで，色素が欠けてアルビノになる）があります（Searle, 1968）．

イヌでは，その他にかなり多くの品種にみられるS（斑点がある）がありますが，その他にも認められる遺伝子座位を含めた遺伝子について，表Ⅱ-1に一括して示します（田名部，2007）．この他にイヌの毛色遺伝子は，今まで21座位が発見されており，今後さらに増える可能性があります（Willis, 1989, Rubinsky and Sampson, 2001）．

⑴　**アグーチ（Agouti A）**　この名は，南米産の野生ネズミの毛色からつけられました．これは，黄褐色のフェオメラニンと黒色のユウメラニンの２つの色

表Ⅱ-１　イヌの毛色を支配する主な遺伝子

遺伝子座名	対立遺伝子	表現形の説明（左から右の順）
A（アグーチ）	$A^S>A^y>A^g>A^s>A^t>A^a$	図Ⅱ－1　参照．左から右へ不完全優性の順で示す．
B（褐色）	$B^+>B^b$	黒色，濃褐色
C（色素発現）	$C^+>C^{ch}>C^d>C^b$	発色，フェオメラニン減少，白毛黒眼，白毛青眼
D（希釈）	$D^+>D^d$	発色，希釈
E（色素拡張）	$E^D>D^+>E^e$	優性黒色，野生型，黄白色（fawn）
Br（虎毛）	$Br^B>Br^+$	虎斑，野生型（虎斑なし）
G（灰色）	$G^G>G^+$	成長すると黒から灰色になる，野生型（黒のまま）
Ma（黒マスク）	$Ma^M>Ma^+$	黒いマスク，野生型（黒マスクにならない）
M（マール）	$M^M>M^+$	ユウメラニンのパッチ斑，野生型
S（斑点）	$S^+>S^i>S^p>S^w$	斑点なし，大きな斑点，中位の斑点，小さな斑点（白勝ち）
P（赤眼）	$P^+>P^p$	野生型，赤眼（特にフェオメラニンを減らす）
T（チックの刺毛）	$T^T>T^+$	刺毛，野生型

>の記号を用いた遺伝子の配列順は，左側に記述した遺伝子が，右側に記述した遺伝子に対してそれぞれ優性であることを示す（田名部 2007），

素を，どのように持つかを決める遺伝子です．A^Sは，全身黒色になります．A^yでは全身フェオメラニン，ただし腹毛の一部の毛先にのみユウメラニンが沈着します．A^gでは，ユウメラニンの沈着が増えますが，腹毛では，根元は黒くなります．大半のオオカミは，これらの毛を持ちます．A^tは，一名ブラックアンドタンと呼ばれ，背毛はユウメラニンの沈着で黒になりますが，腹毛はフェオメラニンの沈着で黄褐色になります（色が薄い場合もあります）．A^aでは全部黒色になりますが，この座位の他の遺伝子の中では最も劣性なので，近年ジャーマン・シェパード・ドッグにあることが発見された遺伝子です．A座

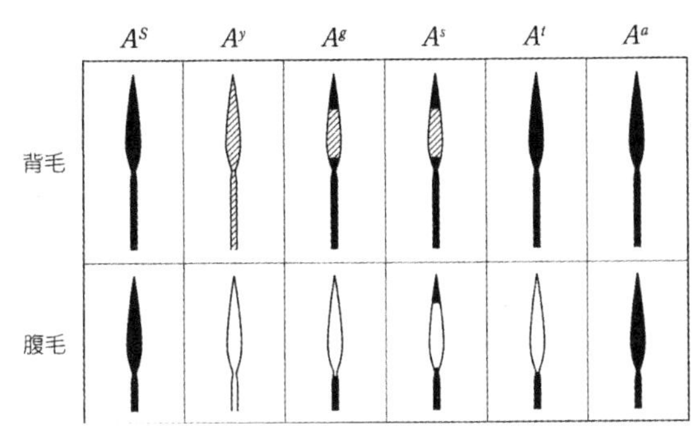

図II-6　イヌの背および腹毛色に対するA（アグーチ）座上の遺伝子の形質発現
Searle（1968）のマウス図を基に，イヌの遺伝子の表現型を示した．黒は，黒色（ユウメラニンの沈着），斜線は複色～黄色（フェオメラニンの沈着），白は黄～白色（フェオメラニンの沈着が少ない）ことを示している．A^S, A^y, A^g, A^s,A^tおよびA^aは，A（Agouti）座上の複対立遺伝子で，優性から劣性になるが，関係は互いに不完全劣性である．

上の遺伝子は上記の順に完全優性からの劣性になっています（図II-6）．

(2)　**ブラウン（*B*）**　褐色のブラウンからつけられました．イヌでは，B^+とB^bの2つの対立遺伝子です．B^+では黒となり，B^bでは濃い褐色になります．この遺伝子は，アグーチ座（*A*）の遺伝子との組み合わせが重要です．真っ黒になるには，他の遺伝子座の（*E,D*）も関係しています．したがって，真っ黒な毛色はA^S>/－，B^+/－，D^+/－，E^D/－で発現します．

(3)　**クロモーゲン（*C*）**　*C*座には，4つの複対立遺伝子があります．C^+では，色素が完全に発現されます．C^{ch}（チンチラ）は，ユウメラニンの生産に影響しませんが，フェオメラニン生産を減らすので，毛色はクリーム色になります．C^dを持つと，毛色はもっと白色になり，黒い眼を持つイヌがC^bを持つと，毛色はさらに白色となり，青い眼になります．したがって，C^bはアルビノ遺伝子ではありません．現在アルビノ遺伝子は，存在が認められていません．

(4)　**ダイリューション（*D*）**　D^dは，色素を薄めます．*D*の野生型はD^+で，この遺伝子は色素を薄めず，かつ優性です．

(5)　**色素拡張（*E*）**　色素を拡張するE^dは，優性遺伝子で，これを持つと，毛色は黒色になります．E^+は，オオカミが持っている遺伝子で，これを持っていると，かなり濃い色の毛になります．ただし，このようになるかは，ブラウン（B）座のところで述べた通り，他の座の遺伝子によります．

⑹　**虎毛（*Br*）**　黒色の毛が条となって出現することを支配する遺伝子で，優性遺伝子Br^Bで条の毛色となり，Br^+ではそのようになりません．

⑺　**灰色化**（G）　子犬の時には黒毛ですが，成長するに従って薄くなり，毛が灰色になっていくことを支配している遺伝子G / Gがありますが，その対立遺伝子で，そうならなくしている劣性の遺伝子G^+もあります．

⑻　**黒マスク（*Ma*）**　鼻づらを黒色にする遺伝子がMa^Mで，この対立遺伝子は黒色にしない遺伝子でMa^+です．

⑼　**マール**（M）　マールとは，黒色色素のついた毛の色を薄くして，大きな濃い赤褐色の斑点を持つようにする遺伝子です．これは優性遺伝子M/Mで遺伝します．劣性の対立遺伝子M^+を持つ個体の毛色は正常です．

⑽　**斑点**（S）　斑点の出ない遺伝子は，野生型S^+で，大きな斑点を作る遺伝子はS^i，中位の斑点を作るのはS^p，白勝ちの小斑点を作る遺伝子はS^wです．４つの複対立遺伝子で支配され，この順に優性から劣性になっています．西洋犬品種では，斑点のあるものが多いですが，日本犬の品種ではあまりありません．

⑾　**赤眼**（P）　赤眼はイヌでは珍しく，ペキニーズ等でみられます．

⑿　**小斑点化，チック**（T）　優性の小斑点遺伝子（T^T）によって，小斑点が出ます．S座による有斑を小さくする遺伝子で，斑点が小さなしみのようになります．対立遺伝子T^+は劣性です．イングリッシュ・セターにみられます．

２）毛の型の遺伝

イヌの毛には，長短，剛毛か柔毛か，縮毛の有無等，型の違いがあります．これらは，近年の，遺伝子配列を比較する研究によって，３つの遺伝子によって支配されていることがわかりました（Cadieuら　2009）．この遺伝子は，R-spondin-２蛋白質合成を支配している*RSPO-2*とfibroblast growth factor-５蛋白質合成を支配している*FGF-5*とkeratin-71蛋白質合成を支配している*KRT-71*です．この３つの遺伝子のいずれも持っていないと，短毛で柔毛かつ縮毛なしのオオカミ型（野生型）の毛になります．RSPO-２だけを持っていると剛毛になります．*FGF-5*だけ持っていると長毛になります．*RSPO-2*と

*KRT-71*の両方を持っていると剛毛で縮毛になります．FGF-５とKRT-71の両方を持っていると，縮毛になり，頭部の眼と口周りだけが長毛になったイヌになります．また，この３遺伝子を持っていると縮毛になり，頭部の眼と口の周りだけがもっと毛の長くなったイヌになります．

稀に毛のないものもあります．これについては，優性の無毛遺伝子H^rとそれとは別にH^aという劣性遺伝子があることが報告されています．

３）短脚の遺伝

ダックスフンド，ウェルシュ・コーギー・ペンブローク等のように，脚が短い「短脚」に固定されているイヌの品種が多数あります．このようなイヌの品種をDNA解析で調べたところ，線維芽細胞成長因子４（*Fgf4*）遺伝子の先祖がえりの遺伝子配列の１つで，GTTAの塩基配列が挿入されていることがわかりました（Parkerら，2009）．しかもこの挿入（*I*）がホモ（*I/I*）でないと短脚になりません．比較的簡単に短脚の品種が固定されましたが，短脚の形質は，遺伝子の変異によって起こったためであると考えられています．なお，短脚はイヌの健康には全く影響はありません．

４）体の大きさ

体の大きさは，インスリン様成長因子の支配する遺伝子*IGF1*によって大きく決まります．インスリン様成長因子は，膵臓から分泌されるホルモンです．体の大きさのうち，体重は*IGF1*遺伝子のみで決まるのではなく，他の遺伝子も関与してきます．このことは小型犬品種の固定が比較的容易であったことの１つの理由かもしれません．

５）耳の型

耳の型は，１つの遺伝子座（*H*）上の３つの対立遺伝子によって支配されています．H^aは半垂れ耳の遺伝子，H^Hは垂れ耳の遺伝子，H^+は立ち耳の遺伝子です．H^a遺伝子は，他の２つの遺伝子に完全優性ですが，H^H遺伝子はH^+遺伝子に対して不完全優性です．

６）舌斑（ぜっぱん）

舌の上にある青黒い斑点を舌斑といいます．これは西洋犬の品種にはみられませんが，日本犬と東南アジア在来犬に比較的高い率でみられます．しかし，韓国やモンゴル在来犬等にはみられません．よって，日本犬の成立には，中国を含む東南アジア犬の遺伝的影響があったと思われます．舌斑の有無に関わる遺伝子のある方が優性で，ない方が劣性と考えられます（田名部，1996, 2009）．

7）ストップ

イヌの鼻根部にみられるくぼみで額段ともいいます．東南アジア在来犬や西洋犬品種のラフ・コリー等は，ストップが浅いのですが，日本犬を含む近代的な品種では，深くなってきています．これはストップが深い方が幼犬型で，可愛らしくみえるために，人為的に改良されてきた可能性があります．

最古の日本犬である縄文犬は，オオカミに似てストップが浅かったことは興味深いことです．弥生犬以降の日本犬は，ストップが深くなってきています（図Ⅱ-7；田名部　2007）．

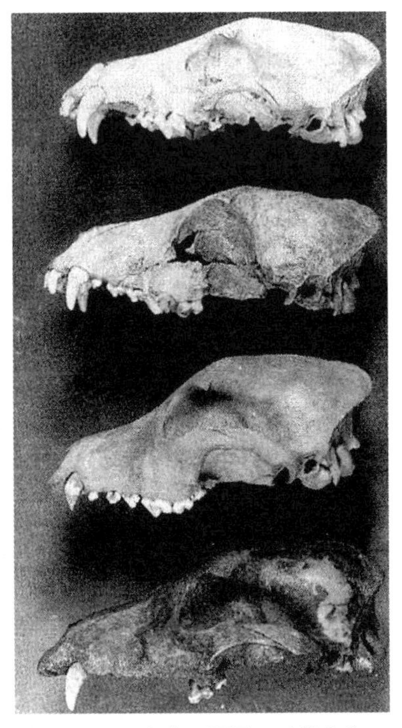

図Ⅱ-7　日本犬の頭骨の時代変化
上から順に縄文後期（約3,500年前），縄文後期（約3,500年前），中世（鎌倉市で出土），中世（鎌倉市で出土）のものを示す（金子，1993）．縄文時代の日本犬では，額から鼻にかけてのくぼみ（ストップ）が浅いが，深くなってくることがわかる（写真金子浩昌）．

8）尾型

オオカミの尾は垂れています．イヌでは，品種によって尾が垂れているもの（垂れ尾）と，巻いているもの（巻き尾）とがあります．尾型を支配している遺伝子は，まだ解明されていません．

9）血液型

イヌの血液型遺伝子座（システム）に関しては，すでに10以上のシステムについての報告があります．国際的に統一された赤血球型の遺伝子座は，*DEA－1*と*DEA－3〜8*です．また，白血球型では，*DLA－A*,*DLA－B*,*DLA－C*が見出されています．

イヌでは，血液型が違っても凝集反応は，一般に起こらないので，輸血の問題が起こりません．しかし，輸血を繰り返す場合には赤血球型の*DEA－1*（遺伝子）の判定が必要とされています．

10）酵素型

イヌの祖先のオオカミとヒトとが共生を始めて後，今から10,000～8,000年前頃に，ヒトは，麦や米等の穀物栽培を始めました．これは，ヒトとイヌとが共生している集団の個体において，急速な麦や米等のデンプン食増に対応する消化酵素型において，変化がみられています．デンプンの多い食に適応して，イヌでは，オオカミに比べて消化酵素のアミラーゼに多型が多いこと，*Amy-2B*座の遺伝子は，オオカミでは，２つの遺伝子しかないのに，イヌでは４～30の遺伝子多型があり，血清アミラーゼの活性も，オオカミに比べて4.7倍になっています（Axelsson ら　2013）．これは，ヒトと共にイヌにおいても，食の変化が遺伝子を変化させ，適応進化することを示す例として重要です．

アミラーゼ以外の多くの酵素には，多型が見出されており，それらの遺伝子頻度についても報告されています（Tanabe, 2006, 田名部，2007）．

3　イヌの性格の遺伝子とその育種

1）ヒトとイヌとの関係の特殊性

イヌとヒトとの相利共生は，ヒトが狩猟採集生活をしていた時代に，ヒトとイヌの祖先のオオカミとの両種相互の利益のために始まっています．その時，イヌに比べてヒトの方が，体が大きく（少なくとも眼の位置がかなり高く），知能が優れていたので，ヒトが支配者となり，イヌは従者となりました．

ヒトとイヌ以外の家畜との関係は片利共生です．相利共生が成立するのは，条件として相互間の生命の保障と食物の確保です．ヒトと他の食用や被服材料の生産や労役家畜との関係は，食物の確保はしていますが，家畜の生命の確保は，ヒトが必要とする期間に限られています．このような関係では，異種の動物とヒトとの間に，絶対的な信頼関係は築けません．

イヌは，ヒトが喜ぶと，それだけでイヌ自身も喜ぶ唯一の種です．これは，ヒトがオオカミと共生した時には，オオカミがすでに持っていたとは，考えにくく，完全にイヌになって以降のことと考えられます．また，長い間に，そのような性質を持つイヌをヒトが残して，育種してきたと考えられます．近年の生態学的研究でも，イヌは常にヒトの表情をみて，その行動を決めますが，オオカミは，ヒトが飼育していても，仲間のオオカミの行動に注目していることが報告されています．ヒトは，オオカミと共生を始めて以来，オオカミを選抜して育種し，攻撃性が低く，またヒトの要求に反応する，従順なイヌに改良してきたと思われます．

近年，DNA配列の調査が可能になったため，国内，国外の多くの研究者が，イヌの性格を支配する遺伝子の解明に取り組んでいます．日本では，京都大学の野生動物研究センターで精力的に作業犬の選抜に適する追求を行っています．その研究過程で，オオカミと日本犬を含む東南アジア犬種，西洋犬種のいくつかの遺伝子座の比較を行っています（表Ⅱ-２）．ドーパミン受容体Ｄ４では，オオカミは，最も長く，次いで，アジア犬種，西洋犬種は，短いのです．伴侶犬（コンパニオンアニマル）の性格傾向は，短い方が活動的で社交的です．

２）イヌの品種と行動特性

イヌの品種の形成は，用途別の育種が，意識的や無意識的に行われてきていましたが，西洋犬の品種の成立は案外新しく，過去400年くらいの間に成立したものが多いのです．

イヌの品種間の行動特性差が，品種内の個体差より著しく大きいことは，以前から認識されていました．行動特性について，実験的，科学的に研究された

表Ⅱ-２　オオカミとヒトの性格を支配する遺伝子の比較

遺伝子	ドーパミン受容体D4	セロトニン受容体1A	セロトニントランスポーター	アンドロゲン受容体 前半	アンドロゲン受容体 後半
オオカミ	長	A	長	短	長
アジア犬種	長	C	長	短	短
ヨーロッパ犬種	短	C	短	長	短
伴侶犬の性格傾向	短：活動的，社交的	C：社交的	短：社交的	長：活動的，躾	短：支配的

（村山，2012）

のは，案外遅く，1945年のメイン州ジャクソン研究所が最初でした．その成果をScott and Fuller（1966）が発表しました．彼らは6つの観察項目を決めて調査したところ，行動特性の差は，主に品種によることが明らかになりました．また，この品種差は，環境差によって発生するものでもありませんでした．差がはっきりみられたのは，体重計で体重を測った時です．コッカー・スパニエルは，平気で体重計に座り込むものもありましたが，バセンジーは，最も落ち着かず，体重測定が容易ではありませんでした．

ヒトがどのような居住の条件下で，どの品種を選ぶべきかについてHart and Hart（1988）が調べています．彼らの調べ方は，全米からランダムに選んだ小動物開業獣医師48名と，各地域のドッグショーの審査員48名個々に7品種を指定し，それぞれ行動性13形質について10点法で配点してもらい，それを集計して，それぞれ12反復の回答を集め，合計56品種を比較しました．日本犬品種は，ヒトになつきやすさに関係する評価がかなり低く，攻撃性と関係する評価が著しく高いと一般にいわれています．牧畜犬に属する西洋犬品種のウェルシュ・コーギー・ペンブロークは，中ぐらいの値を示します．また，西洋犬の鳥猟犬に属するラブラドール・レトリーバーやゴールデン・レトリーバーは，人のなつきやすさに関連する形質の評価値は高く，攻撃性に関係する評価は，逆に低いことが示されました（田名部・山崎，2001）．

3）用途別の犬品種の育種

⑴　**家庭犬**　イヌの用途として現在最も多いのが，家庭犬（family dog）です．イヌは，飼主であるヒトが喜ぶと嬉しくなる性質を持っています．そのため，特殊な目的で育種された特定品種を除き，ほとんどの品種は，家庭犬として使え，ヒトの精神生活に安らぎを与え，ストレスを減らす家庭犬に適しています．

この場合，大型犬は，運動量が不足する場合もあります．日本の都市部では，中型犬や小型犬が好まれる傾向があります．

⑵　**軍用犬**　戦争の時，イヌを利用することは，ローマ時代の歴史書にもあります．しかし，軍用犬としての品種造成は，新しく，ドイツで始まりました．1914年に始まり，1918年に終わった第一次世界大戦は，塹壕戦となり，夜間に後方からの弾薬，食料，医療医薬品の補給が必須でした．ドイツではMax von Stephanitz 退役陸軍大尉がこの用途に適した軍用犬としてジャーマン・シェパード・ドッグの作出を行いました．これには，各地の牧畜犬を中心に交配して育種されましたが，大型化するために，マスチフも交配されたようです．このことは，遺伝子解析から推測されました．このジャーマン・シェパード・ドッグ育種にあたっては，背に荷物を背負わせるために，脊線が肩から後方に傾斜するように，後脚の膝が常に前傾した形になるようにしました．また一定の攻撃性を保ちながら，よく命令に従うような訓練性も加味しました．この品種は，軍用犬として大好評で，かつ有用性が認められ，第一次世界大戦後に世界各国に輸出されました．日本にも1920年に導入されました．第二次世界大戦（1939~1945）でも，各国で盛んに使われ，現在も各国軍隊で使われています．軍用犬としては，ドーベルマン・ピンシェルも使われています．

(3)　**警察犬・麻薬探知犬**　警察犬では，犯人捜索等に，鋭い嗅覚を持つ，大型のイヌが必要とされ，軍用犬として育種されたジャーマン・シェパード・ドッグは，そのまま警察犬用に使えることがわかりました．また，空港・港湾等では麻薬探知が必要であり，この用途にもジャーマン・シェパード・ドッグが使われていますが，他にエアデール・テリア，ラブラドール・レトリーバー等も使われています．

(4)　**狩猟犬（獣猟犬）**　イヌは，野獣を発見して，追い込んで捕まえて食べる習性をもともと持っていた動物です．ヒトが狩猟採集生活をしていた時代から，イヌの主要な用途の１つは，狩猟の助手でした．これは，イヌにとって極めて自然のことであり，喜んでやれる役割です．また，イヌの優れた嗅覚，視覚，動体視力等が大いに狩猟助手として役立ちました．したがって狩猟に適した品種は多く，またその育種は容易でした．しかし，ヒトの文明が発達するに従い，野獣を狩猟することは少なくなってきました．

狩猟犬の品種は，西洋犬ではアフガン・ハウンド，ダックスフンド，ボルゾイ等です．日本犬品種では，紀州，四国等が，猟師によって使われています．

(5)　**鳥猟犬**　鳥の狩猟助手をするイヌを鳥猟犬といいます．一般に，鳥は地上や水辺で採食し，空中飛行して移動します．飛行中の鳥を打ち落とす猟は，ヒトが弓矢しか持っていない時代には，かなり難しい狩猟でした．しかし，ヒトが銃を発明してからは，飛び上がって間もなくの鳥を打ち落とすことが可能になりました．そこでスポーツとしての，銃を用いる鳥猟が比較的近代に始まりました．そして，この助手となるように改良したイヌの品種が作られました．鳥猟では，水辺の草むらで採食生活をしている鳥を狩猟します．この鳥は，野獣が襲いかかった時に，飛び上がれば安全なことを知っているので，近くに来るまで飛び上がりません．そこでこの鳥の生態を利用して，イヌに鳥のいる水辺の草むらを発見させ，鳥にそっとしのび寄らせて，ヒトに合図してから，鳥に飛びかからせます．ヒトは近くで銃を構え，飛び上がったところを銃でしとめる段取りです．これができるように育種された鳥猟犬の品種は，スポッティングドッグとも呼ばれています．合図の仕方で，前の片足を上げる品種がポインター，うずくまって合図する品種がセターです．

鳥を撃ち落した場合に，水中に嫌がらずに入り，落ちた鳥を，命令者に持ち帰るように育種されたイヌがレトリーバーです．この犬の品種がラブラドール・レトリーバー，ゴールデン・レトリーバーです．鳥猟は，グループでスポーツとして行うことも多いので，参加した犬同士が喧嘩したり，吠えないことが必要です．イヌが吠えると，鳥は気づいて，飛んで逃げてしまいます．レトリーバーはこのように育種されたイヌなので，おとなしく，人の言うことをよく聞くので，家庭犬としても好まれています．またラブラドール・レトリーバーは，盲導犬のような使役犬としても使われるようになりました．

(6)　**番犬**　この用途は，イヌがヒトと共生し始めた頃から，すでに始まっていました．夜目がきき，嗅覚，聴覚共に優れたイヌにとって，最も適した用途で，ほとんどの品種が役に立っています．

(7)　**牧畜犬**　牧畜犬は，ヒツジの群をまとめることが多いので，牧羊犬とも呼ばれます．ヒトが定着し，農業を始めたのは，11,000～10,000年前と推定されます．この最も古い場所は，メソポタミアであると考えられています．

この地方には，チグリスとユーフラテス両河が流れていて，かなり広い平野でした．ここで，小麦，大麦等の農耕が始まりました．また最古の農用家畜であるヒツジの飼育もこの頃に始まりました．またヤギの家畜化も始まりました．ヒツジは，当初の用途は肉用でしたが，6,000年前から毛用にも使われるようになりました. 9,000年前頃から, ウシの家畜化が始まっています. 遊牧が始まったのは, 5,000年前頃と考えられています. この頃乗馬用にウマの家畜化も始まりました.

この頃までに, ヒトが牛乳を飲むようになりました. 遊牧は, ウシ, ヒツジ, ヤギ等の群を統御して, 定着地（越冬地を別に作る場合もある）を草の生えてくる春に出発し, 晩秋帰ってくることを意味しています. 遊牧は, ヒトがウマに乗り, イヌを助手として, 家畜群（ウシ, ヒツジ, ヤギ）を統御して, 移動し, キャンプで夜を過ごし, また数日経って次のところに移動します. これにはイヌが重要で, 牧畜犬はこの目的で育種されました. この仕事もイヌに適しているので, 育種は容易でした.

(8)　**盲導犬**　近年, 視覚障害者の歩行を助け, 安全に誘導するように訓練された盲導犬が要望されています. 当初はジャーマン・シェパード・ドッグが使われましたが, 適性に欠けるものが多く, 使われなくなりました. 代わりに, ラブラドール・レトリーバーが選抜されました. 現在盲導犬に期待されている内容は, イヌ以外の動物に期待されていません. また, 個々のイヌが持っている性格や身体的特質からみて, 適している部分もありますが, 適していない部分もあります. したがって, 高合格率を出すイヌの育種は, 容易ではありません. この用途に適するようなイヌの性格を, 遺伝子分析で調べて候補犬を選ぶと, 合格率を上げることができるようです. この研究は京大の村山美穂博士によって行われており, 成果が期待されます.

参考文献

松井　章　環境考古学への招待—発掘からわかる食・トイレ・戦争, 岩波書店　2005

徳永勝士　遺伝子・ゲノムから見るヒトの多様性　学術の動向　7 : 72-75, 2014

Diamond, J. Guns, germs and steel. W. W. Norton & Co. N.Y. 1997　倉骨彰訳, 草思社 2000

Searle, A.G. Comparative Genetics of Coat Color in Mammals. Logos press, London 1968

田名部雄一　ヒトと犬のきずな—遺伝子からそのルーツを探る—　裳華房　2007

Parker *et al.* Science 325(5493):997-998. 2009

Sutter, N. B. *et al.*, A single *IGFI* allele is a major determinant of small size in dogs. Science 316: 112-115. 2007

Tanabe, Y. Phylogenetic genetic studies of dogs with emphasis on Japanese and Asian breeds. Proc. Jpn. Acad. Ser. B. 82: 2006

Axcellson, E. *et al.* Nature 495: 360-364. 2013

Ito, H. *et al.* J. Vet. Med. Sci 66: 815-820. 2004

村山美穂　犬の性格を遺伝子からみる―作業犬の選択のために―ヒトと動物の関係学会誌 39: 49-56. 2015

Ⅲ　イヌの繁殖

ヒトはイヌの様々な特徴に注目して，特定の特徴を持つイヌ同士の交配を繰り返し，その特徴を固定してきました．現在，JKCには189品種，世界各地における在来犬種まで含めると約700～800品種が存在するといわれています．この品種の多さは，他の哺乳類と比べても最多の部類に入ります．このように，ヒトが好みの品種を選べる範囲が広くなるので，ペットとして飼育される動物の中でもイヌは人気のある動物種になっています．いつの時代でも，飼主が飼育しているイヌの特性を子孫に伝えることに興味を抱くようになると，繁殖の意味合いを考えるようになります．繁殖とはそれぞれの生物種の子孫を残し続け，種そのものを永続的に維持することです．それと共にイヌを含めた哺乳類では，減数分裂が深く関与する卵子形成や精子形成過程において，染色体組み換えや遺伝子移動といった複雑な仕組みが働きます．減数分裂は染色体(DNA)の数が半減する分裂です．体細胞分裂では，DNAの複製（２倍になる）が生じた後に１回の分裂をしますが，卵子や精子では，細胞分裂が２回続けて起こるため，染色体数が半減します．これにより，(遺伝子発現的に）少しずつ特徴の異なる卵子や精子が生み出されます．これらの卵子や精子が受精すると染色体の多様な組合せが生じ，個体間に少しずつ違いを現わして個体間の多様性を生み出します．このような多様性を保つことに繁殖の意味合いがあります．

イヌは品種数が非常に多く，それぞれの特性が明確化されているために血統証書が重要となっています．飼育犬の子犬が欲しい時には，複数の子が生まれることを考慮しなければなりません．生まれてきたすべての子犬が寿命を全うするまで世話できるのか，また子犬の里親確保等も考える必要があります．安易で不用意な繁殖は飼主にも生まれてきた子犬にも，よい影響をもたらしません．子犬の将来をきちんと見据えた計画的な交配を心がけましょう．そうすれば，イヌを通じた生命の誕生，そして生き物の成長の道筋を心から楽しめます．

1　繁殖活動に関わる器官

雌では卵巣，雄では精巣が繁殖活動の源となります．左右一対の卵巣は卵胞（卵胞には様々な段階の卵母細胞［卵子］が含まれる），黄体および間質組織で主に構成されており，精巣（左右一対）は精子とその基となる細胞（精原細胞や精母細胞等），精子形成を支援する細胞（ライディッヒ細胞やセルトリ細胞）および間質組織で主に成り立っています．また，卵巣や精巣といった生殖器官（生殖腺）以外に，副生殖器官と呼ばれる器官を雌雄とも持っています．雌では卵巣に続いて，それぞれ左右一対の卵管，子宮角-子宮体，子宮頚，腟の順で，雄では精巣に続く精巣上体，精管，前立腺，陰茎の順でつながる一連の器官が副生殖器官となります．卵巣あるいは精巣と各副生殖器官を合わせて生殖器官系となります．

卵巣は卵子や卵巣ホルモンが生産される場所です．雌は子孫を残していくために繁殖活動（発情周期，妊娠期，泌乳期）を行いますが，この繁殖活動に伴って卵巣内も劇的に移り変わっていきます．発情周期に沿って活動する卵巣は卵胞内で卵子を育て，発情期になると卵胞から卵子を放出します（排卵）．排卵された卵子は受精の場となる卵管に運ばれ，そこで卵子が運よく出会った精子を受け入れれば，個体への第一歩となる受精卵が誕生します．受精卵は発生しながら，卵管から子宮へと運ばれ，子宮内壁に着床します．子宮は胚の発育を導き，個体が生きていくために必要な各臓器や器官を形作っていきます．

一方，精巣は精子や精巣ホルモンを生産しています．精巣で生産された精子は精巣上体-精管-陰茎を通り，交尾時に雌の腟内へ射出されます．精子は前述の生殖道を通過していく間に，前立腺から分泌される精漿と合わさって精液として射出されます．精漿には，精子を卵管膨大部まで無事にたどりつかせるための因子が含まれています．

2　性成熟

雌の卵巣内では，発情周期ごとに分泌される性腺刺激ホルモンの影響を受けて，卵胞が徐々に大きく発達していきます．大きく発達した成熟卵胞からの卵子放出を排卵といいます．生後初めての発情，続いて排卵が起こった時が性成熟に達した時です．それは小型犬では生後６～９ヵ月，中・大型犬では９～12ヵ月ですが，品種差や個体差があります．

雄では精巣での精子生産が進み，精子を体外に放出する射精を認め，同時に交尾行動を示す時期を性成熟に達したとします．その時期は小型犬では８～11ヵ月，大型犬では10～12ヵ月です．性成熟期に近づくにつれて体形も子犬の時の丸い体形から筋肉質となり，体が締まって雄らしい体形となります．

１）卵巣・精巣の働きを導くホルモン

卵巣や精巣は脳の中央底部にある視床下部や下垂体から分泌されるホルモンの作用で活動します．視床下部からのホルモンが下垂体前葉に作用して，卵胞刺激ホルモン（FSH）と黄体形成ホルモン（LH）という２つのホルモンを放出します．雌ではFSHが卵巣に作用して卵胞の発達を促し，その後，FSHに加えてLHが作用して，大きく成熟した卵胞となります．一過性に大量に分泌されるLHの作用を受けると成熟卵胞から卵子が放出される排卵現象が起こります．排卵に先だって卵巣では発情ホルモン（エストロジェン）の生産が高まり，発情期を迎えます．発情期には生理的（陰門部の浮腫，膣分泌物への血液の混入，分泌液が淡茶色から無色に）および行動的（雄犬に興味を示して乗駕を許容）に様々な発情徴候を示すようになります．

雄ではFSHの作用を受け，精巣内の精原細胞を含む精細管が長く，太くなり始めると共に，精巣も大きくなってきます．さらにLHの作用が加わると，精巣から雄性ホルモン（アンドロジェン）が分泌されます．このアンドロジェンの作用によって精巣内では，精原細胞-精母細胞-精子細胞-精子と精子形成が進んでいきます．また，アンドロジェンは交尾行動を導きます．

２）発情周期

飼主がイヌを日々世話していると，膣分泌液に血液を含んでいたり，雌犬が自身の外陰部を頻繁に舐めたり，また，食事量が少なくなり，神経質な行動が現れたり，時に他の動物に噛みついたり等の行動的や生理的な変化に気づく時があります．このような出来事は発情期にみられます．膣分泌物にはフェロモンが含まれていて，雄犬がこのフェロモンを嗅ぎ取って雌に近づいてきます．次に雄犬は交尾行動を示します．この時期，雌犬の体内では生理的に発情の状態にあり，交配可能な時期で繁殖期と呼ばれます．イヌは繁殖期に１回の発情を現わし，次の発情期まで長らく発情休止状態となります．繁殖期に１度だけ発情状態を示すので，単発情動物に分類されています．次の発情は数ヵ月から翌年となり，発情から次の発情までが１回の発情周期となるため，イヌの発情周期は非常に長いことが特徴です．

発情周期は発情前期，発情期，発情休止期および無発情期の４つの時期に分けられ，卵巣活動の状態によって各期の特徴が現れます（表Ⅲ-１）．

表Ⅲ-１　イヌの発情周期

	期間	徴候	膣垢
発情前期	平均９日間 （３～27日間）	発情開始時期．外陰部の腫脹と血液を含んだ分泌物の排出．雄に近づくことを許容するが，乗駕・交配は許容しない．	有核上皮細胞 角化細胞 赤血球
発情期	平均９日間 （５～20日間）	雌犬が雄犬を受け入れる交配期．外陰部は腫脹するが，分泌物は粘性から水溶性になり，色は薄ピンクから淡黄色になる．排卵は発情期に入った１～３日後に起こる．	角化細胞 赤血球
発情休止期	平均２ヵ月間	妊娠しているか，休止期にある．	白血球 有核上皮細胞
無発情期	100～200日間 個体差や犬種差がある	発情と次の発情との間．性行動は見られない．この期間の長さにより雌犬の発情回数が決まる．	有核上皮細胞

⑴　**発情前期**　平均９日（個体間で差異，３～27日）．陰門が腫大し，陰部には血液を含む粘液（発情出血）がみられます．イヌによってはこの粘液を舐めます．この粘液にはフェロモンが含まれており，この匂いが拡散することで，雄犬の誘惑を導きます．また，１回の排尿量を減らして排尿回数を増やします．これらの現象は卵巣から分泌される発情ホルモンによって導かれます．この時期，血液中のエストロジェン濃度が非常に高くなっています．

⑵　**発情期**　平均９日（５～20日）．この時期には交尾および排卵が起こり，様々

な発情徴候が現れてきます．雄と雌は互いに匂いを嗅ぎ合い，雌の体は雄を受け入れる状態となっています．膣分泌物は粘液性から水溶性になり，その色は血液色から薄いピンク色や淡黄色へ変化します．発情期の終わりには分泌物はなくなります．この発情期中に排卵が起こり，排卵後陰部は徐々に柔らかく小さくなります．また，排卵は黄体形成ホルモンの血液中濃度が最高値に達した２日後に起こります．この排卵は発情期に入って，約３日以内に相当します．

⑶　**発情休止期**　期間は約60日です．排卵を終えた成熟卵胞は黄体細胞で埋められて黄体となり，黄体ホルモン（プロジェステロン）を分泌します．この分泌期間が発情休止期で妊娠期間に相当します．この間はプロジェステロンの作用下にあります．発情休止期間中の血液中プロジェステロン濃度は，妊娠時と同様な血液中濃度変動を示します．プロジェステロンは子宮内膜を増殖させ，受精卵が着床できるように準備している他，乳房の膨らみを示すイヌもみられます．

⑷　**無発情期**　期間は約100～200日で，この時期には発情徴候を示しませんし，雄に対しても性的な興味を示さず，子宮を休息させて修復する時期です．

３）交配する雌と雄の条件

飼育中の親犬の交配相手を選ぶ場合，次のような条件が挙げられます．雌では①犬種の特徴をできるだけ多く備えている質の高いイヌであること．②飼育環境が十分に整い，飼主の深い愛情を持って飼育されていること．③身体が強健であり，体質が良好で骨量が十分なイヌ（この場合，心身共に健康なイヌと推測できます）．④犬種特有の性格を持つ良犬であり，臆病でないこと．⑤自身が自然分娩で生まれて，母犬に哺乳保育されていること（自身で育児できると推測できます）．⑥遺伝病や生殖器官病を持っていないこと．

雄では　上記雌の①～④と⑥の条件につけ加えて，過去の繁殖実績がよい結果を現わしている雄犬であり，一代名犬でないことがあります．

⑴　**精液の検査**　交配を実施し，確かな受精・受胎を導くには，精子が正常に形成されていることが大切です．交配しているのに受精・受胎しなかったとならないように精液検査も必要です．通常，採取した精液の，運動性（生存性），形態，精液量および精子濃度といった検査をします．

まずは，精子運動性です．精子が自身で前進運動しないことには，卵子が待っているところ（卵管）までたどり着けません．通常，精子運動性を評価する場合，顕微鏡下で（前進）運動している精子の割合を観察します．一般的に観察者（ヒト）の目で観察することになりますので，観察者の慣れによって多少結果に幅がでます．簡易的には，運動している，または運動していないで判断し，総運動性を算出します．厳密には，運動している精子の中でも，精子運動の度合いによっていくつかに分類でき，「特に活発に前進運動している」や「活発に前進運動している」精子が多いと，高い受精・受胎率が期待できます．この詳細な観察には観察の慣れが必要です．また，簡易的な評価では「運動している」を「生存している」とみなして，精子の生存性を表すこともあります．

精子形態（奇形率）も正常受精を保証するための大切な要因になります．奇形精子の割合が高い場合，正常な受精・受胎は期待できません．精子は形態的に頭部，頸部，中片部そして尾部に分けられます．これらの部位の形態が正常に保たれることで確実に前進運動し，透明帯を通過して卵子と融合でき，受精卵となります．頭部に異常がみられる場合，透明帯の通過や卵子との融合は期待できません．また，頭部以外の頸部，中片部，尾部に異常が認められる場合も，精子は卵子のところまで進むことができず，受精（受胎）が望めません．

精子数（精液量）も受胎率に影響を及ぼします．一般的に，精液量が多ければ，精子数も多くなるはずですが，短い間隔で交配を繰り返していた場合，通常の精液量が採れたとしても，精子数が少なくなることもしばしばです．

これらの項目の検査結果から正常な精子の生産が行われているかを総合的に判断します．また，精子や精液の品質は犬種，個体そして年齢によっても差があり，飼育環境（ストレスの度合いや食事の質）や季節的要因（温湿度）にも影響を受けます．よい交配を期待したいのであれば，雄犬についても交配前の一定期間は飼育環境を整えておくことも大切です．

⑵　**受精と交配適期**　卵子を取り囲む卵胞の発達と共に，卵子も発育していきます（１個の卵胞には１個の卵子が含まれています）．発情前期～発情期には，排卵に向けて卵胞の発達がさらに進行します．この時期の卵子（一次卵母細胞）は第一減数分裂前期（卵核胞期）で停止しており，性腺刺激ホルモンの影響を受けて減数分裂を再開します．この減数分裂再開後の過程を卵成熟といい，卵

子が正常な受精を行うための減数分裂の最終過程です．第一減数分裂前期，後期，終期と進み，その後第二減数分裂中期に達して再び減数分裂は停止します．この時，卵子は成熟卵子（二次卵母細胞）となっており，精子を受け入れて受精卵になるための準備が整っています．通常，哺乳類では，この第二減数分裂中期の前後で排卵されますが，イヌとキツネでは第一減数分裂前期（卵核胞期）で排卵されます．排卵後，卵管に運ばれ，排卵から約60時間後に第二減数分裂中期に達して成熟卵子となります．また，他の哺乳類の成熟卵子は，排卵後約半日受精能（正常に受精できる能力）を保っているのに対して，イヌの成熟卵子では排卵後約４日間受精能を保っています．卵子が成熟してから，受精能を保持している間に運よく精子が侵入できれば（受精），新たな個体の第一歩となる受精卵誕生となります．一方，排卵されてから日数が経ち過ぎた卵子は，多精子受精といった異常受精を引き起こす割合が一段と高くなります．

交配時期になると，雄犬は雌犬に乗りかかり，雌犬は交尾を許容する姿勢を示します．陰部を上げて尾を横にずらし，交尾姿勢をとります．このようなしぐさをすればまさに発情期であり，行動的にみた交配適期といえます．また，射出された精子は子宮内で約１週間生存できます．交配適期は発情期から５～７日目となります．交配適期を見極めることで，受精を確かにし，受胎率も高くなり，胎子数も多くなります．さらに，分娩予定日の予測が確かになります．

⑶　**発情周期の時期を判定する方法（膣垢検査法）**　発情周期の４つの時期を判定するために膣垢検査法があります．この検査では綿棒を用い，膣内膜面の粘液や剥離細胞をこすりつけて採取します．綿棒についた採取物（細胞類や粘液等）をスライドグラスに塗り移し，次にギムザ染色して，顕微鏡下で細胞の核や形態を観察します．時期によって採取物に含まれる細胞の種類が異なり，その種類には有核上皮細胞，角化細胞，白血球，そして赤血球があります．有核上皮細胞は，ギムザ染色によってその核が赤く染まり，円形または楕円形の形態を示します．発情前期から発情期に近づくにつれて，卵巣から分泌されるエストロジェンの増加によって有核上皮細胞は角化して細胞死となり，細胞輪郭が矩形化して角化細胞となります．

発情周期各期での膣垢に含まれる細胞の特徴は次のようになります．発情前期の膣垢は有核上皮細胞を多く含み，この他に角化細胞と赤血球が含まれる場合があります．発情前期から発情期に近づくにつれて徐々に角化細胞が増えてきます．発情期には角化細胞が主となり，赤血球も含まれています．発情休止期に入ると，白血球が多くなり，有核上皮細胞も含まれますが，角化細胞は見られません．さらに発情休止期が進むと白血球は少なくなります．無発情期には有核上皮細胞が主となります．

3　妊娠期と分娩

卵管内で１つの精子と出会い，受精した卵子は受精卵となります．次に卵管，子宮角と移動しますが，この間受精卵（胚）は細胞分裂を繰り返し，細胞（割球）数を増やしながら胚発生を進めます．胚が子宮に落ち着く（着床）時までの段階を初期胚と呼びます．特にこの時期，受精卵が１回の細胞（核）分裂を終えると，核の数は２倍になり，細胞質は元の細胞質を等分して２つの細胞となりますので，卵細胞（質）を割るとの意味で卵割と呼ばれます．受精後９日目前後になると，胚は16〜32個の細胞（４〜５回の細胞分裂）を含みます．この時期の特徴として，胚全体の外観が桑の実に似ていることから，桑実胚と呼ばれています．また，この桑実期前後で胚は卵管から子宮角に移動します．さらに発生が進むと，胚盤胞と呼ばれる段階になり，胚が次第に大きくなります（拡張胚盤胞）．最終的には，胚が透明帯から抜け出します（脱出胚盤胞）．妊娠21日目頃に胚は子宮内膜に付着し，着床を起こします．その後体の各臓器，手足等が形成され，妊娠60日目頃になると分娩・出産となります．

卵巣では排卵を終えた卵胞が黄体細胞で占められており，黄体となります．この黄体の機能は排卵後15〜25日で最高となり，その後徐々に低下していきます．黄体ではプロジェステロンが生産されており，これは妊娠を維持するために必須のホルモンとなります．プロジェステロンは胚の発生に役立つように，子宮腺の発達，子宮乳の分泌，子宮内膜の発達，そして子宮収縮の抑制等に働きます．妊娠末期近くになると，血液中プロジェステロンの濃度は低下していき，分娩直前には急速に低下します．

1）妊娠の判定

妊娠の有無は早い時期に知りたくなるものです．簡易的に腹部に触れて妊娠を判定できます．この場合，交配後21～28日目になると子宮がところどころ球形に膨れてきますので，腹部を触診して間接的に判定します．妊娠の時期が進むと乳房の肥大や胎動等で胎子の存在を知ることができます．他の判定方法として，動物病院では超音波診断，超音波ドップラー検査やX線検査等を利用して妊娠を確認します．また，血液検査を用いた判定法もあります．

2）妊娠期の心得

妊娠期には母犬の体重を記録し，体重の増減を知ることが大切です．胎子が成長していく過程で，羊膜，羊水，そして尿膜，尿水，胎盤や胎子臓器等が形成されると，確実に体重の増加に現れます．体重増加は特に妊娠40日目前後に明確になり，これ以降出産直前まで増加します．母犬体内で発育している胎子の大きさをバランスよく保つためにも，食事の質と量を適時変えていくのも妊娠期には大切です．

妊娠35日目頃から乳房に変化が認められ，乳腺が発達して乳房が膨らみ始めます．妊娠40日目頃には腹部が少しだけ膨らみ，丸みを帯びてふっくらとしてきます．これらの変化は初産のイヌではよりわかりやすくなります．さらに，乳頭の色はピンク色に変わります．乳腺の発達には，黄体ホルモン，発情ホルモンと下垂体から分泌されるプロラクチンの作用が大きく関わっています．

妊娠期の軽い運動は安泰な出産のために大切です．日頃の散歩程度の運動を続けると十分であり，涼しい時間帯を選べばなおよいでしょう．妊娠期の体の洗浄はお腹の膨らみがみられる前，つまり妊娠30日目頃までに行い，その後は出産後２～３週間たってから，シャンプーすれば十分です．イヌの行動には注意して，膨れている腹を圧迫するような行動による不慮の事態が起こらないように配慮します．また，妊娠中には薬品を与えるのはできるだけ避けた方がよいです．必要な時は獣医師に相談して，投薬の安全性を確認すべきです．

妊娠末期，分娩予定日の１週間前頃におりものがみられた場合には，早産や流産の可能性があり，獣医師に相談するべきです．

3）分娩

分娩開始の徴候：分娩近くになると，紙や布等を集めて巣づくりの準備を始めます．分娩２～３日前になると，じっとしている時が多くなる他，食欲は減退し，たびたび尿をします．また，落ち着きがなくなってきます．出産場所として，通常の居場所から離れた暗いところを求めるようになります．また，体温が38℃台から37℃台に下がります．

分娩の過程：分娩は開口期，娩出期，後産期の３つの時期に分けられます．開口期（分娩第１期）は通常約24時間で，初めに子宮頸管は弛緩と拡張を繰り返します．この時期，母犬は落ち着かず，不安や恐さを抱き，食事を拒み，また震え，喘ぎ，そして吐き気等がみられます．子宮収縮は微弱で間歇的に起こり，腹部からの圧迫によりしばしば排尿を伴います．娩出期（分娩第２期）は通常長くて１時間以内で，早くて５分の場合もあります．この時子宮は強い収縮を起こし，胎膜に包まれた胎子を原則として左右の子宮角から交互に娩出します．通常，２時間以上かかると獣医師に診てもらうのがよいです．後産期(分娩第３期）には，後産である胎盤が排出されます．また，母犬は新生子の胎膜を破り，臍帯を噛み切り，子犬を舐め，子犬の呼吸を促します．１頭生まれると第２期に戻り，同様の過程を経て２頭目が生まれます．複数頭生まれる場合はこれが繰り返されます．分娩間隔は５～60分（平均30分）です．

4）分娩後の注意点

通常臍帯は母犬によって噛み切られますが，母犬が噛み切らない時はヒトが介助して切ります．また，死産の場合，母犬には胎盤を食べさせない方がよいでしょう．出産後なるべく早めに性別と体重を記録します．産子数は品種により異なりますので，品種の産子数の幅を知っておくとよいでしょう．

難産には母犬が原因となる場合と，胎子が原因となる場合があります．

母犬側の原因：難産を起こしやすい犬種の特徴として，例えばブルドッグのように短頭で胎子の頭や肩が大きく，母犬の骨盤が小さいといったことが挙げられます．また，小型犬には子宮収縮が弱く，原発性子宮無力症を示す犬種が多いことが知られています．このような時は帝王切開します．

胎子側の原因：胎位，胎向や胎勢の異常はよくみられる難産の原因です．他に，胎子の過大，胎子の死亡や奇形等があります．その予防としては妊娠期での食事の質と量を考え，適度に運動させます．神経質，骨盤奇形や産道の先天的異常が判明した場合には，交配を避けることも考慮すべきです．

4　泌乳期

泌乳期（6～7週間）は，分娩後に母犬が乳を分泌し，子犬を哺乳して保育している期間です．子犬が離乳して母犬の乳汁分泌が停止した時点で泌乳期は終わります．この期間，母乳によって健康な子犬を育てようと心身を労しているため，母犬は大きなストレス下にいます．母犬と子犬に不用意なストレスを与えないように，注意深く飼育しましょう．

出産後1～3日間の間に分泌される乳汁は，初乳と呼ばれており，子犬にとってはとても大切な乳汁です．生まれたての子犬は，初乳を介して母犬から多量の移行抗体を受け取り，これによって子犬は免疫力を高め，感染症に罹りにくくなります．誕生直後の子犬の消化器官系では，他の蛋白質と同じように移行抗体を血液中に吸収します．初乳分泌後には成熟乳汁が分泌され続け，4～6週間目まで分泌量は増加し，6週間目以降分泌量が減少していきます．

1）母犬や子犬の手入れと配慮

分娩後数日間は母犬と子犬はできるだけ一緒にしておかねばなりません．その後は一日に数回，母犬を数分間の散歩に連れて行くべきです．母犬の運動とストレス緩和に役立ちます．飼主が子犬に触れる時は母犬がいる時に行います．このことは子犬に危害を加えないことを知らせる点からも大切な配慮となる他，母犬と飼主との関係が変わりないことを教えることにもなります．これを心がければ，母犬はゆったりとしてその場にいるようになります．授乳中の母犬はブラッシングで抜け毛を丁寧に取り除き，出産後少なくとも2～3週間はシャンプーを避けます．

母乳をきちんと飲み続けていれば，子犬の体重は順調に増加していきます．正常な体重増加の目安としては，1日当り5～10%の割合での増加または生後7～10日で2倍の増加が挙げられます．体重が横ばいか，減少している時は人工哺乳をします．体重測定は毎日決まった時間にし，哺乳後は必ず排尿・排便させます．清潔な綿等で陰部を優しく刺激すると，排尿・排便を促せます．

また，生まれてしばらくは自身で体温調節できませんので，母犬に寄り添って体温を維持しています．出生直後の体温は35.5～36.0℃ですが，その後，寄り添う等して体温の維持ができないと数分以内に29.5℃まで下がり，低体温症の危険が生じるため，体温が保持できるような環境への配慮が必要です．約２週間で，体温調節できるようになると，38.0℃まで上昇します．

２）新生子の発育

①眼閉鎖は10～12日齢まで（内側から徐々に眼が開く．左右同時ではないので無理に開けようとしない）．②耳閉鎖は10～14日齢まで．③起立する力は２週齢頃から（眼や耳が開く頃，弱い歩調）．３週齢頃になるとしっかりした歩調で歩くようになります．④排尿と排便は16～21日齢から（巣の至るところが汚れてきます）．⑤睡眠は約90％の時間は睡眠しています（哺乳時以外は寝かせておきましょう）．また，初めの４週間頃までは睡眠中に時おり筋収縮を示します（活性化睡眠）．⑥筋肉：約３日齢で，体や首の筋肉が屈筋優勢から伸筋優勢に置き換わります．⑦歯の生育は個体間で大きな違いがみられます．最初の乳歯は前方の切歯で，12本の乳歯は４～５週齢頃から生え始めます．犬歯は４本で，切歯とほぼ同じ週齢で生え始めます．前臼歯は12本で，５～６週齢頃から生えます．生後８週齢頃に乳歯が生え揃います．その後12週齢頃になると，中心の乳歯切歯が永久歯に生え換わり始め，16～20週齢で12本すべてが生え換わります．４本の永久犬歯は生後６ヵ月以降に現れてきます．永久前臼歯は16週齢以降から生え換わり始め，６ヵ月齢頃までに16本揃います．後臼歯は乳歯にはありませんが，上顎左右２本ずつと下顎左右３本ずつの計10本が16週齢から生え始め，約６ヵ月までにすべて生え揃います．総数42本の永久歯を持つことになります．歯式は品種間で変動し，超小型犬では歯数が少なくなります．⑧子犬の前足の狼爪はヒトの親指に相当し，つき方と使い方に差があります．通常，生まれて３～６日後に切断することがあります．切断にあたり，品種の基準を調べます．後足の狼爪も同様です．⑨断尾は品種の基準に応じて実施します．実施の際は，生まれて３～６日後になります．

3）イヌの生育記録

正確で詳細な生育記録は信頼でき，将来交配させる時に大いに役立ちます．記録事項として，臨床検査の結果，性別，体重，食欲，性格，形態的特徴（毛色や毛質の特徴等）等が挙げられ，明らかな（飼主が把握できる）特徴について出産日から記録し，定期的に記録を続けます．これらの記録を参考に交配した場合，同腹子の特徴をより確かに予測できるようになります．また，より健常な子孫を残すためにも役立ちます．

5　避妊と去勢

避妊とは雌犬が妊娠を生じないようにし，子犬を作らないようにすることです．妊娠は雄と雌との生殖機能が正常に働くことにより成立しますから，雄側あるいは雌側，いずれかの処置で避妊が可能となります．避妊方法には永久的な術と一時的な術があります．

雄の場合，精子が雌に届かないようにするために，精子の通り道（精管）を切断あるいは結紮する避妊手術があります．この場合，精巣は正常に機能するので，精子や雄性ホルモンが生産されます．もう1つは，精巣そのものを摘出する去勢手術です．この手法では精巣を摘出するので，手術後には精子も雄性ホルモンも生産されません．雌の場合には，卵子が卵巣（卵胞）から排卵されないようにすればよいので，卵巣を切除・摘出します．一般的に，雌雄共に性成熟前に処置する早期避妊や早期去勢が行われます．処置期間は生後6ヵ月齢前後から性成熟期前の間となります．

一時的な避妊には，雌側の処置として発情阻止（発情を止める）や発情抑制（発情が来ないようにする），あるいは排卵阻止等があります．処置には薬品を使用し，主にプロジェステロン製剤を投与します．他に着床阻止があり，誤交配（品種や個体を間違えての交配等）の際に受精卵の着床を妨げることもあります．主としてエストロジェン製剤を使用します．

避妊と去勢の活用：本来，避妊や去勢は，様々な理由により子孫を残さないことを目的としていますが，他に去勢による利点もいくつかあります．性成熟前での卵巣や精巣の摘出は，精巣や卵巣（発情期や妊娠期）から分泌される性ホルモン等による疾患（例えば，乳腺腫瘍や前立腺肥大等）を回避することにつながります．また，性ホルモンの影響がなくなることで，性ホルモンが関わる行動（マーキング行動，攻撃性や発情行動等）が軽減され，性質が穏やかになる場合もあります．一方で，行動力が低下することで肥満になる傾向がみられたり，毛質（毛のつや等）の状態が悪くなったりする可能性もあります．このため，性成熟前に避妊・去勢されることが多い猟犬，作業犬や盲導犬といった働く犬たちでは，肥満傾向を考慮して飼養管理を厳しくしています．

6　障害犬

近年高まるペットブームの中，一部の業者によって人気品種の乱繁殖が行われています．日本ブリーダー協会は近親交配の結果，先天的障害を持つイヌが増加していると警告しています．生まれながら障害を発症しているイヌは処分されます．国はこうした障害犬の増加を受け，動物愛護管理法を改正し悪質業者を処分できるようになりました．しかし，結局のところ消費者の意識が変わらなければ障害犬を生む乱繁殖を止めることは難しいです．

参考文献

浅野隆司，津曲茂久共訳　犬の臨床繁殖ハンドブック　インターズー　1994

猪熊壽　犬の動物学　東京大学出版会　2001

永村武美監訳　犬の繁殖ハンドブック　インターズー　2006

河上栄一　動物の遺伝と繁殖生理　公益社団法人日本愛護動物協会　2011

中尾ゆかり訳　動物が幸せを感じるとき　NHK出版　2011

K. Reynaud *et al.* In vivo canine oocyte maturation, fertilization and early embryogenesis　A review　Theriology 66　2006

Ⅳ　イヌの歴史と現在と仲間たち

1　過　去

家畜化の始まりはⅡ章の遺伝と育種の項をみてください．ここでは特に日本のイヌについて記します．

1）日本におけるイヌの歴史

日本のイヌの起源にも諸説あります．横須賀市の夏島貝塚や愛媛県久万高原町の上黒岩岩陰遺跡から出土したイヌの骨が最古のもので，愛媛県出土の骨を年代測定した結果，縄文時代早期末から前期初頭の7,300～7,200年前のものとわかり，国内最古のイヌの埋葬例になりました．出土したのは四肢を折り曲げて大切に葬られたイヌの骨で，日本におけるヒトとイヌとの関わりを知る重要な遺跡です．

⑴　**縄文犬と弥生犬**　縄文時代の遺跡から出土したイヌは，後に縄文犬と呼ばれるようになりました．縄文犬は縄文人と共に南方から渡来したとされる体高約40cmの柴くらいの小型犬で，外見上の特徴は顔のストップ（額段）がほとんどないことです．狩猟犬や番犬として重用されて大切に扱われていたと考えられます．その後，弥生人と共に大陸から朝鮮半島経由で弥生犬が渡来しました．体高や大きさは縄文犬とほぼ同じですが，外貌は顔にストップがみられる等，新石器時代以降の中国，中近東，欧州等の大陸の小型犬に似ています．水稲耕作と共に大陸の食習慣である犬食も伝来しており，食用犬としての重要な役割がありました．イヌを食用にした明瞭な解体痕が残る骨が出土しています．

⑵　**古代から近世のイヌの記録**　香川県出土とされる弥生時代の銅鐸には，弓を持つ狩人とイノシシを囲む猟犬たちが描かれています．また，朝鮮半島経由で大陸から渡来した犬食の習慣は弥生時代以降も続いており，7世紀後半の天武天皇は肉食禁止令を出して農繁期のウシ，ウマ，サル，ニワトリと共にイヌの食用を禁止して

います（日本書紀）．徒然草には番犬として広く飼われていたと思われる記述があります．日本最初の獣医畜産関係書は818年の鷹狩用のタカに関する「新修鷹経」です．イヌについては江戸時代初期の「犬之書」の幕末期の写本がありますがこれは特例で，一般的には犬公方と呼ばれた五代将軍徳川綱吉が1685～1708年の間に約60回も制定，発令したヒトの保護も含む世界最初の動物保護法「生類憐みの令」が有名です．

江戸中期に狂犬病が流行した際，「狂犬咬傷治方」（1736）と「瘈狗（けいく）傷考」（1783）というヒトの狂犬病に関する医学書が刊行されています．「犬狗（けんく）養畜伝」（1836）にはイヌの飼育や病気の治療法が，また「狆育様及療治」（1856）には，当時珍重されて高価であった狆の飼養法や種付け法が繁殖家用に具体的に記述されています．座敷犬の狆は江戸時代を通じて大名や豪商の奥向で珍重されており，葛飾北斎や酒井抱一らの美人画にも登場します．

世界的な大航海時代には，西洋のイヌも多く渡来し，安土桃山時代から江戸時代初期の南蛮図屏風にはボルゾイやグレーハウンドのようなイヌが描かれています．また，江戸時代初期の画にも洋犬が描かれており，各地の大名に珍重され，その骨が屋敷跡からみつかっています．幕末期に西洋の公使館員らが来日すると洋犬の輸入が盛んになり，大名，旗本にはボルゾイやマスチフのような大型の洋犬を飼うのが流行し，狆は西洋人に愛好者が増えて欧米等に輸出されました．このように，安土桃山時代から江戸時代初期と幕末期には珍しい洋犬や狆を飼うペットブームがあったと思われます．

(4)　**明治時代以降**　明治以降には各種洋犬が流入し，一方で日本犬は洋犬との交雑もあり，犬種や数が減りました．昭和になって，日本犬保存会の設立や天然記念物指定により，日本犬の保護が行われました．愛がん動物やペットと呼ばれていたイヌたちは，今では伴侶犬やパートナーと呼ばれ，家族の一員とされています．

2 現　在

1990年代以来のペットブームにより，関連産業として様々なものが発展してきました。例えばドッグウェアにも様々なブランドが進出し，愛犬と飲食できるドッグカフェ，愛犬と運動できるドッグラン，愛犬と旅行中に泊まれるペンションやホテルも増えています．

イヌを繁殖させて販売する業者をブリーダー，その犬舎をケンネル（ケネル kennel）と呼びます．各国にはイヌの品種の認定，標準の指定，ドッグショーの開催，イヌの飼育を指導する団体があります．イギリスのThe Kennel Club（KC）は1873年に純粋犬種の犬籍管理等を統括する目的で設立された世界最古の愛犬家団体です．アメリカンケネルクラブ（AKC），ジャパンケネルクラブ（JKC），その他国際畜犬連盟（FCI），ユナイテッドケネルクラブ（UKC）等各国のケネルクラブが毎年ドッグショー等を行っています．

1）飼育状況

イヌの飼育頭数はペットフード協会が調査会社に依頼して1994年以来，犬猫の飼育頭数調査結果を継続して公表しています．飼育数は1994年に906.7万頭，その後若干減少し，2003年から増え，2008年に最高となり，その後漸減しています（図Ⅳ-１）．2016年総務省統計局発表の０～10歳の人口は1,029.2万人ですが，同程度のイヌが飼育されていることになります．2016年の世帯数は5,581.1万世帯で，飼育世帯数は790.2万世帯，全世帯の14.2％がイヌを飼育しており，１世帯当りの飼育数は平均1.25頭になります（図Ⅳ-２）．

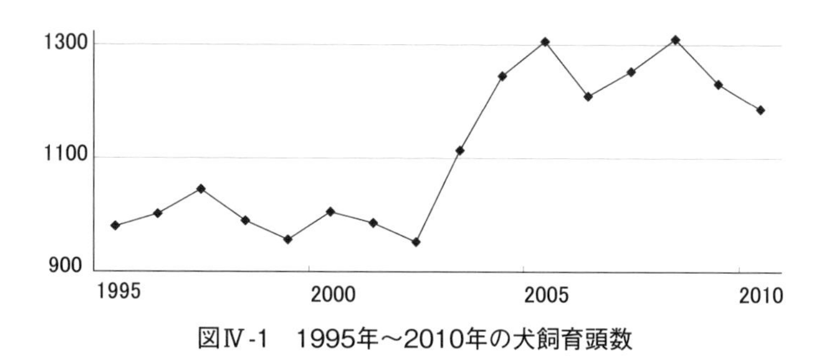

図Ⅳ-1　1995年～2010年の犬飼育頭数

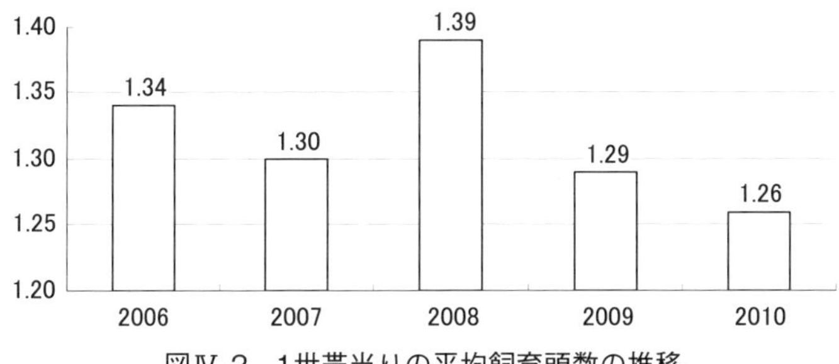

図Ⅳ-2　1世帯当りの平均飼育頭数の推移

2）狂犬病ワクチン接種の状況

厚生労働省の狂犬病予防法（2010年）に伴うイヌの登録頭数は677.8万頭，協会調査による飼育頭数は1,186.1万頭で，44％が登録されていません．しかしながら同協会の調査では，1年以内のワクチン接種は85％が接種したと回答しており，登録頭数に対してワクチン接種犬がかなり多いと推察されます．一方で保健所への登録頭数も年々増加しています．狂犬病については第Ⅹ章参照．

3）人気の犬種と名前

JKCでは毎年純血種別に血統書の登録数を発表しています．登録犬種のベスト10には変化がみられ，最近は長年1位であったミニチュア・ダックスフンドからトイ・プードルに代わり，柴がベストテンに入っています．日本初のペット動物向け専門保険会社アニコムの調査では，小型の混血種（ミックス犬とも呼ばれる）の人気が高くなり，2010年には4位になっています（表Ⅳ-1）．

4）ペット関連の支出

イヌ自体の購入費は当然ですが，命ある物と生活を共にするには，食費や医療費，生活用品等を購入する支出があります．総務省統計局では，全国民についてペットフード購入費，動物病院代および他の愛がん動物・同用品代の年間合計支出を，ペットフード協会では，イヌ・ネコ飼育者別に医療費を含む市販フードの月間平均支出額を調査しています．

⑴　**支出の動向**　2人以上の世帯の1995〜2009年のペット関連の年間支出額は年々伸びており，1995年の約11,000円が2009年には18,000円台まで増え，15年間で1.6倍に増加しています．内訳はフードが約4割，医療費が約3割です．

表Ⅳ-1　JKCとアニコム社の人気犬種の順位

	JKC		アニコム
	(2000)	(2010)	(2010)
プードル(トイが主)	13	1	1
チワワ	3	2	2
ミニチュア・ダックスフント	1	3	3
ポメラニアン	9	4	6
ヨークシャー・テリア	6	5	7
柴	12	6	5
シー・ズー	2	7	
フレンチ・ブルドッグ	21	8	9
パピヨン	8	9	8
マルチーズ	10	10	
ミニチュア・シュナウザー	15	11	10
ウェルシュ・コーギー・ペンブローク	4	12	
ゴールデン・レトリーバー	7	13	
10kg未満の混血種			4

また，2009年の統計局調査では年代別のペット関連年間支出額は，50代世帯で28,951円と最も多く，30歳未満の世帯が最も少なく6,095円でした．

2012年の調査では，飼育者の1ヵ月の支出総額は平均7,460円で，内訳は市販の主食用フード3,279円，おやつ用1,337円です．単身世帯の年間支出額は，女性が12,508円，男性が2,983円となっており，女性の年齢別支出は35～59歳が20,752円と最も多くなっています．

⑵　飼主の施設別支出状況　㈱富士経済の平均支出額調査結果（2009）では，動物病院やペットサロン，ペットホテル等の各施設を92.3％の飼主が2～3ヵ月に1回利用し，1回当りの支出は5,000～1万円未満となっています．

5）捨て犬

イヌは愛がん動物として数多く飼育されていますが，一方で不法に遺棄されたり，飼主の無責任で身勝手な理由により保健所に送られるものも少なくありません．2006年度に86,000頭余のイヌが全国の施設で殺処分されています．動物の遺棄や虐待は動物愛護法で処罰されます．さらに，離島等で野生化したイヌは絶滅危惧の小動物や鳥類にとって，大きな脅威となっています．鳥獣保護法で，野犬は伝染病の感染防止と特定鳥獣の保護から銃やわな猟の狩猟対象となっていますが，飼犬との区別が難しく，集団化した群の駆除を除き，積極的な狩猟対象になっていません．対策は，可能な限り野犬を発生させない＝飼主が責任を持って飼育する，以外にはありません．

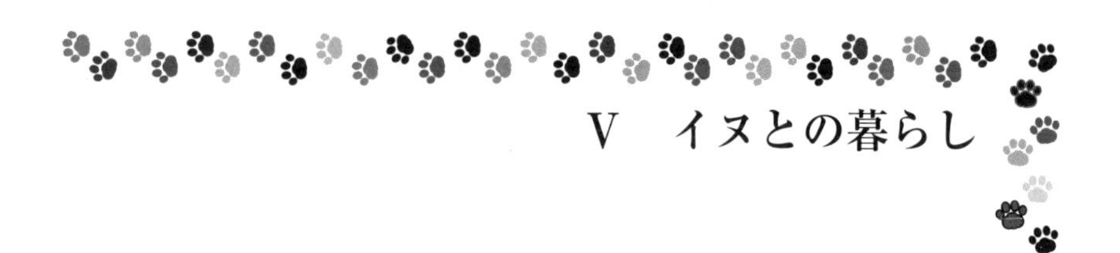

V　イヌとの暮らし

1　動物福祉（animal welfare）

動物福祉という語感から，感情的な愛護と誤解される場合もあるため，和訳せずにアニマルウェルフェアと表記されることもあります．これは，動物に対して与える苦痛を最小限に抑える等の活動で動物の心理学的幸福を実現する考えをいいます．動物本来の特性や行動，寿命等が大きく規制されているあらゆる動物に対して，その規制現場で動物の感じる苦痛の回避・除去に極力配慮しようとする考えが動物福祉です．

動物の権利と異なり，ヒトが動物を利用することや殺すことを否定していません．ただし，やむを得ず動物を殺さなければならない場合も，可能な限り苦痛のない手法（安楽死）が求められます．具体的な方法は，銃，斬首，感電死，マイクロ波照射，捕殺罠等，いずれも即死させることが必要です．

動物福祉法（Animal Welfare Act）は動物福祉を促進するために必要な包括的な措置を定めた法律でアメリカ（1966）やイギリス（2002）で定められており，日本では，動物虐待を禁じる動物愛護法等があり，この他，狭義の意味での動物福祉を求める法律を運用している国が多数あります．健康や幸福など個人の価値観によって重要性や意味が異なり，多くの要因を伴うため動物福祉の科学的定義は難しいですが，基本的に動物福祉の説明には以下の概念が用いられます．

① 痛みや恐怖，欲求不満による幸福の低下を問題視し，主観的な感情を経験できる生物にのみ適用します（主観的経験）．② 生物学的機能性が病気や怪我，栄養不良によって低減することを重視し，行動学的，生理学的，病理学的指標によって測られ，特にストレスを指標として用いる事例が多く，脳下垂体

前葉と副腎皮質の賦活化，グルココルチコイド分泌の増加等で示されます（生物学的機能性）．③動物本来の行動のほとんどを自然に実行できる自由を持つべきという考えに基づきますが，欠点として，自然界の動物は常に問題を抱えて生存のために努力しているので，自然状態が必ずしも動物福祉を満たすとは限らないという指摘もあります（本来の性質）．

家畜福祉では英国の家畜ウェルフェア専門委員会が提案した５つの自由（1992）すなわち，①飢えおよび渇きからの自由（給餌・給水の確保），②不快からの自由（適切な飼育環境の供給），③苦痛，損傷，疾病からの自由（予防，診断，治療の適用），④正常な行動発現の自由（適切な空間，刺激，仲間の存在），⑤恐怖および苦悩からの自由（適切な取扱い）が国際的に認知されています．特定の愛がん動物における飼育ブームや飼育者による動物の不完全な飼養により，無計画に繁殖させ，劣悪な飼育環境を発生させる事例が時々報じられます．日本では2012年からペット販売展示業者に対して20時から翌日の８時までイヌやネコの展示が禁止されました．

現代ではイヌやネコ等は人々の愛情の対象としてヒトの精神生活に潤いを与えるという重要な役割を果たしています．その一方で，鳴き声や悪臭等による苦情の問題があります．近年は猛獣や毒蛇等危険な動物までが飼育されるようになりました．そのため適正な飼育や管理が社会的な課題となり，従来のイヌだけを対象とする取締り条例だけでは対処できなくなり「動物の保護及び管理に関する法律（動管法：1973）」ができました．いくつかの先進的な地方自治体はこの法の趣旨をくんで総合的なペット条例を作っています．これらの条例の変遷は狂犬病が発生していた1950年代後半以降の犬害防止の取締り条例の普及，1970年代の動物愛護的な飼い犬管理条例の動向，1970年代末以降の危険動物ペット規制条例の登場の３期に分けられます．

イヌに関する法律は，飼う前には住んでいる地域のホームページで確認できます．狂犬病予防法や動物の愛護及び管理に関する法律は国で決められているものであり，その他は地方自治体の条例で，それぞれの地域で苦情が起こり作られているものがほとんどです．例えば，排泄マナー，リードをつける，本能，習性を理解して正しい飼い方をする，寿命ある限り飼い続ける，鳴き声，悪臭で他人に迷惑をかけない，犬種や健康状態に応じ適正に運動させる，ヒトを咬んだ場合保健所に届ける，放し飼い禁止，避妊，去勢手術をする，躾をする，サイズにより係留する等の内容が各都道府県で挙げられている規定です．イヌが人間社会で生活する上で周囲に迷惑をかけないという最低限のルールだと思われます．これに加えマイクロチップ装着義務の地域も増えてきています．

イヌは飼主を選べず人間生活に左右されて生涯を送らなければなりません．飼主側はイヌを理解し，ストレスがかからないよう配慮しなければなりません．

「犬の十戒」という作者不明の詩が映画や本になりました．そこには，寿命はヒトよりはるかに短い，むやみに怒る前に理由があることを考えてほしい，ヒトには自由があるがイヌは飼主に決められた場所しかない，言葉は理解できなくても話しかけてあげる，飼主のいうことをきかない時は具合が悪いのかもしれない，年をとって手がかかっても面倒をみてあげてほしい，最期のその日まで一緒にいてほしい，そして忘れないでいてほしい等10項目があり，イヌの気持ちに立ってわかりやすく記載されています．イヌの飼育に関する法律がまだまだ少なくてもこの考え方は，全国的に広まりつつあります．

2　イヌに関するきまり

環境省のペット動物流通販売実態調査報告書（2003）によるとイヌの取引形態はほとんど国内生産で賄われています．繁殖用や流通過程で１割程度は病死します．イヌの入手ルートはペットショップからが55％，ブリーダーからが45％です．イヌの取り扱い業者の６割以上が自社生産しており，小売店の中には卸売やせりを通さないところも多くあります．

イヌの販売日齢は販売先が小売業者の場合は平均47.9日齢，生産業者からの直接販売は57.6日です．小売業者は少しでも早く販売しようとし，生産業者は離乳後に販売しています．卸売や小売業者がイヌを仕入れてから販売するまでの期間は26.2日で，仕入れてから１ヵ月以内に販売されています．かつては業界の自主規制でネコは生後45日以内，イヌは生後40日以内の販売を自粛していました．平成16年９月に動物愛護法が改正され，生後49日以内の販売が規制され，現在はこれを56日以内に延長することが検討されており，これによって母親にじっくり保育され落ち着いた精神状態となった子犬たちが流通することを狙っています．また，近年は散歩中にリードを放すことでの咬傷事件や飼主のモラルに関しても取り上げられ，公的環境下ではリードを放すことが許されなくなっており，無視した場合には罰金が科せられるようになりました．また，散歩中の排泄物の処理に関しても路上放置には2,000円の罰金が科せられることになる条例が千葉県市川市で制定（2010）されました．

3　イヌを飼う

1）飼う前の準備

イヌを飼うには，自分の生活条件，住居の状況，戸建てなのかマンションなのか，さらに生活リズム等に応じて適切な犬種を選択することは当然ですが，命を持ったパートナーを引き取る責任を肝に銘じて，必要最低限の情報収集と準備に取り組みましょう．

(1)　**飼育環境の整備と用意する道具類**　イヌの寝場所とトイレの場所を確保します．屋内であれば，サークルやケージの中に寝床とトイレを一緒に用意するかトイレを他の場所に用意します．屋外であれば，雨風，直射日光を避けて犬小屋を置き，ある程度自由に運動ができるように小屋をサークルで囲うか杭にリードを繋ぎます．子犬は遊び好きで，周囲にあるものを噛んだりするので，噛んだり飲み込んで危険な小物，電気配線や禁忌物や観葉植物等はイヌの動く範囲から遠ざけます．屋内飼育では，床にすべり止めのワックスを塗る等の工夫が必要です．犬種や飼育環境によって異なりますが，ケージやハウス，寝床，食器（水のみ容器），トイレやシーツ，首輪，ブラシ，爪切り，リード，散歩時の糞処理の小物等を揃えます．世話をする人（リーダー：飼主）をきちんと決めておかないと，子犬がとまどってしまったり，最後まで面倒がみきれなくなる可能性があります．

2）飼い始めた時に必要なこと

イヌを飼うようになったら市町村の保健所に愛犬の登録をしなければなりません．登録後は市町村の保健所から毎年４月に狂犬病の予防接種の案内が届き，集団接種か動物病院で接種してもらいます．子犬の場合は他にワクチン接種が必要で，動物病院でワクチン接種をしてもらいます．また，駆虫対策も忘れずに行います．暖かくなり，蚊が出てくるとフィラリアの予防が必要で，動物病院で必要な対策を相談します．散歩の途中でノミやダニがつくことがあります．ブラッシングはノミ退治の助けになりますので，こまめに行います．

散歩は毎日し，散歩の時は糞を入れるビニール袋や採取の小道具を忘れずに持ち，散歩中の糞は持ち帰って始末し，おしっこの後は水で洗い流す気遣いも必要です．

3）世話

⑴　**ブラッシングとグルーミング**　皮膚を清潔に保ち，皮膚病の予防に役立つだけでなく毛を美しくし，外部寄生虫の排除にも貢献します．ブラシは犬種に合ったものを用意して，毎日の散歩の後等にします．短毛種はブラッシングだけでもよいですが，長毛種は櫛を使ってゴミを取ったり，毛並みを整えます．ブラッシングは身体の下の方から始めて，上へとかけていきます．

グルーミングはより丁寧な毛繕いで，ぬるま湯で湿らせて絞ったタオルで毛を軽く湿らせてあげると，静電気が少なくなり，毛が飛び散りにくくなります．

⑵　**入浴**　イヌはほとんど汗をかかないので入浴頻度は多く必要としません．イヌの体調をみて行い，発熱時や食欲不振で元気がない時は控えます．浴槽にはマットを敷いてイヌがすべらない工夫をします．お湯の温度は35～36℃くらいが適切です．入浴後は水気を充分に拭き取り，長毛種ではドライヤーをかけて乾かしてやります．

⑶　**爪切り**　爪は伸びたら切ってあげます．子犬の時から爪を切る習慣をつけておけば，慣れて嫌がらなくなります．爪にも血管があるので，深爪をしないように注意して，伸びた先の部分だけ切ります．イヌを抱いて優しく撫でてやり，足を触って足裏や爪を触っても気にしないようにしてから切ります．尖って白く見える部分を２mm程度切ってからヤスリをかけます．

⑷　**リードと着衣**　リードは外出に不可欠ですので慣らす他ありません．手術や怪我の傷口をいじらせない目的で首周りに装着するエリザベスカラーに，慣れるのにあまり時間はかかりません．

冬にはイヌの着衣がよくみかけられます．イヌは着衣にすぐ慣れますが，イヌはヒトとは異なり，全身に毛があり，また足裏を除いて汗腺がなく，汗による体熱の発散ができません．そのため走った後等では浅息呼吸をして体熱を下降させます．イヌの生息地として日本は暖かく，夏は彼らには暑過ぎます．冬は彼らに快適な気候です．南極の気象研究所で飼っていたイヌたちは全く何も着ていませんでした．しかし，犬種によっては寒がりなイヌもいるので着衣が必要になる場合もあります．

4）躾

イヌも幼少期の社会的環境が成長後の行動に多大な影響を及ぼします．生後３～12週齢を社会化期と呼び，母犬や兄弟等との関係を通じて，学習します．母親や兄弟から離れた子犬は新しい飼主とその家族だけでなくその家で飼われている他の動物や周囲のヒトや犬達と社会化しなければなりません．

躾の基本は飼主への服従と信頼を植えつけることです．そのこつは褒める時や叱る時は対象となる行為の後直ちにはっきり行うことです．色々と一度に教えず，１つずつ教えます．教える言葉は必ず同じ言葉でしっかり発音します．上手にできた時には，「ヨシ」等と言葉をかけながら愛撫して褒めます．

子犬を飼って最初にすることは，決まった場所での排泄の躾です．排便したくなると部屋や庭の隅等を嗅ぎまわったりしますので，すぐに決めた場所に連れて行き排便させます．うまくいったら褒めて，間に合わなかったり，他の場所でした時には「いけない」と叱り，すばやく事務的に片づけます．子犬は寝起きや食後に排便をすることが多いので，注意して見守り，躾ます．その他に，首輪やリードに慣らすこと，呼んだらすぐに来るようにすること，拾い食いをさせないこと，横について歩かせること，飛びつかないようにすること，スリッパや靴を噛ませないこと，ムダ吠えをさせないこと，ヒトに咬みつかせないこと等があり，これらを最低限躾ておくことでトラブルの少ない関係が成立します．

⑴　**先住のイヌがいる環境に新しいイヌを迎える方法**　新しいイヌを迎えるに当っては，対面方法から注意しなければなりません．先住犬にしてみれば，ある日突然自分のテリトリーによそ者が上がりこむ訳で，部屋の中を勝手に探索されたり，飼主の視線を独り占めにしていたら，第一印象は最悪です．また，

新しいイヌにとっても環境が劇的に変化する中では少しのことでも体調を崩す原因になるため注意が必要です．まず，新しいイヌは1週間ケージのみで生活させて，その中から新しい環境をみて徐々に慣れさせます．その間，先住犬にはいつも通りフリーで動ける状況下でケージの中のイヌと対面させ，受け入れの準備をさせます．さらに，食餌や世話の順番，声がけに至るまでも必ず先住犬を優先させるようにすることで，ヒト（リーダー）→先住犬→新しいイヌという位置づけをお互いに認識するようになります．

⑵　**夜行性になったイヌの矯正法**　夜に活動が活発になる要因は，日中に留守番することが多く，夜に家族が帰ってきてから構ってもらう，散歩に行く等のイベントが発生することです．その対処には①日中の散歩や遊びの時間をしっかり設けて満足させるようにします．ただ一緒に歩くだけでなく，ボールやフライングディスク，知育玩具等の道具をうまく取り入れ，遊びのバリエーションを増やし単調にならないようにするのもよい方法です．②メリハリのある接し方をします．遊びの時間が終わり，寝る時間になったら構い過ぎずに電気を消し，所定の寝床へと連れて行きましょう．それ以降の「構ってほしいアピール」には対応しないで，遊びやスキンシップとの差を明確にし，習慣化することで，夜間には何も起こらないとイヌにわかりやすく伝えます．

⑶　**欧米との躾の違い**　欧米のイヌたちは街中でもノーリードで散歩し，食堂でもじっと座っています．推奨されている躾の圧倒的な方法は望ましい行動をした際に褒める方法です．ただし，褒めるにはタイミングと内容がとても重要で，必ず家族全員が共通で伝えます．要は家族内でルールを決め「即座に」「全員が」「毎回」「同じやり方」をするように徹底することです．統一した方法で行う方がイヌたちには伝わりやすく，早く上達するカギといえます．

日本ではイヌを家の外につないで家人や財産を守る番犬とした認識が一般的でした．番犬は吠えるのが仕事ですが，都市部では吠えるのはただの「迷惑なイヌ」というレッテルを貼られてしまいかねません．一方，欧米は狩猟民族の頃からイヌは狩りのパートナーという認識があり，ペットとして暮らすようになった現在もその意識は根強く残っています．このような認識の差が躾の差に表れているのでしょう．最近はペットを「家族の一員」として考えるヒトは増えてきています．今後は「家族の一員」であると同時に「社会の一員」としても認められるような躾をすることが重要でしょう．

⑷　**吠え過ぎの矯正**　吠え過ぎは感情豊かで興奮しやすいイヌに多い悩みと思います．飼主が近づくことで「こっちにきてほしい」「構ってほしい」と大騒ぎになってしまうのです．この場合は叱ることではうまく解決できません．飼主は叱っているつもりでも，イヌは注目してもらえたと思い，行動がエスカレートしてしまうこともあるからです．有効な方法に「無視」があります．近づいた時点で吠え始めたら背中を向けて別の作業をするなど相手をしないようにします．目を合わせず声もかけません．しつこいようなら１～２分部屋を出てもよいでしょう．この繰り返しで，イヌが諦めておとなしくなった時点で初めて褒めてあげます．こうすることで，吠えるよりも静かにしている方が構ってもらえると伝えることができます．

イヌが吠えるのにはそれなりの理由があるはずです．何に対して吠えているのか，どのような時に攻撃行動に出るのかをよく観察し，原因を明らかにして対応します．家族に吠えるのは，前述の「構ってほしい」という理由が考えられます．知らないヒトに対するならば警戒の可能性があります．来客に吠える場合，チャイムが合図となることも多く，音に慣れさせるのも並行して行わなければなりません．可能ならチャイムの音量を小さくしぼって練習します．チャイムが鳴ったらしっかりと「座れ」等の指示を出します．大声での指示は，リーダーが率先して「吠えている」と錯覚し，ますます吠えがひどくなることがあるので静かに指示します．指示に従ったらしっかりと褒めます．必ず指示に従っている時＝吠え止んでいる状態の時に褒めます．「私（リーダー）がいるのだからわざわざ吠える必要はないよ，安心していいよ」と伝えます．「座れ」の代わりにケージの中に入るように指示するのもよい方法です．また，来客中遊んでいられるような特別な玩具を与えれば，知らないヒトが来るというイベントが楽しい遊びの時間へと変わり，より受け入れやすくなります．

⑸　**不適切な排泄の対処法**　トイレトレーニングは子犬の頃に教えることが重要ですが，成犬でも可能です．トイレの周りをサークルで囲い，排泄のタイミング（寝起き，食事後，運動後等）に予め連れて行き，促します．きちんとで

きたら即座に褒めます．逆にトイレ以外の場所での排泄を発見した時はあわてず騒がず，淡々と片づけ，匂いが残ると重ねて失敗しやすいので毎回しっかり掃除します．

(6)　**糞や観葉植物を食べたり，ごみ箱を漁るイヌの対処法**　愛犬が糞を食べる光景は割とよくみられるものです．栄養状態の偏り，フード量不足，ストレスや合成香味料の影響など原因は諸説あります．対応は「排便をしたらすぐに片づける」が基本です．目の前で排便した時は大げさに褒め，片づける一方，すでに一部食べてしまった時は騒いだりせず，すばやく事務的に片づけます．留守番の直前にフードを与えると失敗する確率が高くなるため，時間に余裕を持って給餌します．さらに運動の時間を設ければ，出かける前に排便する習慣作りにもなり，食糞，トイレトレーニング両方に有効です．

ごみ箱を漁る行為は「紙くずが散らばる様子が楽しかった」，「残飯等おいしいものにありつけた」等自分の行動で戦利品を得た経験から，執着してしまう場合が多いです．倒れても簡単に中身が散乱しない蓋つきの物に交換したり，ゴミ箱があるエリアに入れないようゲートを設置するのも方法です．

5）寿命

動物の寿命の傾向は身体の大きさとも関係しており，一般に寿命等動物の時間現象は，身体の大きさ（体重）の1/4乗に比例します．それは何をするにも大きな動物ほど，時間がかかるということです．体重が10倍になると，時間は1.8倍になります．寿命を始めとして，日常の活動の時間も体重の1/4乗に比例しています．時間は分，体重W（kg）とすると以下の表V-1のようになります（本川達男 1992，Lindstedt and Calder 1981）．

表V-1　動物の時間現象

寿　命	$6.10 \times 10^{6} W^{0.20}$
懐胎期間	$9.40 \times 10^{4} W^{0.25}$
8％の大きさに達する時間	$6.35 \times 10^{5} W^{0.25}$
呼吸間隔	$0.87 \times 10^{-2} W^{0.26}$
心臓の鼓動間隔（心周期）	$4.15 \times 10^{-3} W^{0.25}$

時間：（分），体重：W (kg)

色々な時間現象がこうした法則に従っているということは，体重に関係なく，一生の時間現象総量は同じということにもなります．寿命を心臓の鼓動時間で割ると，哺乳類ではどの動物でも，心臓鼓動は一生の間に20億回，呼吸する時間で割れば，約５億回となります．ゾウはネズミより，ずっと長生きです．しかし，もし心臓の鼓動を時計としてみれば，ゾウもネズミも全く同じ長さだけ生きて死ぬことになります．しかし，この関係式に日本人の男女30歳代の平均体重61.5kgを当てはめると，寿命は26年６ヵ月となります．ヒトが動物に近かった原始時代の平均寿命はこの法則が適用できたと思われますが，実際の寿命はこの理論値の３倍以上です．

ギネスで公式に認定された世界最高齢犬は雑種のマックス（英国）で，29歳

表Ｖ-2　犬種別の平均寿命の目安（年）

(1) 15歳以上	スキッパーキー（20），トイ・プードル（19），フレンチ・ブルドッグ，ボストン・テリア（17），シュナウザー，スピッツ，ビション・フリーゼ，ワイマラナー（16），アメリカン・コッカー・スパニエル，イングリッシュ・コッカー・スパニエル，シェットランド・シープドッグ，ジャック・ラッセル・テリア，ダックスフンド，ポメラニアン マルチーズ（15）
(2) 10歳以上	柴（14），イングリッシュ・ポインター，エアデール・テリア，キャバリア，シベリアン・ハスキー，ブルテリア，ボーダー・コリー，ミニチュア・シュナウザー，紀州，土佐，狆（13），アイシッリュ・セター，アフガン・ハウンド，ウエスト・ハイランド・ホワイト・テリア，ウェルシュ・コーギー，サモエド，シーズー，スコティッシュ・テリア，ドーベルマン，パグ，バセット・ハウンド，パピヨン，フラット・コーテッド・レトリーバー，ヨークシャー・テリア（12），アラスカン・マラミュート，オールド・イングリッシュ・シープドッグ，ゴールデン・レトリーバー，コリー，ジャーマン・シェパード・ドッグ，チャウチャウ，チワワ，ビーグル，プードル，ペキニーズ，ボルゾイ，ミニチュア・ピンシャー，秋田（11）
(3) 10歳以下	イングリッシュ・セター，グレート・デーン，グレート・ピレニーズ，ダルメシアン，ラブラドール・レトリーバー（9），セント・バーナード，ニューファンドランド，バーニーズ・マウンテン・ドッグ，ブルドッグ，ボクサー
雑種	20～40kg（13），19～20kg（14），5～10kg（16），5kg以下（17）．

282日（2013）です．20年前には平均寿命は6～8歳といわれていました．現在は犬種によっても違いますが，一般的に11～15歳くらいといわれています（表Ⅴ-2）．この20年でイヌの寿命は約2倍も延びたことになります．その理由としては，室内飼いのイヌが増え，飼育環境の改善，栄養バランスのとれたドッグフードの普及やフィラリア予防等の動物医療の普及等が挙げられます．

加齢の速さは若いほど早く成犬となってからは緩やかになります．イヌの年齢がヒトの何歳に相当するのかについては，諸説がありますが，一般的には，生後1年までは平均20日で1歳，1年ではヒトの18歳，その後1年ごとに4歳年をとり，2年でヒトの22歳，5年で34歳，10年で54歳，15年で74歳，20年で96歳相当ということになります．犬種や生育環境によっても異なりますが，10年になると老犬の域になります．一般に小型犬は大型犬より，室内犬は屋外飼育より，雑種は純血種より，雑種では小型の方が長生きです．

6）イヌとの別れ

命あるものには終わりが来ます．イヌとの死別は自然死，安楽死，事故死など様々ですが，見送り方を誤ると，時に飼主の心に深い傷を残します．イヌやネコが野生の動物ではなく，家族の一員として受け入れられるようになり，ライフスタイルも変わってきています．それに伴い，ヒトと同じように生活習慣病も増えてきました．日本アニマル倶楽部によるとイヌの死亡原因（%）のトップはガンで，実に全体の54，続いて心臓病　17，腎不全　7，てんかん発作　5，肝臓疾患　5，胃拡張・胃捻転　4，糖尿病　3，アジソン病　2，クッシング病　2，突然死　1です．ちなみにネコの死亡原因もトップはガン　38，腎不全　22，猫伝染性腹膜炎　10，心臓病　7，肝臓病　6，猫エイズ　6，猫白血病　5，甲状腺機能亢進症　3，肝臓病　2，ウイルス性呼吸器感染　1です．

一般的に，病気に罹っている場合は，「延命治療をする／しない」という選択肢にも出会うでしょう．また「自宅で看取る／病院で看取る」という別れ場所の選択肢も重要です．なお，死因が老衰であることがはっきりしている場合は比較的おだやかに見送ることができますが，「突然死」等死因がはっきりしない場合は，「死後剖検」という選択肢等も考慮します．「死後剖検」は，死因を究明するために遺体を細かく検査することです．病理解剖，ネクロプシー（necropsy）とも呼ばれます．メリットは，「あいまいな死因がはっきりすること」です．逆にデメリットとしては，「死因がよくわからないこともある」，「費用が10万円近くかかる」，「遺体にメスを入れる」等が挙げられます．火葬に付した後では絶対にできない検査ですので，死因について釈然としない場合は，担当獣医師と相談の上，専門機関に依頼します．

安楽死は飼主の判断でペットの命を絶つ別れ方です．「経済的，時間的，気力的にイヌの介護を続けることができない」，「苦痛を伴う病気に罹ってしまったため１秒でも早く楽にしてあげたい」等がこの別れ方を選ぶ動機になります．法律上，ペットは「生きている物」として扱われるため，安楽死自体が法律に引っかかることはありません．安楽死は獣医師との相談のもと行われます．

事故死は文字通り事故によってペットを失う別れ方です．不測の事故の場合はどうしようもありませんが，首輪やリードをつけないで散歩している途中，走っていく自転車を追いかけて車にひかれて死んだ場合は，飼主の責任になってしまいます．

命あるものにはいつか最期が来ます．飼い始めた時はその愛らしさから別れが来ることを考えませんが，高齢，病気になった時に初めて「死」を考えるようになります．番犬として扱われてきた時代から家族，友人という扱いをするようになった昨今，死に対しての対応も変わってきました．

7）ペットの供養

地方では自宅の庭や敷地に遺体を埋葬することが多かったのですが，都市でのペットの火葬が浸透し，最近では土地があっても動物霊園で火葬するケースが増えています．所有地であれば土葬も問題はないですが，感染症等が伝染する可能性のある場合は控えるべきでしょう．

(1)　**火葬**　一般的にはイヌが死亡したら霊園に連絡し連れて行くか，引き取りに来てもらい，合同，個別，立会いのどれかを選択します．火葬も他の動物と一緒にし，共同墓地に埋葬する合同葬，１頭だけで火葬し骨壷に納める個別葬，飼主が一緒に祭壇の前でお焼香，線香をあげ，お経が流れる中でお別れし，炉に入るまで立会い，お骨拾いもできる立会い葬，移動火葬車では自宅近くにて

表V-3　ペットの体重別，様式別費用（千円）

体重（kg）	～2	2～5	5～10	10～25	25～40	40超
合同火葬	12～	16～	20～	30～	40～	50
個別火葬	17～	21～	25～	35～	45～	55～
立会火葬	19～	23～	27～	37～	47～	57～
訪問火葬	15～	18～	22～	32～	42～	52～

行われる自宅葬等があります．それぞれ季節ごとに供養の案内も届きます．いずれにせよ飼主が納得のいく最期を送ってあげられることが一番です．火葬の料金はペットの大きさ（体重），火葬の種類によって異なり，表V-3はあくまで目安の金額です．読経，納骨，返骨等の料金は含まれていません．

市町村の清掃局で焼却処分をするところや動物専用の火葬場を設け骨壷持参であれば低料金で火葬してくれるところもあります．

⑵　**供養**　火葬した遺骨は自宅で祭壇，仏壇を用意し保管したり，骨を自宅の好きだった場所に埋葬したり，または墓地や納骨堂に安置することや遺骨を粉砕し散骨する方法など色々あります．さらに，お骨を専用のケースに入れペンダントとして身につけたり，ガラス玉に変えて持ち歩けるよう加工してくれる業者や位牌を作り供養するヒトもいるようです．

ペット霊園や納骨堂では，いつでもお線香をあげに行き，お花を立てて供養できます．定期的な読経や合同慰霊祭をしてくれるところもあります．個別霊園には，ペット個別の墓地や墓石があります．共同霊園では大勢のペットと一緒に埋葬します．個別の墓地や墓石はありませんが，一般的には大きな供養塔やお墓が建っています．

ペット納骨堂ではペットの写真や好きだったおもちゃ等を飾ることができます．納骨堂のタイプにはコインロッカー，棚，個室タイプがあり，通常は49日，１年，５年等の期限付で，写真を立てる供養，位牌供養等の手軽なものから豪華な霊座式のものまでを選ぶことができます．

その他，山や海への散骨（山林葬，海洋葬）や樹木葬，お花畑葬等の新しい葬儀，供養の方法があり，納得した選択をしましょう．何らかのトラブルが生じた場合には，都道府県や市区町村等にある「消費生活センター」「消費者生活相談センター」に相談してください.

8）ペットロス症候群

ペットロスはペットの死や盗難等の行方不明でペットを失うことです．ペットロス症候群とは，ペットを失ったヒトがそのストレスを契機に発症する精神疾患で，これに付随して身体症状を伴うこともあります．これはこの言葉がなかった頃からあった訳ですが，重視されるようになったのは2000年代で，米国では1990年代から始まっています．その代表的な精神疾患，精神症状や身体症状例は，うつ病，不眠，情緒不安定，疲労や虚脱感，無気力，めまい，摂食障害（拒食症，過食症），精神病様症状（ペットの声や姿が一瞬現れた気がする錯覚，幻視，幻聴や今に帰ってくるのではないかという妄想等），心身症（胃潰瘍等消化器疾患）があります．これら精神疾患や症状を精神分析的には，ペットとの別れという現象を受け入れられない場合の防衛機制の一種である逃避であるとも解釈しています．また，行動療法（行動医学）の基礎理論である刺激反応モデルによれば，ペットとの別れという刺激に対する生体反応と説明されます．障害が起こる原因として，飼主がペットを擬人的に位置づけることが挙げられています．ペットの寿命はヒトより短く，ペットとの死別は避けがたい出来事です．軽度な症状はむしろ健全な精神性の発露ともみなせますが，健康を害するほどの状態では投薬や必要に応じてカウンセリングを併用します．医師会では１ヵ月以上，悲しみが癒えずに不調が続く場合は専門医（心療内科，精神科）の受診を勧めています．心理療法の分野では，喪失体験からの回復過程を援助するためのグリーフセラピーというプログラムができています．

⑴　**ペットロス症候群に罹りやすいヒト**　家族と同じくらい，もしくはそれ以上に大切だったペットを失ってしまった際のショックに打ちひしがれてしまうヒトが多いようです．家族以上に大切にしているヒト，子どものようにかわいがっているヒト，悩みの相談相手としているヒト，「ああしてあげればよかった」という後悔を持っているヒトがなりやすく，ペットロスに陥ると，突然悲しくなり，泣く，眠れない，過食または食欲不振，無気力，めまい，幻覚，幻聴，妄想，胃が痛くなる，吐き気，頭痛，発熱，疲れやすくなります．

ペットを失った悲しみから立ち直ったヒトは，事実を受け止める，無気力になる，ペットのいない環境に慣れていく，良い思い出として心の整理をする等のステップを踏むことが多いようです．

(2)　**ペットロス症候群対策**　ペットをわが子のように扱い「うちの子だけが生きがい」という生活をしているヒトは，どうしてもペットロス症候群の危険度が高まります．予防には，ペットとの過度な依存関係を改め，趣味や関心の幅を広げておくことが有効です．ペット以外に趣味を持つこと，もう1頭別のペットを飼って，予め愛情を分散しておく等の方法もあります．

経験者との対話，日常生活における行動パターンを少しずつ変えることやペットとの思い出の品を気持ちが落ち着くまでいったんみえない場所に隠しておくこと等が有効です．決まり文句での元気づけや慰めには，あまり効果が期待できません．黙って相手の話を聞いてあげるのが効果的です．相手に檄を飛ばすような言葉は避けましょう．「思い切り泣いた方がいいよ」等，感情を放出するように促すのが適切でしょう．

Ⅵ　イヌの品種とその仲間

イヌの改良が盛んになったのは約200年前からですが，犬種間の形質差や多様性は著しく，世界各地の在来種を含めると，その数は700～800になります．FCIでは339犬種，JKCでは暫定公認犬種含め189犬種（2009）を公認，登録しています．イヌの分類法は団体によっても異なります．飼育目的や形態により，JKCでは10群，AKCでは７群に分けています．イヌは人為的改良を最も多く加えられた動物で小型のチワワから大型のセント・バーナードまで，体形や毛色も含め多種多様で，飼育目的に応じた体形や能力の犬種がいます（表Ⅵ-１～４）．

表Ⅵ-１　イヌの頭骨による分類（11型）

(1) パリア犬型	チワワ，柴，北海道
(2) スピッツ型	スピッツ，ポメラニアン，秋田
(3) ハスキー型	ハスキー，サモエド，チャウチャウ
(4) コリー型	スムース・コリー，ジャーマン・シェパード・ドッグ
(5) マスティフ型	マスティフ，グレート・デーン，セント・バーナード
(6) グレーハウンド型	グレーハウンド，サルキー，ボルゾイ
(7) ピンシャー型	ドーベルマン
(8) ハウンド型	ブラッドハウンド，ダルメシアン
(9) スパニエル型	ゴールデン・レトリーバー，ペキニーズ，狆
(10) プードル型	プードル
(11) テリア型	エアデール・テリア，スムース・フォックス・テリア

表Ⅵ-２　イヌの目的による分類

(1) ガンドッググループ	獲物を回収したり，獲物を発見して飛び立たせたり，獲物の位置を教えたりと，ハンターの手足となって働き，人の気持ちをよく理解し従順．スパニエル，セター，ポインター，レトリーバーの仲間．
(2) コンパニオングループ	ペットとして愛されている犬で，各々が個性的，珍しい風貌，ユニークな成り立ち．ほとんどの犬がこれに属する．ダルメシアン，チャウチャウ，ブルドッグ，プードル，ボストン・テリア，ラサ・アプソなど．

(3) スピッツ グループ	比較的寒冷地の原産．立ち耳，巻き尾，豊かな被毛で獣猟犬，作業犬，番犬．日本犬のほとんど，シベリアン・ハスキー，サモエド等．
(4) テリア グループ	英国近辺の中小型の土着犬．闘争心や自立心が強いが，躾しやすく，病気に強く，気性が激しい．小獣狩りやゲームに．ブル・テリア，ミニチュア・シュナウザー，ワイアー・フォックス・テリア等．
(5) トイ グループ	上流階級に愛されてその毛色や姿形の美しさが追求されてきた．比較的に病気に弱く，性格は二の次．シー・ズー，マルチーズ，パグ，ヨークシャー・テリア，ポメラニアン，チワワ，狆等．
(6) ハーディング グループ	牧羊犬，護羊犬として．敏捷でよく鳴く．ウェルシュ・コーギー・ペンブローク，オーストラリアン・キャトル・ドック，シェットランド・シープドック，スムース・コリー，ジャーマン・シェパード・ドッグ，ビアデッド・コリー等．
(7) ワーキング グループ	ルーツは護羊犬．体力も気力も強く，作業犬，軍用犬，警察犬に．その攻撃性は一旦開始されたら止めることが困難．グレート・デーン，グレート・ピレニーズ，セント・バーナード，土佐，ボクサー，ドーベルマン，マスティフ等．
(8) ハウンド グループ	獲物となる獣を追跡し，追い詰める脚力とスタミナのある獣猟犬．ビーグルや胴長短足犬の臭覚タイプとサルーキやアフガン・ハウンド等視覚タイプがある．アフガン・ハウンド，アメリカンハリア，ウィペット，グレーハウンド，サルーキ，ダックスフンド，バセット・ハウンド，ビーグル，ボルゾイ等．

表Ⅵ-3　イヌの大きさによる分類

(1) 超大型犬	アイリッシュ・ウルフハウンド，グレート・デーン，グレート・ピレニーズ，コモンドール，セント・バーナード，チベタン・マスティフ，土佐，ナポリタン・マスティフ，ニューファンドランド，バーニーズ・マウンテン・ドッグ，ボルゾイ，マスティフ，ロットワイラー
(2) 大型犬	アイリッシュ・セター，秋田，アフガン・ハウンド，アラスカン・マラミュート，イングリッシュ・セター，エアデール・テリア，オールド・イングリッシュ・シープドッグ，カーリーコーテッド・レトリーバー，クランバー・スパニエル，グレーハウンド，コリア・ジンドー・ドッグ，ゴードン・セター，ゴールデン・レトリーバー，サモエド，シベリアン・ハスキー，ジャイアント・シュナウザー，ジャーマン・シェパード・ドッグ，ジャーマン・ショートヘアード・ポインター，ジャーマン・ワイアーヘアード・ポインター，ダルメシアン，チェサピーク・ベイ・レトリーバー，チャウチャウ，ドーベルマン，ビアデッド・コリー，フラット・コーテッド・レトリーバー，ブービエ・デ・フランダース，ベルジアン・シェパード・ドッグ，ホワイト・スイス・シェパード・

	ドッグ，ボクサー，ポリッシュ・ローランド・シープドッグ，ラフ・コリー，ラブラドール・レトリーバー，レオンベルガー，ワイマラナー，ローデシアン・リッジバック
(3) 中型犬	アメリカン・コッカー・スパニエル，イングリッシュ・コッカー・スパニエル，イングリッシュ・スプリンガー・スパニエル，ウィペット，ウェルシュ・コーギー・カーディガン，ウェルシュ・コーギー・ペンブローク，オーストラリアン・キャトル・ドッグ，オーストラリアン・シェパード，甲斐，紀州，キースホンド，サルーキ，シェットランド・シープドッグ，柴，シャー・ペイ，スタッフォードシャー・ブル・テリア，ダックスフンド，日本スピッツ，バセット・ハウンド，ビーグル，ブリタニー・スパニエル，ブルドッグ，ブル・テリア，プードル，プーリー，北海道，ボーダー・コリー，ワイアー・フォックス・テリア
(4) 小型犬	アーフェンピンシャー，イタリアン・グレーハウンド，ウエスト・ハイランド・ホワイト・テリア，オーストラリアン・テリア，キャバリア・キング・チャールズ・スパニエル，キング・チャールズ・スパニエル，ケアーン・テリア，シー・ズー，ジャック・ラッセル・テリア，スキッパーキ，スコティッシュ・テリア，ダンディ・ディンモント・テリア，チベタン・スパニエル，チベタン・テリア，チャイニーズ・クレステッド・ドッグ，チワワ，狆，トイ・マンチェスター・テリア，日本テリア，ノーフォーク・テリア，ノーリッチ・テリア，バセンジー，パグ，パピヨン，ビション・フリーゼ，フレンチ・ブルドッグ，ブリュッセル・グリフォン，プチ・ブラバンソン，ペキニーズ，ボストン・テリア，ボロニーズ，ポメラニアン，マルチーズ，ミニチュア・シュナウザー，ミニチュア・ピンシャー，ミニチュア・ブルテリア，ヨークシャー・テリア，ラサ・アプソ

表Ⅵ-4 主な犬種の体格（目安）

		体重（kg）		体高（cm）		原産国
		雄	雌	雄	雌	
超大型	セント・バーナード	70≦	65≦	70～90	65～80	スイス
	グレート・デーン	80	55	80≦	72≦	独
	ボルゾイ	34～48	25～41	70≦	65≦	ロシア
	土佐	91	45	59≦	59≦	日本
大型	ジャーマン・シェパード・ドッグ	43	32	60～65	55～60	独
	シベリアン・ハスキー	20～27	16～22.5	53～60	50～55	米
	ドーベルマン	40	29	65～70	60～65	独
	ゴールデン・レトリーバー	29.5～34	25～29.5	57.5～60	54～56	英
	ラブラドル・レトリーバー	29.5～36	25～32	56～61	54～59	カナダ
	ラフ・コリー	25～34	20～30	60～65	55～60	英
	ダルメシアン	27	22.7	57.5	47.5	クロアチア
	チャウチャウ	32	20	48～51	43～51	中国
	ボクサー	32	24	56～63	53～59	独
	秋田	46	34	65～70	60～65	日本
中型	ブルドッグ	23～25	18～23	30～38	30～38	英
	ビーグル	14	12	38	32.5	英
	ウェルシュ・コーギー・ペンブローク	10～13.6	10～12.7	30	25	英
	ダックスフンド	14.5	7.3	20～23	20～23	独
	ワイアー・フォックス・テリア	7～8.2	6.8～7.7	39≧	39≧	英
	コリア・ジンドー・ドッグ	18～23	15～19	50～55	45～50	韓
	北海道	20～30	20～30	49=52.5	46～48	日本
	柴	13.6	9	36～41	34～39	日本
小型	ポメラニアン	3.2	1.5	27.5	27.5	独
	マルチーズ	2.7	1.8	25	25	地中海地域
	ペキニーズ	3.5～6.5	3～5	15～23	15～23	中国
	パピヨン	5	1.5	27.5	20	仏・ベルギー
	チワワ	2.7≧	2.7≧	20	16	メキシコ
	ミニチュア・プードル	5	5	37.5	25＜	仏
	ミニチュア・ダックスフンド	5≧	5≧	13～15	13～15	独
	狆	3.2	1.8	27.5	20	日本
	日本スピッツ	5.9	5.9	30～35	雄＞雌	日本

1　日本犬（にほんけん　にほんいぬ）

1）狭義の日本犬

日本にはヒトの移住と共に縄文犬や弥生犬が渡来し，その後にこれらが交雑して現在の日本犬と呼ばれるイヌの祖先になったとされています．明治から昭和初期に洋犬と日本犬の雑種化が進み，都市部で純粋な日本犬は姿を消し，日本犬絶滅の危機となりました．そこで日本犬保存会が設立（1928）され，1934～37年に，文部省は次の６犬種と1971年に絶滅した越の犬を天然記念物に指定しました．日本犬保存会の定めた日本犬標準（1934）では，大型は秋田（1931），中型は甲斐（1934），紀州（1934），四国（1937），北海道（1937），小型は柴です．日本犬の体型は数千年前とほとんど変わらず，ぴんとした角の立ち耳，吻の尖った楔形の頭部，くるりとした巻き尾か前方に伸びて腰の上にかぶさる差し尾です．体，肢，吻はがっしりとしており，身体能力が高く，素朴，勇敢で，主人には非常に忠実ですが，よそ者には警戒心が強く，番犬に適しています．温暖湿潤気候に対する耐性が強いのも特徴です．

イヌの毛皮の供出が求められた太平洋戦争末期は第２の受難の時期で，有志の情熱と努力により，日本犬の血は継承されました．現在，日本で年間に血統登録される50万頭超の純粋犬のうち，日本犬の割合は10％強の5.5万頭，そのうち，柴が約80％，次いで紀州と四国が占めます．

広義の日本犬には，外来犬種との交配で作られた狆，土佐，日本テリア，日本スピッツの４犬種も含まれます．秋田から派生したアメリカン・アキタを加えることもあります．

⑴　**秋田**　天然記念物に指定される中で，唯一の大型犬種で，秋田犬とした場合はあきたいぬと読み，あきたけんとは読みません．祖先犬は秋田マタギと呼ばれる狩猟犬です．これは大型でなく，中型でした．1630年頃より，佐竹藩士の闘志を養うためとして闘犬が奨励され，特に大館地方では闘犬が盛んとなり，体が大きく強いイヌへの要望で，マタギ犬（大館犬）と外国産の大型犬等との交配が行われ，秋田の原種となりました．闘犬は江戸から明治に盛んに行われましたが社会的弊害から闘犬禁止令（1908）が出され，警視庁から闘犬，闘鶏，

闘牛の禁止令（1916）が出されました．大正時代初期に秋田犬保存の世論が高まり，大館町長らが保存運動の中心となりました．このような明治期の舶来文物偏重や交通の自由化による洋犬との雑化とその反動としての日本犬保守運動は，全国の日本犬に共通の動きでした．種族保護に関する天然記念物保存法が発布（1919）され，以降，秋田の繁殖改良，再作出への取り組みは勢いを増し，秋田犬保存会が設立（1927）され，1931年頃から犬籍登録を実施，1938年には秋田標準の制定，展覧会の開催がありましたが，戦争の勃発によって，一時中断されました．戦後の深刻な食糧難で大型犬の秋田の数は激減しました．戦時下では，軍用犬のジャーマン・シェパード・ドッグ以外の犬は軍用の防寒衣料として毛皮を使用したために捕獲命令が出され，この捕獲を逃れるため，ジャーマン・シェパード・ドッグとの交配によって，秋田の純化は後退し，戦後再び純血種としての繁殖固定努力が行われました．出羽系や一ノ関系が生まれ，1955年頃からは後者が秋田の主流となり，秋田は全国的に飼育されるようになりました．1953年には秋田の２円切手が登場しました．

一方，終戦後に米国に持ち帰った当時の出羽系の秋田の子孫は，現在，アメリカン・アキタとして世界各地に広がっています．日本の秋田とは外観がかなり異なっているので，独自の犬種とされています．しかし，米国西海岸のみは1969年に秋田犬保存会の支部が作られました．

秋田は，体，肢，吻はがっしり，毛色は主に赤（茶色），鼻先や眉，腹，手足に白い裏白，虎（黒色），白色で，三角の立ち耳，巻き尾が特徴です．身体能力は高く，非常に力強く，主人には非常に忠実で，番犬にも適します．股関節形成不全，鼓腸症に罹りやすい体質です．近年，一部自治体では土佐，紀州，ジャーマン・シェパード・ドッグ，ドーベルマン，グレート・デーン，セント・バーナード，アメリカン・ピットブルと共に，ヒトに危害を加える恐れがあるとして特定犬に指定し，檻中での飼育を義務化しています．

⑵　**紀州**　紀伊国（熊野地方）の紀伊山地周辺で猪猟やそれに伴う諸作業に使われていた土着犬を品種固定したイヌで，現在も近畿南部に家庭犬としての愛好者が多く，猪猟専門の訓練所もあります．天然記念物に指定（1934）される際，太地，熊野，日高，高野，明神の那智犬が紀州として指定されました．和

歌山県教育委員会は，文化財保護法の規定により天然記念物に指定された紀州の保存を奨励し，特に優良な紀州に対して優良紀州犬章を交付しています．

祖先は紀元前からいた土着の中型犬．江戸時代，紀伊国阪本村の鉄砲名人の弥九郎が山道で苦しんでいるオオカミを助けると，後日，彼の家の前にいたオオカミの子と思われる子犬をマンと名づけて育てたのが紀州の先祖と伝えられており，オオカミの血を引くといわれます．すっきりと鼻筋の通った顔にぴんと立った三角耳と虹彩が褐色の細い三角目を持ち，尾はオオカミのような差し尾が多く，硬い直毛の上毛と柔らかく密生した下毛に覆われ，体はがっちりした筋肉質で，頭部がやや大きく，顎と四肢の筋肉は特によく発達しています．一見ずんぐりとした頬の豊かな相貌は精悍さと同時に穏和な印象を与えます．現在の紀州のほとんどは白ですが，虎毛や胡麻毛も認められ，天然記念物に指定され，毛色の統一が図られた結果，斑毛のものは姿を消しました．

日本土着犬の一般的特性の主人に忠実でよそ者を警戒する性質を持ち，番犬に適していますが，大型動物狩猟犬としての特性上，無駄吠えが少なく，威嚇よりも撃退向きです．１頭でもイノシシを倒すといわれるくらい勇猛で，気性は荒いですが，体質は非常に丈夫で，手入れもしやすく，遺伝病は少ない方です．躾を怠って野放しにすると非常に攻撃的な性格になり，家族以外のヒトやイヌに咬みつく危険性がありますが，家庭犬としての適性が高く，飼育頭数は日本犬の中では柴に次いで多いです．

⑶　**四国**　古来，土佐犬と呼ばれていた中型のイヌですが，土佐との混同を避けるために，四国と改称されました．四国山地周辺の山村でシカやイノシシの狩猟用に使われてきました．体格は柴より大柄で，温暖湿潤気候に強く，主人には異常なまでに忠実ですが，よそ者には警戒するので番犬に向いています．天然記念物に指定（1937）．この種には本川，幡多，安芸，宇和島系と呼ばれる地域特性がありましたが，安芸系は衰退し，幡多系と宇和島系は差異がなく，幡多系と本川系は混血が進み，地域特性は消滅しかけています．日本犬の中で最も素朴な風貌でニホンオオカミと交配させたとの伝承があり，外見が似ているため，ニホンオオカミの間違い目撃情報の対象にされています．

⑷　**柴**　日本犬保存会設立時（1928）に小型日本犬として標準が作られ，天然

記念物に指定（1936）されました．柴犬（シバイヌ）とも呼ばれます．

南方系の渡来で，パリア犬に近いとされています．現在，ニューギニア島の山地に野生するニューギニア・シンギングドッグとは毛色，体形，体格が極めて似ています．中部，北陸，長野，山陰，四国にそれぞれ系統があり，美濃，越後，信州，山陰柴等と呼ばれましたが，戦後の改良普及期に信州柴が主力を占め，系統別の地域差はみられなくなりました．柴の語源は毛色が柴に似ているとか，シバヤギのように小型の動物を「しば」ということによるとされています．小型でも性質は剛胆，俊敏，強健，手頃な大きさで扱いやすいため，愛好者が増え，北欧や米国にも進出しています．毛色は赤，胡麻，ブラックエンドタン，白等です．

⑸　**北海道**（アイヌ犬）　英国のBrakistonによりアイヌ犬と命名（1869）されましたが，文部省によって北海道として天然記念物に指定（1937）されました．管理者は北海道庁が指定され，戦後は北海道教育委員会となっています．アイヌではセタと呼び，ヒグマやエゾシカの猟に用いてきました．起源は縄文犬の血統が維持されたとする説と鎌倉時代に北海道へ移住した人たちが連れて来た獣猟犬を祖先とする説があります．

中型で，耳は三角形の小さな立ち耳，目尻が吊り上がった三角形の小さな眼，巻き尾か差し尾，被毛は硬い長毛と柔らかい短毛の二重構造で寒さに強い特徴があります．飼主に忠実で，野性味が強く，勇敢，大胆，怖いもの知らずで，我慢強く，粗食に耐えます．産地による系統があり，厚真町産のイヌは特に厚真犬と呼ばれました．

2）広義の日本犬

⑴　**狆（ちん）**　狆は大きな瞳，愛嬌のある外貌，絹糸のような長毛の小型愛玩犬です．徳川綱吉の時代には江戸城で座敷犬，抱き犬として，また吉原の遊女も好んだとして珍重され，欧米でも100年以上前から日本犬として公認されています．名称は，ちいさいいぬ→ちいさいぬ→ちいぬ→ちぬ，と段々つまってちんになったといわれています．また，狆は和製漢字で，屋外で飼うとされていたイヌを屋内（中）で飼う意味で作られました．開国後に各種洋犬が入って来るまで，姿や形に関係なく小型犬を狆と呼んでいたことを示すものに，シー

ボルトが持ち帰った狆の剥製があり，それは日本テリアに近い容貌です．

日本固有の品種とされていますが，飛鳥，奈良，平安時代には伝来していたという説や戦国時代や江戸時代に中国から渡来した説があります．一般的には奈良時代に中国から渡来したペキニーズのようなイヌを日本で改良したとされています．おそらくチベタンスパニエル系統の短吻犬種(鼻のつまったイヌ)で，現在はすべての短吻犬種の祖先犬はチベットの原産とされていますが，ペキニーズとも血統的な繋がりがあるとされています．狆に関連する最古の記録は続日本紀（732）に，夏五月，新羅より蜀狗一頭を献上したとあります．なお，日本書紀には天武天皇の章に，672年に新羅からラクダ，ウマ，狗等が贈られたという記載があります．この狗が短吻犬種であったとすれば，狆の渡来はもっと古いことになります．

現在の容姿に改良，固定されたのは明治期になってからで，大正時代には数が激減，大戦中には壊滅状態になり，戦後，国外から逆輸入されました．しかし，洋犬の人気に押され，今日でも非常に稀少な種です．欧米ではジャパニーズ・スパニエルと呼ばれましたが，スパニエル種とは無縁で，混同を避けるために現在ではジャパニーズ・チンと改名されています．室内飼いが基本で絹糸のような毛並みの保持には定期的なブラッシング，短吻種の特徴的な疾患である呼吸困難と耳のケアが必要です．抜け毛や体臭が少なく性格は穏和です．

⑵　**土佐**　一般に土佐犬と呼ばれますが，明治時代に闘犬の盛んな高知県で四国に，秋田，マスチフ，ブルドッグ，ブルテリアやグレート・デーン等を交配して作られた品種です．日本犬では他に類をみない堂々たる筋肉質で，頭は大きく，皮膚は咬まれても大丈夫なようにたるんでいます．長い垂れ尾と垂れ耳ですが，稀に笹耳もいます．毛質は硬く，ごく短く，毛色はレッド，フォーン，ブラックが標準です．昭和初期までは白に赤の斑が多かったのですが，その後の改良で赤が多くなりました．闘争本能が強く攻撃的な反面，主人とその一家には従順で，避妊･去勢手術をすると攻撃性は低下します．よく訓練されても，突然興奮状態に陥りやすく，咬みついたり，走り出します．そのため，欧州では危険犬種としてペット飼育の規制対象に指定されています．

⑶　**日本スピッツ**　大正末期から昭和初期に渡来したシベリア原産のサモエド

にドイツのジャーマン・スピッツを交配して小さく改良し，純白に固定化したとされています．1921年に初登場し，その後改良繁殖されて固定化し，JKC によって標準が確立（1948）されました．戦後から高度成長期にはよく吠えるので，番犬に最適の小型犬として爆発的に流行し，最盛期には登録犬の4割を占めました．その後，神経質でうるさいイヌとして人気は衰え，1,000頭以下（1991）になりましたが，性格の改良が続けられ，現在では無駄吠えしなくなりました．明朗活発で物覚えがよく，警戒心は強いが飼主には従順で，目鼻が黒く，額や耳，前肢の前面を除いて，光沢のある純白の長毛で覆われ，特に首から前胸にかけての飾り毛が非常に美しく，下毛は短く，柔らかです．

(4)　**地犬**　天然記念物に指定された7犬種の他にも，岩手，甲斐，川上（長野），越路（新潟），薩摩，山陰柴（石州柴，因幡犬とも，鳥取，島根），十石（群馬，長野），仙台，大東（沖縄），肥後狼（熊本），秩父，津軽，三河（愛知），美濃柴（美濃犬，飛騨柴とも．岐阜），屋久島，琉球等の地犬が地元の保存会で，保存，固定化の努力がされています．

(5) **絶滅犬**　会津，青森，赤城，梓山（長野），天城（静岡），厚真（北海道），綾地（大分，宮崎），阿波，壱岐（長崎），越後（新潟），加州，前田（石川），高安（山形），椎葉（大分，宮崎），相馬（福島），津軽，秩父，戸隠，日向奥古新田，日向（宮崎），保科，三河柴（愛知），山仮屋（愛知），甑山犬（鹿児島）等の地犬がすでに絶滅したとされています．

2 洋　犬

1）超大型犬

(1)　**グレート・デーン**　デンマークの大きなイヌGreat Daneが呼び名ですが，第二次世界大戦中かその直後に原産国はデンマークからドイツに変更されたように起源は定かではありません．1800年代ドイツではドイツ・ドッチェと呼ばれていました．巨大で力強く，優美で高貴です．体に密着した被毛は細くて短く，柔らかく，光沢があります．毛色はAKCではフォーン - イエローゴールド，ブリンドル，ブルー（スチール・ブルー），ブラック，ハールクイン，マント（ボストン）の6色が標準として認められています．頭部は細く長く，大きめの口吻，長方形，明瞭，表情豊かで，彫りが深く，眼は中型で，落ちくぼみ，丸く暗色．耳はやや長めに尖った立ち耳です．断耳は米国では一般的ですが，欧州ではあまり実施されません．尾は踝（くるぶし）まで届き，前脚は完全に真っ直ぐで，足は丸くて小さいです．ショードッグに求められる体高，体重は各ケネルクラブで異なり，大きな雄は91kg以上になり，ギネスブックによる体高の最高記録は107cmとなっています．威圧的な外観とは異なり友好的で穏和な性格で優しい巨人，イヌの中のアポロンといわれます．他のイヌ，イヌ以外のペット，野生動物，見知らぬヒトや子どもに対しても穏和です．

他の大型犬種と同様に新陳代謝が遅く，小型犬に比べ体重当りのエネルギー消費は少ないですが，共通の問題として胃が弱く，苦痛を伴う胃の拡張，胃捻転は早急に処置しないと致命的になります．その他，股関節形成不全，拡張型心筋症，先天性心疾患，ウォブラー症候群も珍しくありません．遺伝性疾患もあり，眼や耳近辺が白色である場合，視覚障害，聴覚障害となる可能性が高く，全身白では多くが聴覚障害です．

⑵　**セント・バーナード（Saint-Bernard）**　２世紀頃にローマ軍の軍用犬としてアルプスに移入されたモロシア犬が，その後独自の発達を遂げたとされています．17世紀中頃にアルプスの山深い修道院で雪中遭難救助犬として使役され，20世紀初頭に至るまで，2,500名もの遭難者を救助しました．1884年，グラン・サン・ベルナールの修道院にちなんで命名され，日本では英語読みのセント・バーナードと呼ばれています．短毛種と長毛種とがあり，色は白地に赤か赤地に白で，性格は温和，利口，従順，おっとりで寒さに強いが，暑さには弱いです．別名の１つとしてアルペン・マスティフが使われています．体格は犬種の中で最大級，過去最大の記録は体高99cm，体重138kgでした．

⑶　**ボルゾイ（Borzoi）**　旧名のロシアン・ウルフ・ハウンドから改名（1936）されました．ボルゾイの意は俊敏です．その名の通り走るのが速く，走行速度は50km/ｈです．オオカミ狩りの猟犬として貴族に飼われていたため，ロシア革命後に貴族の象徴として虐殺され，純粋種の存続が危ぶまれました．革命前に海外に進呈された個体を繁殖し，再び純血種として復活しています．日本には1992年に米国から純白の雄が渡来しました．JKCの登録頭数（2010）は

460頭で，全犬種中33位です．従順で，繊細ですが，獲物を追いかける猟に使われるため，主人から遠く離れてイヌ自身の判断で行動する必要があり，忠実に指示を守ることよりは，自己判断で行動する傾向があり，躾にくい，頭の悪い犬種という誤解を受けています．外見は高貴な面もありますが，ひょうきんで人なつっこい性格です．日常では物静かで，ゆったりと構えて，吠えませんが，動く物体をみると滑らかな走力を発揮し追跡します．大型犬に多い股関節形成不全等の遺伝疾患はなく，丈夫で飼いやすいですが，胃捻転になりやすく，麻酔には弱いため体重だけを指標に投与量を決めることは危険です．

2）大型犬

⑴　**コリー（Collie）**　名称は黒または石炭を意味する古英語，顔の黒いヒツジから，役立つというゲール語に由来する等の諸説があります．単にコリーといった場合ラフ・コリーを指すことが多く，英国ではボーダー・コリーを指す場合があります．BC50年ローマ軍が英国へ上陸，スコットランドのイヌとボルゾイ等の交配で誕生しました．毛色はセーブル，トライカラー，白，ブルーマールです．股関節形成不全，進行性網膜萎縮症に罹りやすいです．

⑵　**ゴールデン・レトリーバー（Golden Retriever）**　元来，水鳥猟で撃ち落とした獲物回収の猟犬です．19世紀中頃にスコットランドで作出され，KCはフラットコート・ゴールデンとして初登録（1903）しました．米国にクラブが設立（1938）され，現在5,000人の会員を擁するAKC傘下の最大のクラブです．性格は温和，知的，親しげ，確実と表現され，飼主と共に働くことを喜びます．楽天的で孤独を嫌いますが忍耐力が非常に強く，ヒトに同調する能力があることで番犬には不向きです．

理想的な体長と体高の比率は11：10．頭部は大きく，鼻は黒か茶がかった黒色，耳は頬に沿って垂れ，眼はアーモンド形，毛色は明るいクリーム色から暗い赤金色まで多彩で，飾り毛は他の部分より明るい色で長く，体の前部，胸腹部，四肢後部，尾下部を覆います．羽毛のように柔らかく短い下毛と弾力性のある長い上毛のダブルコートで，下毛は防水性が高く，体温調整の役目も担い，気温が上ると抜け落ち，低下すると再び生えます．

人気犬種ゆえの乱繁殖により，股関節形成不全，てんかん等遺伝性疾患を持つ個体や本来の穏和な性格を大きく損ねた個体がいます．ガンは死因第１位の疾病で，股関節形成不全と同様に，米国では甲状腺機能低下症を必須検査項目に指定し，それ以降，この疾患は減少しています．

盲導犬，介助犬および警察犬といったサービスドッグとしての労働や競技会でもよく見受けられます．水遊びが非常に好きです．

⑶　**シベリアン・ハスキー（Siberian Husky）**　シベリアからカナダ北極圏のツンドラ地帯が原産で，祖先はスピッツと同系とされています．古くから犬ぞり等の牽引や狩猟補助犬として重用されてきました．アラスカでジフテリアが大流行した際に，ハスキー犬チームが氷点下50度の酷寒の中，544 kmもの距離をリレーしながら血清を輸送して多くの人命を救いました．その名誉犬バルトの像がニューヨーク市のセントラル・パークに建てられています．

精悍な顔ながらバランスの取れた体躯，滑らかに伸びた美しい被毛，社会性に富んだ性格から人気を呼び，1930年以降はソ連が輸出規制したにも関わらず，北米で改良が加えられて全世界に広まり，極地系犬種の中では特に人気があります．日本でも佐々木倫子の漫画「動物のお医者さん」の大ヒットでハスキー犬ブームとして社会現象を引き起こしました．

５～６歳までが成長期，青年期に当り，色は黒青色または茶褐色で，全身単色毛もあります．顔部と腹部には白毛で隈取模様のあることが多く，瞳は青，青灰，濃褐色で，左右の瞳虹彩が異なるものもいます．ヒトに対して友好的で，番犬としては不向きです．普段は吠えませんが，長時間孤立状態に置くと，遠吠えする傾向があります．優れた耐寒性と長距離疾走可能な強靭な体力，持久力があり，好奇心が強く，特に成長期～青年期はいたずら好きです．社会性が強く，所属集団と判断する集団への帰属意識や回帰性は高いですが，頑固で独立心も強く自我表現欲が強い一面もあり，いわゆる躾を強く行う必要があります．

成犬は相当な運動量が必要で，基本的には朝夕各１時間以上の早足散歩，ジョギング，サイクリングに同伴させることが必要です．したがって，エネルギー消費や代謝が非常に活発であるため，高蛋白質と高品質脂肪の調和が取れた食事が必要です．運動不足によるストレス蓄積は他犬種に比べて非常に大きく，無駄吠えや情緒不安定，異常脱毛，消化器障害，神経障害の原因となります．暑熱には弱いので，夏季には配慮が必要です．また，換毛期は脱毛が多いので，こまめにブラッシングやシャンプーをして脂漏症の予防に努めます．股関節や膝関節を中心に骨格，関節系の疾患や怪我，角膜の栄養障害，眼球系疾患（白内障，緑内障）になりやすいです．

⑷　**ジャーマン・シェパード・ドッグ（German Shepherd dog）**　ドイツの牧羊犬という意味で，知的で，忠誠心と服従心に富み，訓練を好むので，災害救助犬，軍用犬，警察犬，麻薬探知犬や特殊訓練を必要とする作業犬，介助犬，補助犬（盲導犬）として使われています．名称にシェパードという名がつく犬種は200種以上もいるため，通常ジャーマン・シェパードと呼ばれます．

第一次世界大戦時はドイツの軍用犬として使われ，この能力に感心したイギリスとアメリカの兵士が国に連れ帰り，ペットとなり，テレビドラマに出たり，盲導犬として活躍しています．最も知的で融通が利く犬種と評価されています．

最初の標準は1899年にジャーマン・シェパード・ドッグ協会の最初の総会で作成され，その後度々改正されました．計画的な繁殖は協会設立以降，ユーティリティワークに適した犬種作出を最終目的に掲げて，ドイツの中部と南部のハーディングドッグを基本としました．鼻は黒の単色，体長は体高より約10～17%長く，体格は中位で，力強く，筋肉質で，性格はよく，バランスが取れていて，大胆です．自信に満ち，怒った時以外は落ち着いており，訓練しやすく，コンパニオンドッグ，番犬，使役犬，防衛犬としての勇気と闘志，タフさがあります．毛色は黒地に褐色，黄，明るい灰色までの２色のもの，黒または灰色の単色等多彩です．

⑸　**ダルメシアン（Dalmatian）**　ディズニー映画「101匹わんちゃん」のヒットで一躍有名になった大型犬の一種ですが，中型犬に分類されることもあります．猟犬，番犬，牧羊犬，軍用犬に活躍したといわれ，激しい作業に耐える体力があります．馬車が交通機関の主流だった頃，消防馬車の先導，護衛として活躍し，アメリカでは現在でも消防のマスコットとして親しまれています．

近親交配がむやみに進められ，稀に先天的に聴覚や股関節に異常を持つ個体が誕生するので，繁殖には聴覚喪失（20～30%）を減少させるために耳が全く聞こえないイヌと青い眼のイヌは外し，片耳が聞こえないイヌも外すのが理想的です．雄は陰嚢が色素沈着しているのが好ましいです．

性格は明るく陽気な反面，警戒心が強く，飼主や家族以外の他人や他犬に気を許さないところがあります．日常かなりの運動が必要で，運動量が不足すると問題行動が表れます．白い毛並みに，黒または茶色の斑点があり，鼻は黒斑種の場合，常に黒く，茶斑種では常に茶色，眼が茶色，毛は短く，硬く，密集しており，光沢があります．眼瞼外反，眼瞼内反，斜視と眼の疾患があり，両眼または片眼の近くあるいは身体に限定された模様があります．一年中，毛が抜け，飼育では掃除が大変です．他の犬種にはない尿酸を排出し，尿路結石ができやすいです．

⑹　**ドーベルマン（〃ピンシャー　Doberman）**　19世紀末，ドイツのDobermanが数種を交配して生み出しました．体毛は極めて短く，体は全体的に筋肉質で，丸腰のヒトはこのイヌに勝てないといわれるほど強いイヌです．走力に優れ，優美な筋肉質のスタイルからイヌのサラブレッドとも呼ばれます．元々の耳は長く垂れ，細い尾ですが，子犬の時に尾と耳および怪我予防のために前足の狼指が切断されます．最近は切断しない事例も多くなっています．毛色はブラック，レッド（ブラウン，チョコ），ブルー，フォーンでブラックとレッド以外は特定の疾病が発症しやすいため，好ましくないとされます．

難しい訓練にも耐える頭のよいイヌで，軍用犬，警察犬，麻薬探知犬として活躍しています．飼主には従順で命令を必ず果たそうとする忠誠心があります．しかし，家族以外のヒトやイヌに対する警戒心が極めて強く，攻撃的になるため，咬傷事件が多発しており，危険犬種に指定する自治体もあります．

フォン・ヴィルブラント病，胃捻転，股関節形成不全やブルーの毛色にみられるブルードーベルマン症候群は部分的な脱毛があります．運動量の要求はかなり多く，常に運動機会を与えなければなりません．

⑺　チャウチャウ（獢獢　ChowChow, Chinese edible dog）　紀元前から中国にいた地犬で，番犬，そり牽き，猟犬として飼育されていました．しかし，飼育目的の主体は肉用，毛皮用です．がっしりとした体格で，口吻は短く，しわ深い面で，舌は青黒いです．立ち耳で毛は厚く，尾は毛量が多く，真っ直ぐで

背負っています．毛色は褐，黒，青，肉桂色です．後足が棒状のため，歩き方はぎこちなく，遺伝的に緑内障，股関節形成不全症，軟口蓋過長症，内分泌系疾患に罹りやすいです．運動量が少なく，室内でも飼え，現在は愛がん犬やショードッグとして親しまれています．

⑻　**ヌロンイ（黄狗　ファング　Korean edible dog）**　朝鮮半島の土着犬で，特定の犬種ではなく，黄色い雑種犬を意味し，大型化を図った雑種犬が一般的にヌロンイと呼ばれます．猟犬，番犬となる傍ら，食用目的で飼育されます．現在は犬食の是非を問う論議の中心となっています．食用は主に雄で，去勢され，肉を与えず，主に穀物系の餌のみを与えられて一定の期間肥育された後に屠殺業者に売られます．雌は繁殖用に残されます．2006年には日本でも30頭がペット用として飼われていました．毛色は黄色っぽく，背，耳，口吻，頭頂等に黒い斑点があるイヌもいます．筋肉質のがっしりとした体格で，耳は立ち耳か垂れ耳で，尾は巻き尾か刺し尾（まっすぐな垂れ尾）．性格は忠実で内向的，繊細で育てられた家族によくなつきます．

⑼　**ラブラドール・レトリーバー（Labrador Retriever）**　元来獲物を回収する狩猟犬です．現在は家庭犬，盲導犬や警察犬，身体障害者補助犬等様々な用途に最適な犬種として使われています．この血統には外観重視の英国タイプの品評会用と能力重視の米国タイプの作業用といわれる血統があります．前者は小柄で，胴が短く全体的にがっしりとした体格で，性質もややおとなしいです．後者は体高が高く，細身で，頭部と鼻は細長いです．

原産地はカナダのニューファンドランド島で，祖先犬はイングランド，アイルランド，ポルトガル等で飼育されていた使役犬の雑種とされています．ベースの毛色は暗色で，胸，脚，顎，鼻先が白の被毛という特徴は，この犬種の血を引く雑種の外観に表れることがあります．

19世紀初頭に，イングランドに多くのセントジョンズ・レトリーバーが持ち込まれ，水鳥猟の狩猟犬として能力を評価されるようになりましたが，当時のニューファンドランド島の羊畜産保護政策とイングランドの狂犬病検疫の目的でイヌの輸出入が制限され，徐々に姿を消しました．現在の犬種はセントジョンズ・レトリーバー，セントジョンズドッグ，レッサーニューファンドランド等に基づく犬種で，出身地名にちなみラブラドールと呼ばれました．この犬種が公式犬種として認められたのはKCで1903年，AKCで1917年です．

45kgを超えると肥満犬と見なされます．毛色はあまり重要視されず，狩猟犬としての能力向上を目的に改良された結果，現在の犬種の特徴，気性が生まれました．標準体型は国，団体によって様々で，アメリカでは肩から基尾部までの長さと，肩高は同じ長さで，雄の肩高は57～62cm，体重は29～36kg，雌の肩高は55～60cm，体重は25～32kgとされています．これに対してKCの標準は雄の肩高は56～57cm，雌の肩高は55～56cmとなっています．

被毛は短い直毛がほとんどで，密生して防水効果を持ち，温帯地域では通常年２回の換毛があります．尾は平たくて力強く，足には水かきがあり，降雪地ではかんじきの役割も果たします．毛色はブラック（濃淡のないブラック一色），イエロー（クリームからフォックスレッド），チョコレート（ブラウンからダークブラウン）の３種類が公認されています．毛色は３種類の遺伝子によって決定され，同腹でも異なる毛色の子犬が生まれることがあります．

頭部は明白なストップ（額段）のある平らな顔，穏やかで表情豊かな眼，瞳の色はブラウンとヘイゼル（はしばみ色）で，眼の縁取りはブラック，耳は頭部に密着した垂れ耳で，眼よりわずかに高い位置にあり，顎は頑丈で力強く，口吻は中程度で，やや下がり気味に優美なカーブを描いています．胴は頑丈で筋肉質，背筋は水平であることとされています．鼻部と皮膚の色は複数の遺伝子で支配され，DNA型鑑定でこれらの遺伝子判定が可能となっています．鼻先はブラックが多く，加齢と共にスノーノーズやウィンターノーズと呼ばれるピンクがかった色合いへと変化します．この変化には暗色のメラニンを合成する働きを持つモノフェノールモノオキシゲナーゼが影響しています．

性質は温和，社交的，従順で，ボール投げ等の遊びや競技を好みます．嗅覚も鋭く，臭跡をたどって追跡を続ける忍耐力にも優れているので軍用犬や警察犬として，また，労働意欲が高く，知的で，性質もよいので災害救助，探知，身体障害者補助，セラピー等の役割で使役されています．カナダでは盲導犬のうち，60～70％が本種です．卵を割らずにくわえて運ぶことができるくらい，物をくわえることが上手です．欠点は他人を警戒することがなく，盗まれることもあるので，盗難予防にはマイクロチップの埋め込みと飼育者を記名した首輪やタグの装着が必要です．

他犬種に比べると少ないですが，股関節形成不全，肘関節形成不全，膝蓋骨脱臼，眼病では，特に進行性網膜萎縮症，白内障，角膜ジストロフィー，網膜形成異常を発症することがあります．食欲旺盛で，運動不足は肥満の原因となります．肥満は最も大きな問題で，アメリカでは少なくとも25％が適正体重を超えているとされています．肥満は股関節や脚部の形成不全だけでなく，糖尿病の原因となります．対策として，過度な食餌を強く戒め，１日に少なくとも２回は30分程度の散歩が必要です．1928年以降，アメリカで広く認識され始め，その他の国々に本種が広まったのはさらに遅く，ロシアでは1960年代後半です．本種は世界的にも人気があり，2006年ではオーストラリア，カナダ，イスラエル，ニュージーランド，イギリス，アメリカでの飼育頭数は１位でした．

３）中型犬

⑴　**ウェルシュ・コーギー・ペンブローク（Welsh Corgi Pembroke）**　胴長で短足，骨太，耳がピンと立ち，筋肉質で体力に富み，体毛はダブルコートで保温力に優れ，毛色はレッド，フォーン，セーブル，ブラックタン，トライが主で，抜け毛が非常に激しいです．長くふさふさしたキツネのような尾があり，断尾はキツネと間違えないように始められました．近年は動物愛護の観点から禁止する法律が施行される国があります．

物覚えがよく，好奇心も旺盛で，活発な性質です．社交的な面もありますが，神経質な個体は咬傷事故もしばしばあります．食欲が旺盛で太りやすく，食べ物に対する執着が強いため食事の加減と毎日の運動が欠かせません．太ると脊椎，特に腰椎に負担がかかり，腰回りと脚に爆弾を抱えているともいえます．寒い地方の原産のため，夏には弱く，皮膚にトラブルを起こしやすいです．

⑵　**ダックスフンド（Duchshund）**　短い四肢と長い胴体が特徴で，ヘルニア等の脊椎疾患になることも多いです．毛質はスムース，ロングヘア，ワイアに分けられ，毛質別に毛色が分類されます．スムースとロングヘアは単色で，レッド，レディッシュイエロー，イエロー（クリーム）があり，鼻と爪は黒です．２色では，濃いブラックかチョコレート．タンかイエローの斑が眼の上や前胸

部等に見られ，ブラックとタンの鼻と爪はブラックで，チョコレートとタンのイヌだとブラウン（チョコレート）です．ワイアの色はスムースヘアーと共通ですが，他に猪色や枯葉色もあります．

⑶　**ビーグル（Beagle）**　足は速くないですが，豊富な体力と獲物を追いながら延々鳴き続け，その声が遠くまで聞こえるので，勢子として古くから狩猟に用いられました．個体差が小さく，実験動物に利用されます．また，優れた嗅覚を活かし，検疫探知犬としても活躍します．鳴き声から森のトランペッター，草原の声楽隊等の愛称があります．最近は家庭犬として改良され，スヌーピーのモデルでもあります．毛色は黒，褐色と白，垂れ耳は平均18cmで外耳炎になりやすく，性格は活発，遊び好きの寂しがりで長時間の留守番には向きません．攻撃性が低く，頑健で病気しらずです．食欲が旺盛で，何でも口に入れる習性があり，雌は特に太りやすいので運動量がかなり必要です．

⑷　**ブルドッグ（Bulldog）**　マスチフ系の犬種で，名前はイギリスの700年にわたる犬の闘技でブル（雄牛）との闘争競技に使われたことに由来します．この競技の禁止（1835）後，番犬や愛がん犬となり，獰猛な性格も取り去られ，現在は非常に温厚でおとなしいイヌです．下顎が出っ張り過ぎて，噛むこと自体が苦手となりました．しわしわの顔は皮膚炎にならないよう，その間を清潔に保つことが必要です．胎子の頭部や肩幅が非常に大きくなり，一方で雌の骨盤が小さいため，出産は帝王切開がほとんどです．体温調節が苦手で，鼻が短いため鼾（いびき）や涎（よだれ）が多く，涼しい場所で飼わなければなりません．暑さに弱く，熱中症を起こしやすいので国内の航空会社は2007年ブルドッグとフレンチ・ブルドッグの積み込みを断る決定をしました．

⑸　**ボーダー・コリー（Border Collie）**　名称は原産地がイングランド，スコットランド，ウェールズの国境（ボーダー）地域であることに由来します．牧羊犬に最も多く使われている犬種で，運動や訓練性能のよさから，ディスクドッグ競技，フライボール，ドッグダンス等のドッグスポーツを楽しめると共に，ショードッグや家庭犬としても認知が進んでいます．

8世紀後半～11世紀にバイキングがスカンジナビア半島からトナカイ用の牧畜犬をイギリスへ持ち込んだ後，在来犬種と交雑しつつ，羊毛生産を支える重要な役割のイヌとなりました．オーストラリアやニュージーランドにも持ち込まれ，牧羊犬として貢献しています．牧羊犬としての能力が最重視され，外観やサイズの統一性に欠け，畜犬団体（UKC）の公認は遅れました（1976）．従順，機敏，特に運動性能のよさや活発な性格とイヌの中でも知能が高いのでハイパーアクティブ（超活動的）といわれています．毛質は長毛のダブルコートが基本で，短毛，ストレート，カールの毛もいます．毛色はブラックアンドホワイトですが，レッド，チョコレート，ブルー，ブルーマール，セーブルもいます．有色部分が体の50％以上を占め，四肢先端，首および頭部の白い部分にぶち模様が入ることもあります．

好発遺伝性疾患には股関節形成不全，肘関節異形性，セロイドリポフスチン症（CL病），グレーコリー症候群，コリーアイ異常，停滞睾丸等があります．若干は飼育環境や若年齢での過度な運動により発症します．

⑹　**ボクサー（Boxer）**　比較的新しい犬種で，直接の祖先はドイツや近隣諸国で何世紀にもわたって活躍したマスチフ系のブレンバイザー（Bullenbeisser）です．英語ではbull-biter（牛咬み犬）ですが，厳密には犬種名ではなく，役割での呼び名です．狩猟が衰退し，闘牛が禁止されると家畜監視の役割を担うようになりました．1895年最初のボクサークラブが設立されましたが，標準についての意見が割れ，1910年最終合意がなされました．名前の由来は，ボクシングのような戦い方をする，横から見た体形が四角い箱（ボックス）型にみえる等いくつかの説があります．短毛で，光沢のある滑らかな被毛，太く強健な骨格とよく引き締まった筋肉を持ち，胸を張って軽快に，力強く歩きます．品格（高潔さ，気高さ）はこの犬種の重要な要素です．顔はいわゆるブルフェイスで，咬み合わせはアンダーショットと呼ばれる独特の受け口で，下側の歯が外側になる反対咬合，大きな鼻孔と余分なたるみのない厚い口唇が特徴です．

ドイツでは警察や軍隊で活用され，1900年までには実用犬としての地位を確立しました．アメリカでは，シカゴ展（1903）で初めて紹介され，ここに出展されたイヌがその年に生んだ雌はAKCで登録された最初のボクサーとなりました．現在は，優美でスマートなスタイリッシュのアメリカタイプと頑健で力強く気品のあるドイツタイプの２系統に大別され，前者は南北アメリカやアジアに，後者は欧州全土に広まっています．欧州では断尾のみで断耳はしませんが，原産国ドイツでも断耳（1987），断尾（1998）が禁止になりました．アメリカでは断耳，断尾は一般的ですが，AKC は断耳のない犬を認める形に標準を改めました（2005）．日本では現在，どちらも任意です．毛色はフォーンまたはブリンドル．前者には，鹿毛も含まれます．後者は黒のストライプで，肋骨方向に流れ，顔面のブラックマスクは必須とされます．極端な寒暑には弱く，ガンに罹りやすいです．４～５頭に１頭の割合で，白斑が体表の３分の１を超える子犬が生まれ，聴力障害の割合が高く，標準で白いボクサーは認められません．

４）小型犬

⑴　**スピッツ（Spitz）**　これには複数の品種が含まれ，UKCの分類法では北方犬種（Northern Breeds）です．スピッツとはドイツ語で鋭利な，尖ったという意味で，吻や耳の形からこのように呼ばれたものです．日本の在来犬種はすべてスピッツ系なので，長毛で毛色が白の日本スピッツを限定してスピッツと呼んでいます．

⑵　**チワワ（Chihuahua）**　世界的に公認された最も小さな犬種で，アステカ文明時代から飼われていたテチチ（Techichi）の直系の子孫とされています．19世紀半ばから米国で品種改良が進められ，AKCに登録（1904）されました．日本での飼育は1970年代以降ですが，飼育のしやすさから，JKCの登録頭数（2006）は約８万６千頭とダックスフンドに次ぐ２位です．

外見からは想像できないような吠え声で番犬タイプです．また，大きい瞳は傷つきやすく，病気にも敏感です．愛らしい外見にほだされてわがままをきくと，自分が一番強い（偉い）と誤解してしまいます．後先考えない特攻犬タイプかいつも震えている臆病犬タイプに育ってしまうので，幼犬期の社会化がとても大切です．もともと長生き（10～15年）な犬種です

毛色は多種多様ですがマールカラーは認定外です．多くのケネルクラブでは体重約2.7kg以上はショードッグとして失格と規定していますが，JKCでは３kg以下です．しかし，日本では小型化が進み，犬種の健全化という観点から

は大変危険な実情です．鼻吻はややつまっており，大きな瞳と毛色は黒や茶褐色等様々な色が認められています．耳は頭部に対して大きく，わずかに外側へ反った立ち耳で，額はアップルドームと呼ばれるリンゴのような丸みを帯びた形です．小躯，脆弱で寒さに弱いので，冬季の外出時に衣服の着用が推奨されます．子犬を屋外に放すことは猛禽類に狙われるので危険です．膝蓋骨脱臼を起こしやすく，脚をかばう歩き方やお座りがきちんとできないのを放置すると，腫れ上がったり，炎症を起こしたりします．

⑶　**パピヨン（Papillon）**　チョウのように大きな耳が名前の由来です．19世紀に小型のスパニエルを改良した犬種で，毛色は白地に黒か褐色の班．当時の貴婦人たちの肖像画に多く登場します．当初は垂れ耳でしたが，次第に立ち耳になりました．友好的で明るく，性格がいいので家庭で飼うのに適しています．

⑷　**プードル（Poodle）**　古くから欧州各地にみられ，原産地の特定は困難で，ドイツからの移入や南欧の水中作業犬との混血とする説がありますが，フランスでの人気が高かったことから，フランス原産とされています．泳ぎが得意で，鴨猟の回収犬として用いられていました．その後，英仏等で小型化が進み，次第に美的な要素も加味されて，愛がん犬となりました．フランスで小型のプードルが作出され，その後，トイ・プードルも作られました．利口で躾しやすいですが，神経質な一面もあります．日本にはアメリカから３頭が輸入（1949）されました．サイズ分類は国によって異なり，FCIやJKCで公認されるのは標準（スタンダード），ミディアム，ミニチュア，トイの４種類で，体高（cm）と体重（kg）はそれぞれ45～60（cm）と15～19（kg），35～45（cm）と８～15（kg），28～35（cm）と５～８（kg），26～28（cm）と３～４（kg）です．

これらの他に非公認犬種として，ティーカップ・プードル（Teacup Poodle）がいます．体高が23cm以下でアメリカの雑誌で生後１ヵ月程度の子犬がティーカップに入った写真が載り世界的に認知されました．最近では遺伝子操作を利用してさらに極小化が進められています．体が小さいと手術や治療，出産に負担が大きく，日常生活でも病気や怪我には気を配らなければなりません．病気は膝蓋骨脱臼，進行性網膜萎縮症（PRA），流涙症，レッグペルテスパーセス症，外耳炎，椎間板ヘルニア，てんかん，門脈シャントがあります．

毛色は多様で，JKCで認可される毛色はホワイト，ブラック，シルバー，ブラウン，ブルー，グレー，シルバーグレー，クリーム，カフェオレ，レッド，アプリコット，ベージュ，シャンパンで，基本はホワイト，ブラック，ブラウンです．毛は巻き毛のシングルコートで抜けにくいですが，毛が絡みやすく，毛玉ができやすいため，定期的なトリミングが必要です．トリミングのあらゆる基礎技術はプードルを基準にしています．プードルのトリミングスタイルは機能性からファッション化されました．ヒトの髪型と同様，トリミングタイプには流行があり，さらにカラーリング（毛染め）を施す場合もあります．

⑸ **ペキニーズ（Pekingese　京巴（ジンパー））** 名称は北京犬にちなみ，チベタンスパニエルが祖先犬で，宮廷内で門外不出として改良されていました．シーズーはこれとラサ・アプソの交配により作出されました．阿片戦争の時，イギリス軍がペキニーズを発見して連れ帰り，短吻種ブームが起こりました．体型は洋梨型で，前肢辺りは太く，後肢辺りはやや細めで，前肢は短く，がに股であるため，体を横に揺らして歩きます．理想体重は雄５kg，雌5.5kgです．毛の色に特に決まりはなく，日本では白，フォーン，黒が多く，分厚い下毛と長くて硬めの上毛のダブルコートで，耳と尻尾に飾り毛があります．

⑹ **ポメラニアン（Pomeranian）** 名前は原産地のバルト海南岸のポメラニア地方にちなみます．祖先犬はサモエドで，17世紀以降，イギリスのビクトリア女王が小さな体躯のイヌを愛好したので，小型化が進み，それまでの半分程度になり，世界的な人気犬種となりました．

粗く豊富な被毛と長い飾り毛のついた巻尾，首と背はひだ飾り，臀部は羽飾りのようなトップコートが密生します．初期の毛色は白がほとんどでしたが，現在は最も多様な毛色を持つ犬種です．中でもオレンジ，ブラック，クリーム，ホワイトが一般的です．単色の被毛をベースに，ブルー，グレーの斑模様が点在するパターンのマールの被毛を持つものは近年になって作出されました．被毛は密生したダブルコート．トップコートは長く粗い直毛で，アンダーコートは短く密生した柔らかい被毛です．被毛はもつれやすく，特にアンダーコートは年に２回換毛するため，この時期には抜け毛が多くなります．

友好的で活発で，飼主と一緒にいることを喜び，離れることに激しい不安を感じることがあります．頑健で丈夫ですが，膝蓋骨脱臼と気管虚脱，毛色がマールのものは難聴，高眼圧症，屈折異常，小眼球症，虹彩欠損症を発症しやすく，両親共にマールの場合は骨格異常，心臓異常，生殖異常のリスクが高く，膝蓋骨脱臼が多くみられます．抜け毛，メラニン色素沈着を伴う皮膚病の黒斑病は雄犬に発症傾向があります．クッシング症候群，甲状腺機能低下症，慢性皮膚感染症，生殖ホルモン疾患があります．雄には停留睾丸があります．

(7)　**マルチーズ（Maltese）**　地中海のマルタ島生まれ．紀元前にフェニキア人の船乗りが持ち込んだイヌが基になったとされ，最も古い愛がん犬です．15世紀にフランス，19世紀にイギリスに渡りました．垂れ耳で，被毛は光沢のある純白で，下毛のない直毛のシングルコートで，被毛の白さと対照的に鼻，唇，眼の縁や足裏は黒く，眼も暗色です．繊細な被毛の手触りはよいが毛玉になりやすく，手入れが必須です．季節による換毛はなく，被毛が地面まで届くフルコートが標準ですが，短く刈り込み（サマーカット）していることが多いです．

従順な性質で，おとなしく，明るく，外交的でヒトによく慣れますが，神経質なところもあります．寒暑にはあまり強くなく，屋内で飼うのが一般的です．多量の涙と目やにのために，眼の周辺の被毛が赤く変色する流涙症がよくみられます．子犬期は低血糖症を起こしやすいので注意します．

3　イヌ亜科の仲間たち

イヌ属はタイリクオオカミ，ハイイロオオカミ（ヨーロッパオオカミ），イヌ，ディンゴ，ニホンオオカミ（絶滅），エゾオオカミ（絶滅），その他多数の亜種がいます．イヌはこれまでオオカミの近縁種とされていましたが，相互に交配可能で近年ではオオカミの一亜種 *C. lupus* familiaris とする見方が主流になり，オオカミが飼い馴らされたものと考えられています．

1）オオカミ（狼　wolf　*Canis*）

広義にはタイリクオオカミ（*C. lupus*）を指しますが，アメリカオオカミ，コヨーテ，アビシニアジャッカル等多数の亜種が認められます．

(1)　**タイリクオオカミ**　北半球に広く分布し，現存13亜種，絶滅２亜種に分類されます．現生イヌ科の中で最大で，大きさは亜種や地域により異なり，高緯度ほど大きくなる傾向があります（Bergmanの法則）．体胴長100～160cm，体高60～90cm，体重25～50kgで最大記録は79.3kgの雄．雌は雄より10～20％小さいです．体色は灰褐色が多く，白から黒もあります．幼時は体色が濃く，北極圏の亜種はより白いです．体毛は２層に分かれ，夏毛と冬毛があります．寿命は野生では成熟後５～10年，動物園では最高20年，平均約15年です．

歯式は3/3・1/1・4/4・2/3 = 42で，上顎には切歯６本，犬歯２本，前臼歯８本，後臼歯４本，下顎には後臼歯が６本あります．頭から鼻への頭骨の線はイヌより滑らかで，尾のつけ根上部にスミレ腺があります．

雌雄のペアを中心に２～15頭の社会的な群（パック）で，縄張りを持ち，その広さは食物量によって100～1,000㎢で，外から来たオオカミは入りにくく，稀に，仲間内でも孤立して一匹狼で活動しています．群は血縁関係が多く，その順位は繁殖ペアを最上位とし，雌雄別の順位制があり，時に交代します．

シカ，ヘラジカ，イノシシからネズミ目（げっ歯目）を食べます．大きな獲物は病気，高齢，幼体や弱い個体を狙って群で長時間追跡して獲ります．時速70kmなら20分間，30kmなら１晩中獲物を追い回せますが，狩りの成功率は10％以下で，獲物は上位の個体が先に食べ，一度に大量の肉を食べます．

繁殖は一夫一妻型で群の最上位のペアのみが行います．交尾期は冬季，妊娠期間は60～63日，出産数は４～６頭．子育ては父親や群の仲間も手伝いますが，雌が巣穴で行います．子は12～14日で眼が開き，20～24日で動き回るようになり，20～77日で離乳します．固形食は親が吐き戻して与えます．この間に群を認識する社会性が育ち，８週ほどで巣穴を離れます．成体重になるのは１年，性成熟は２年後です．成熟後は群に残るか，配偶者をみつけて新たな群を作ります．表情や仕草は群の順位の確認，遠吠えは群の仲間との連絡，狩りの前触れ，縄張りの主張で行われます．害獣として駆逐され，絶滅したアメリカのイエローストーン国立公園では再導入に成功しました．

⑵　日本オオカミ（*C. lupus hodophilax, C. hodophilax*）　2014年の獣医学会でミトコンドリアのDNAの比較から，固有種ではなく，唯一現存種の灰色オオカミと同種で，12～13万年前に枝分かれした小型のオオカミの亜種がまだ陸続きであった朝鮮半島から渡ってきた可能性があると報告されました．本種

は本州，四国，九州にいましたが，奈良県東吉野村で捕獲（1905）された若い雄の個体を最後に絶滅したとされています．1910年に福井城址で捕獲されたのが最後との説もありますが，写真のみで確証がありません．頭骨の標本は多いですが，剥製や全身骨格の標本は数点のみです．大英博物館に奈良県で捕獲された個体の仮剥製と頭骨，オランダ国立自然史博物館にシーボルトが出島で飼っていた個体の剥製１体が保存されています．中型の日本犬大で，毛色は白茶けており，夏と冬では毛色が変わったとされます．

秩父の三峯神社や奥多摩の武蔵御嶽神社ではオオカミを眷属（身内）として祀っており，山間部を中心としたオオカミ信仰があります．眷属信仰は江戸中期に成立します．オオカミを大神と表記していた地域も多く，眷属としてのオオカミのご利益は山間部では五穀豊穣や獣害避け，都市部では火難や盗賊避けで，19世紀以降には憑き物落としの霊験も出現します．幕末のコレラ，狂犬病，ジステンパーの拡大や西洋文化のオオカミ＝悪のイメージが浸透し，オオカミ駆除に拍車をかけ，本種は絶滅したとされますが，現在も探索が行われています．

⑶　**エゾオオカミ（*C. lupus hattai*）**　北海道，樺太や千島に生息したこの種は明治以降，害獣として懸賞金をだして駆除され激減し，ジステンパーや大雪（1879）によるエゾシカの大量死が重なり，1900年頃に絶滅しました．ジャーマン・シェパード・ドッグ大で，毛色は褐色とされています．アイヌではエゾオオカミを大きな口の神(ホロケウカムイ)，狩りをする神(オンルプシカムイ)，吠える神（ウォーセカムイ）と神格化して呼んでいました．

２）キツネ（狐　fox Vulpes）

一般的にキツネと呼ばれるのは北半球に広く生息するアカギツネで，国内ではその亜種のホンドギツネ（Japanese red fox）を指しましたが，明治以降キタキツネ(Ezo red fox)も含むようになりました．狭義にはキツネ属の総称で，広義にはキツネ族のハイイロギツネ，イヌ族のカニクイキツネ，フォークランドキツネ，クルペオギツネの５属を含めます．

群れず小家族単位で生活し，ネズミ目動物，昆虫，果物や木の実を食べます．夜行性で用心深く，利口で好奇心が強く，寿命は約10年，野生では２～３年．一般的に雄は5.9kg，雌は5.2kg．典型的なアカギツネの毛色は赤褐色で，通常ふさふさした尾の先は白．ロシアでは最もヒトになつく個体選抜を繰り返し，40世代でイヌのようにヒトになつく個体を生み出しています．

日本では稲荷神の神使として信仰されています．特に油揚げを好むとされ，油揚げ入りのうどんやそばにキツネの名がつきます．語源には諸説あり，平安時代には，すでにキツネと発音していました．キツネが騙す，化けるというのは仏教と共に伝来したもので，中国の九尾狐の伝説に影響されたものです．平安時代，密教では狐霊が使われ，呪術が行われ，キツネが化ける妖怪とするイメージが定着しました．キツネは大衆に憎まれる存在とはならず，文学，音楽，映画，芸術作品，児童文学，絵本，アニメーションに登場し，観光用にキツネを放し飼いする施設もあります．

3）コヨーテ（*coyote　C. latrans*）

イヌと同じくいつも吠えるのが名の由来です．北極近くを除く北米大陸に広く分布し，オオカミに近縁で，形態は似ていますが，小型で頭胴長75～101cm，尾長30～40cm，体高60cm以内，体重14kg（9～20kg）です．体毛は全体的に淡い黄褐色で白い毛が混ざり，四肢は黄色がかり，尾や胴の背面は灰褐色，腹部は灰白色です．前頭部の高まりはなく，歯は42本．絶滅危惧種の米国オオカミとの交雑が心配されています．また，イヌとの間にコイドッグ（coydog）と呼ばれる繁殖能力のある雑種が生まれ，コヨーテよりも家畜を襲うことが多いようです．

コヨーテは単独でも小規模な群でも活動します．適応力は高く，都市周辺部でもみられます．通常小型の動物を狩り，群では大きな獲物も獲り，近郊では残飯や果物を漁ることもあります．イヌのように尿で縄張りを主張し，よく遠吠えをします．遠吠えは明け方と暮れに行われ，1頭が吠え声を上げるとやがて他の個体も加わり，1～2分のコーラスになります．一夫一妻型で北部産の発情期は1～3月，交尾は2月で，妊娠期間は63日前後，1産2～12子で，子は約250g，2週間ほどで目が開き，2～3週間後には巣穴から出て，5～7週間後には離乳し，3～4ヵ月後には両親と行動を共にするようになります．9ヵ月で成獣と同じ大きさになり，雌は1歳で繁殖可能になりますが，行動圏を持ち，雄とペアを組むにはもう1年必要です．雄は巣穴に入らず最初は出産した雌に食餌を与え，その後は半ば消化したものを吐き戻して子に与えます．子育ては前年に生まれた子が手伝うこともあります．天敵はピューマ，イヌワシ，オオカミです．北米のインディアンの部族はコヨーテを崇めており，大文字でCoyoteと書くとコヨーテ神の意味になります．伝承ではコヨーテによって人間社会にもたらされたのはタバコ，太陽，死，雷を始めとして，あらゆるものに及びます．

4）ジャッカル（胡狼　jackal）

アジア南部から欧州南東部，アフリカに分布し，キンイロ *Canis aureus*, セグロ *C. mesomelas*, アビシニア *C. simensis*, ヨコスジジャッカル *C. adustus* の４種がいます．体長65～106cm，尾20～41cmで，耳は大きく，金色～黄褐色で，背と尾には黒色の毛が多く，平原や林に１～６頭で住み，夜行性で猛獣の食べ残しを漁り，小型動物を襲い，サトウキビ等も食べます．穴掘りが上手く，１産で４～９頭の子を生みます．死肉を漁る姿から，死に関係する神と結びつけられ，エジプト神話には，ミイラの製作者，ヒンドゥー教では火葬場に住み，痩せ細った体でしばしば死体の上に立つ姿で表されます．

キンイロとアビシニアジャッカルはイヌと交雑し，繁殖能力を持つ正常な子が生まれます．この交配種はジャッカル・ハイブリッド（ドッグ）といい狼犬に比べて小柄で，獰猛なものもいますが，ペットとして飼育される国もあります．日本では特定動物に指定されており，飼育には許可が必要です．ロシアでは爆発物や麻薬を捜索する探知犬として，キンイロジャッカルとシベリアン・ハスキーの交配犬種の（スルモブドッグ）がいます．

5）タヌキ（狸　raccoon dog　*Nyctereutes procyonoides*）

タヌキは５亜種が確認されており，日本，韓国，中国，ロシア東部に分布します．毛皮用にソ連に移入（1928）されたものが野生化し，ポーランド，フィンランド，ドイツ，フランスやイタリアへと，確実に分布を広げています．体長50～60cm．体重３～10kg．冬はずんぐりとした体つきにみえますが，足も尾も長く，灰褐色で眼の周りや足は黒っぽく，幼獣は肩から前足が焦げ茶で，保護色となっています．湿地，森林や水辺の生活にも適した胴長短足の体形は原始的なイヌ科動物の特徴です．北海道には被毛も四肢もやや長めのエゾタヌ

キ *N. p. albus*，本州，四国，九州にはホンドタヌキ *N. p. viverrinus* がいます．

夜行性で，単独か番（つがい）で生活し，番は相手が死ぬまで続きます．行動域は50haと広く，複数の個体の行動域が重複し，縄張りは持ちません．複数の個体が特定の場所に糞をする習性があります．１頭で約10ヵ所のため糞場があり，１晩の餌場巡回で，そのうちの２～３ヵ所を使います．ため糞場には直径50cm，高さ20cmもの糞が積もっています．その匂いは地域の個体同士の情報交換に役立っていると思われます．非常に臆病で死んだふり，寝たふり（擬死 fox sleep　playing possum）をします．

長い剛毛と密生した柔毛の組み合わせで，湿地の茂みでも自由に行動でき，指の間に水かきがあり，水辺での活動が容易です．積雪の多い寒冷地では冬期に穴ごもりしますが，冬眠の習性はなく，秋になると冬に備えて脂肪を蓄え，体重が50％も増加します．雑食で，小型動物，鳥類，魚類，昆虫類や果実を食べ，人家近くでは生ゴミも漁ります．地方で異なりますが，アナグマやハクビシンと混同されています．

一時期，毛皮採取目的で乱獲され，全国的に絶滅が危惧され，防府市の向島狸生息地が国の天然記念物に指定（1926）されましたが，本土と向島を結ぶ橋が建設（1950）されると，生息数は指定時の推定２万頭が，10頭未満まで減少（1987）し，近年では保護活動にも関わらずほとんど姿がみられません．

生息地の山林開発により減少し，生ゴミ等食には困らないため，都市に進出し，飼犬やネコの疥癬症感染や交通事故に遭う件数が増えています．漢字の狸は本来ヤマネコ等中型の哺乳類を表しました．日本は限られた地域にしかヤマネコがいないため，タヌキを当てました．鎌倉，室町時代の説話のタヌキはヒトを食う化け物でしたが，江戸時代には，腹が膨れ，腹鼓まで打ち，大きな陰嚢を持つようになり，話の中で建物，妖怪，他の動物にも化けます．

タヌキの肉は非常に獣臭く，古い文献でも，酒で煮たり，ショウガやニンニクを多用し，味噌味にし，臭みを抜く工夫がみられます．長時間水につけて血抜きをし，ニンニク，ネギ，トウシキミ（八角），クミン，唐辛子，醤等で臭みを隠し，煮込んで柔らかくして，熱いままではなく，冷菜として食べることがこつとされています．中国では野味（げてもの料理）もしくは薬膳として，体を温め，強壮効果がある生薬として現在も一部で食されています．タヌキ汁と称してコンニャク汁を指すこともあります．毛は柔らかく防寒具や筆の材料として珍重され，皮はふいごに向いているとの記述もあります．

6）ドール（アカオオカミ　red dog　Dhole Asian wild dog　*Cuon alpinus*）

インド，アジア，中国，ロシア南東部に広く分布する1属1種で，2～10亜種があります．体長75～113cm，尾長28～50cm，肩高42～5 cm．体重雄15～20kg，雌10～17kgで，背面の毛色は淡褐色や黄白色，尾の先端は黒い体毛で被われ，鼻面は太くて短く，指趾は4本．乳頭の数は12～16個．上下とも切歯が6本，犬歯が2本，前臼歯が8本，後臼歯が4本の計40本です．森林に生息し，昼行性で，5～12頭からなる雌が多い家族群を基に，複数の群が合わさった約40頭の群をなすこともあり，排泄場所を共有します．食性は動物食傾向の強い雑食で，大型哺乳類，爬虫類，昆虫，果実，死骸を食べます．獲物は匂いで追跡し，丈の長い草等で目視できない場合は直立や跳躍で獲物を探し，横一列に隊列を組み，逃げ出す獲物を襲います．大型の獲物は待ち伏せ，背後から腹や尻のような柔らかい場所に咬みつき腹部を引き裂き倒します．

妊娠期間は60～70日．土手に掘った穴，岩の隙間，他の動物の巣穴で，11月～4月に1回に2～9頭の子を生みます．繁殖は群内で1頭の雌のみが行います．授乳期間は2ヵ月で，群の中には母親と一緒に巣穴の見張りや母親や幼獣に獲物を吐き戻して与える個体がいます．幼獣は生後14日で開眼し，2～3ヵ月で巣穴の外に出て，5ヵ月で群の後を追うようになり，7～8ヵ月で狩りに加わり，1年後には性成熟します．駆除策や開発による生息地の破壊，狂犬病やジステンパー等の流行によって生息数は減少しています．

7）ヤブイヌ（藪犬　bush dog　*Speothos venaticus*）

南米原産で現生のイヌ科では最も原始的な種で，体長57～75cm，尾長11～15cm，肩高30cm，体重5～7 kgです．体型は頑丈，吻は短く，幅広く，全身は短い体毛で粗く被われ，毛色は暗褐色，頭部や頸部の毛色は黄褐色，腹面や四肢，尾の毛は黒です．耳は小型で，丸みを帯び，歯は切歯が上下6本，犬歯が上下2本，前臼歯が上下8本，後臼歯が上顎2本，下顎4本で計38本．四肢は短く，藪の中の移動や泳ぎに適しています．指趾間には水かきがあり，指趾の肉球が繋がり，盲腸は捻じれず，乳頭数は８個です．水辺を好み，昼夜活動する雑食性です．穴やアルマジロの古巣で休み，番かその幼獣からなる小規模な群で生活します．頻繁に鳴き声を交し合い，見通しの悪い下生えの中でも連絡を取り合って群を維持します．雄は逆立ちして，雌は後肢を木等に立てかけて放尿してマーキングします．雌の方が頻度は高く，ペアを形成した時に特に回数が増加します．妊娠期間は65～67日．木の根元や倒木の下等で１回に３～５頭を生み，授乳期間は４～５ヵ月．雄も子育てに参加し，授乳中の雌に食物を与えます．幼獣は生後17日で眼が開き，38～71日で硬い食物も食べるようになり，10ヵ月で性成熟します．開発による生息地の破壊等により生息数は減少し，南米では法的に保護の対象とされています．

８）リカオン（African hunting dog　African wild dog　Cape hunting dog　Hunting wild dog　painted wild dog　tri-coloerd dog　*Lycaon pictus*）

属名はオオカミ，種名は彩色されたの意で，英名のpaintedと同義です．リカオン属は本種のみで，サハラ砂漠を除くアフリカ大陸に分布し，かつてはアフリカ全土に50万頭以上が生息していて，100頭以上の大群も珍しくなかったですが，2008年には14ヵ国の地域に推定3,000～5,500頭が残るのみです．体長76～112cm，尾長30～41cm，肩高60～78cm，体重17～36kgで，全身は短い硬い体毛で粗く被われ，不規則に黒，黄色がかったオレンジ，白の体毛が混じります．体色には個体変異があり，単色の個体もいます．鼻面から額，眼にかけて黒い毛，尾の先端は白い毛で被われています．耳は大型で，丸みを帯び，鼻面は太くてやや短く，歯は計42本．四肢は長く，指趾は４本，乳頭の数は10～14個です．主に標高3,000m以下の草原，サバンナ，半砂漠地帯等に生息し，主に昼行性で，行動圏は1,500～4,000㎢に達します．最少で３～６頭，幼獣を加えると20～40頭，もしくはそれ以上の家族群を形成します．雌は産まれた群に留まり，雄は生後14～30ヵ月で他の群へ移動します．１日に平均10kmを移動し獲物を探しますが，獲物が少ない場合は時速９～11kmの速度で２～３日も獲物を探します．狩りの時は時速45～66kmにもなります．

肉食で，主に中型哺乳類を食べます．狩りは朝と夕方に行いますが，視覚で獲物を探します．弱った個体や幼獣を狙い，群で協力し，長距離を追走し，獲物を捕らえると腹部を引き裂いて倒します．幼獣が獲物を優先的に食べます．

温帯域では冬季に交尾しますが，熱帯域では周年繁殖します．妊娠期間は60～80日．土手や岩の隙間，ツチブタの古巣等で，12～14ヵ月に１回に２～19頭出産します．繁殖は群内の地位の高い雌雄のみが行い，地位の低い雌が出産した場合，幼獣は地位の高い雌に殺されます．授乳期間は５週間で，巣穴にいる幼獣にはすべての個体が獲物を吐き戻して与えます．生後11週で巣穴の外に出て，３ヵ月で群の後を追い，６ヵ月で狩りに参加し，１年～１年２ヵ月で狩りが行えるようになり，1.5年～２年で性成熟し，寿命は10～12年です．害獣としての駆除，開発による生息地の破壊，イヌからの伝染病により生息数は減少し，現在は8,000頭と推定されています．

参考文献

今泉吉典監修 D.W.マクドナルド編 動物大百科１ 食肉類　平凡社　1986
今泉吉典監修 世界の動物 分類と飼育２（食肉目） 東京動物園協会　1991
今泉忠明　野生イヌの百科　データハウス　1993

Ⅶ　イヌの利用

用途別のイヌの品種については育種の項も参照してください．

1　アニマルスポーツ

これには闘犬等動物同士が競い合うものと乗馬のようにヒトと動物とが一体となって取り組むものがあります．

1）犬ぞり（犬橇，dog sled）

トナカイ以外の使役動物が棲息できない寒冷な地域でイヌはそりを牽（ひ）いてヒトや荷物の運送を行います．そり犬は寒さに強く持久力に優れ，粗食に耐える上にヒトによく従い，緊急時にはヒトや他のイヌの食糧ともなります．現在も犬ぞり大会が各地で開かれています．エスキモー犬（Eskimo dog）と総称される交雑犬と純粋なカナディアン・エスキモー・ドッグ，樺太犬，サモエド，アラスカン・マラミュート，シベリアン・ハスキー，ノーザン・イヌイット・ドッグが使われています．エスキモー犬の体重は約45kgで１頭が牽くことのできる荷物の重量はイヌ自身の体重とされています．イヌの繋ぎ方はイヌを縦列に繋ぐタンデム型と一頭ずつ直接そりに繋ぐファン型があります．

2）キツネ狩り（fox hunting）

イギリス貴族が害獣のキツネ狩りに用いるためにイヌの利用を考案しました．一般的にはイングリッシュ・フォックス・ハウンドを利用します．キツネ狩りはイギリス以外でも行われ，アメリカやフランスでは現在も猟犬としての高い質を保持するように繁殖が取り組まれています．

3）闘犬　(dog fight)

イヌ同士が戦う競技で古くから各地で行われていました．日本での闘犬競技は中世では「犬くい」，「犬合わせ」と呼ばれました．14世紀の増鏡には，将軍が「犬くい」に熱中し，一目で大陸産とわかる体格のイヌを取り寄せたこと，同じく太平記には月に12度，「犬合わせ」の日が定められたことの記述があります．高知県は土佐を，秋田県では秋田を猟師たちの遊びとして戦わせていました．高知県では現在も行われていますが，東京，神奈川，富山，石川，北海道（土佐に関してのみ許可制）の５自治体は闘犬取締条例で禁止しています．

４）ドッグレース（dog race，dog racing）

賭博を伴わずに行われることもありますが，賭博目的で走行速度を競うイベントです．イギリス，オーストラリア，マカオ等の英連邦やアメリカを中心に開催されています．ウサギに似せたダミーを走らせ，それを追いかけて競走します．賭式の種類は単勝式，連勝式，３連勝式等があり，私設勝犬券屋による犬券の発売が一般的で，専門に取り扱う専門紙（新聞）もあります．

レース距離は１周400m程度のトラックを１周か半周します．１レースに出走するイヌは６頭前後で，能力によってクラス分けされており，重量によるハンデがつけられます．出走準備が整ったイヌは，係員によってゲートまで連れて行かれ，箱状のゲートに入れられ，ダミーがゲート付近を通過するのに合わせて，係員がゲートを開けて競走が始まります．終了後は係員に捕まえられ，調教師の元に戻されます．犬主と調教師が同一の場合もありますが，調教師は犬主からイヌを預かり，自分の厩舎で調教を重ねて出走させます．使用犬種はグレーハウンドやウィペットです．２歳齢で調教が開始され，数年間競走生活を送って引退し，成績優秀なイヌは繁殖犬となります．競走馬同様に血統が重視されます．故障が無ければ週１回程度出走します．日本でも戦後に国会に畜犬競技法案が提出されましたが，成立しませんでした．

５）ブルベイティング（bullbaiting）

イギリスで雄牛（ブル）とイヌとを戦わせていましたが，1835年に禁止されました．

2　アニマルセラピー

これは，動物を使ったセラピー手法で，日本での造語です．医療従事者が治療の補助として用いる動物介在療法（Animal Assisted Therapy　AAT）と動物との触れ合いを通じた生活の質の向上を目的とする動物介在活動（Animal Assisted Activity, AAA）に分られます．この利点には，生理的利点，心理的利点，社会的利点の３点が挙げられます．

動物と触れ合わせることで，そのヒトに内在するストレスの軽減や当人に自信を持たせることを通じて精神的な健康を回復させることができると考えられています．不登校や引きこもり等の問題，あるいは小児ガン等の治癒力強化を目指す技術の１つとして知られ，ウマやイルカ等，情緒水準が高度といわれる哺乳類との交流を通じて，他者を信頼できるようになります．ウマを通じたアニマルセラピーは，モンゴル国で盛んに行われています．日本でも近年，乗馬療法，治療的乗馬，ホースセラピー，障害者乗馬等の名称で行われています．他にも高齢者医療（高齢者福祉）や難病等長期間の入院を余儀なくされている患者の気晴らしにイヌやネコ等ペットと触れ合う活動も知られており，情緒面での好作用によるクオリティ・オブ・ライフ（生活の質）の改善といった期待も持たれています．ヒトとヒトの間の潤滑油となり，見知らぬヒトでも無意識的に警戒心を解いてしまいます．注意点は，動物にストレスを感じさせないことや好きだからこそ距離を置いてつき合うことです．

難病で生存への意欲が低下している患者にペットないしコンパニオンアニマルを当てがい，動物の世話を介して生活習慣をつけさせる等の活動も報告される一方，情緒障害や精神疾患等で対人関係に疲弊していたヒトの回復期の訪問や身体の障害でリハビリテーションを必要としているヒトに「動物の世話をさせる」という目的を与えるという様式も行われていますが，精神の抑うつが強いと逆に負担になる危険性もあります．動物嫌いや動物恐怖症のヒトもいるため，環境に配慮して慎重に行う必要があります．これらの応用は始まったばかりで，様々な分野で試行的に行われている部分があり，今後の研究に期待が寄せられています．

アニマルセラピーを行うに当り必要な資格要件は現在ありません．民間団体の認定資格はありますが，公的にセラピストとしての知識や技能を保証するものではありません．しかし，日本においてアニマルセラピー事業を行う場合は動物の愛護及び管理に関する法律に基づき，動物取扱業（展示）の登録を行う必要があります．これに伴いアニマルセラピーを行う者は同法施行規則で定める動物取扱責任者の要件を満たさなければなりません．特に海外では乗馬療法をhippotherapyといい，作業療法士，理学療法士等が治療を目的に医療的な側面からアプローチしています．日本でも同様の取り組みが始まっています．

3　身体障害者補助犬

身体障害者補助犬法の完全施行（2003）により，公共施設への介助犬同伴の受け入れが義務化されました．この法では義務としていますが，やむを得ない場合には拒否することができるとあり，現状は受け入れを拒否する公共施設がまだ多く，介助犬を伴った入店を店舗側が断るケースもあります．やむを得ない場合について，イヌアレルギーや衛生面が挙げられています．店舗ごとの方針によって使用者が困るケースもあります．保健所の指導という断り文句もありますが，食品衛生法で入ることが禁止されている場所は厨房のみです．

1）盲導犬（英 guide dog 米 seeing eye dog）

視覚障害者を安全で快適に誘導するイヌです．日本語名の由来は盲人誘導犬です．盲目の乞食や辻音楽師がイヌに引かれて歩く姿は色々な絵に描かれており，古代ローマ時代のポンペイの発掘品や13世紀の中国の絵等その後数世紀にわたって同じような絵が発見されています．それらは長いロープで繋がれたイヌが，視覚障害者を引っ張るというものばかりです．

盲導犬として正式に訓練したのは，ウィーンの神父のヨハン・ヴィルヘルム・クラインが，イヌの首輪に細長い棒をつけたのが最初（1819）で，その後ドイツ赤十字社のシュターリンとドイツ・シェパード犬協会のシュテファニッツが，第一次世界大戦中，戦盲者のために盲導犬を育成しようとオルデンブルクに学校を設立（1916）し，翌年に盲導犬が作出され，戦盲者の誘導に役立てました．ポツダムに国立の盲導犬学校が設立（1923）され，多数の盲導犬が誕生し戦盲者の社会復帰を促しました．一方，警察犬の実用化を研究するためヨーロッパにいたアメリカ人のドロシー・ハリソン・ユースティス夫人は盲導犬の活躍に関心を抱き，スイスのヴェヴェイにある盲導犬学校での研究の後，ニュージャージー州に盲導犬育成の学校を設立（1929）したのが現在，世界で最も歴史と実績のある協会The Seeing Eye, Inc.です．現在，アメリカにはこの他にそれぞれが独立した組織として９つの育成施設があります．

イギリスではアメリカから１人の指導者を招聘（1930）し，翌年に４頭の盲導犬が誕生しました．その後，イギリス盲導犬協会が設立（1934）され，現在は本部の下に９つの訓練所があります．盲導犬は他の国でも育成されています．また，近年ではアメリカ等で，盲導馬も試験的に導入されています．

日本人が最初に盲導犬をみたのは，ゴルドンが盲導犬と共に観光旅行の途中，日本に立ち寄った時（1938）です．その後，浅田，磯部，荻田，相馬の４実業家が１頭ずつ，盲導犬としての科目を訓練したイヌをドイツから輸入（1939）して陸軍に献納し，日本シェパード犬協会（現 公益社団法人日本シェパード犬登録協会）の蟻川定俊が，ドイツ語の命令語を日本語に教え直した後，戦盲軍人が使用しました．その４頭の死後，盲導犬は絶えたまま敗戦を迎え，国中が生活に追われていたため，全く忘れられていました．

国産の盲導犬が誕生したのは1957年．アイメイト協会創設者の塩屋賢一が，18歳で失明した盲学校教諭・河相洌より「この犬（チャンピイ）を訓練して街を歩けないか」と依頼され，独自に盲導犬の訓練研究を始めていた塩屋はチャンピイの訓練終了後，チャンピイを利用した歩き方を河相に指導（歩行指導）し，ここに国産第一号の盲導犬が誕生しました．

日本では道路交通法により，視覚障害者は公道を通行する際には，政令で定める杖（白杖）か盲導犬を携帯し，身体障害者補助犬法により，仕事中の盲導犬は胴輪式のハーネスを着用し，そのハーネスのハンドルにそれが盲導犬であることの明示，その利用者はその盲導犬を使用するための使用者証や身体障害者補助犬健康手帳を携帯しなければならず，訓練団体や利用者は盲導犬を清潔に保つ義務があります．これらを満たした盲導犬に対し，公に開かれた施設では正当な理由なく盲導犬の立ち入りを制限してはならないとされています．

２）聴導犬　(hearing assistance dog)

役割は聴覚障害者の生活を安全で安心できるものにするために，生活で必要な音をタッチして教え，音源に導くイヌのことです．聴導犬が世に出たのは，盲導犬に遅れること約150年の1966年です．アメリカで一人の聴覚障害者が，自分が飼っていたイヌを生活の音に反応して自分に知らせることができるよう訓練をしてほしいと懇願したことから始まりました．

聴導犬の役割は，火災報知機等の警報，玄関のブザーや電話，目覚まし時計の音等を聞き分け，音の種類により飼主への合図を変えることによって，必要な情報を飼主に正確に伝え，必要に応じてそれら音の発する方向へ誘導し，特に警報音では，眠っている飼主を起こし，避難を促す等，命を守る働きをすることです．

世界最大を誇るイギリス聴導犬協会およびアメリカ最大の聴導犬育成団体であるDogs for Deafでは，捨てられたイヌの動物福祉をもう１つの使命としていて，適性があれば，雑種でも純血犬でも認められます．聴導犬候補の子犬は捨てられたイヌたちの適性をみて，保健所等の協力を得て選ばれます．そして，ソーシャライザーと呼ばれる子犬育てのボランティア宅で，ヒトを仲間とし信頼できるように愛情を持って育て，その後，社会福祉法人日本聴導犬協会で10回以上にわたる適性テストを経て，聴導犬として育てる仕組みがあります．他に，ユニークな試みとしては，公益財団法人日本補助犬協会が，引きこもりの若者に子犬を育ててもらうことによって聴導犬の育成と若者の自立支援を狙った「あすなろ学校」といった例があります．

日本では潜在する聴導犬希望者は，１万人いますが，2008年３月末日現在，日本国内の聴導犬の実働数は18頭です．2008年現在，指定されたリハビリテーションセンター以外で，聴導犬の認定試験ができる補助犬育成団体は，厚生労働大臣が指定する社会福祉法人日本聴導犬協会だけです． 国際的にも，身体障害者補助犬の訓練と認定は，ユーザーとなる障害者のニーズとイヌの習性を周知している補助犬育成団体内で行われることで，補助犬ユーザーへの責任の所在が明確になるといわれています．その根拠として，日本での盲導犬認定は，盲導犬育成団体内で行われており，聴導犬育成団体内での認定においても「身体障害者補助犬法」により，訓練士の他に，医師（特に耳鼻科医），言語聴覚士等の専門家の連動が義務づけられています．また，障害者相談員等の「当事者」認定委員を含めることで，「当事者」のニーズを把握した上での厳密な認定試験が行われています．

脳梗塞等の中途失聴による言語回復が望まれる者以外，例えば先天性聴覚障害者とリハビリテーションセンターとの関係はもともと薄いといわれ，各地の耳鼻科医との連携が望まれています．厚生労働大臣指定法人は，わずか6ヵ所しかなく，4つのリハビリテーションセンター（横浜，千葉，兵庫，名古屋）と，補助犬育成団体では長野（聴導犬と介助犬の認定），山梨（介助犬のみ）の2団体が指定されているだけです．このうち4ヵ所が介助犬訓練所，3ヵ所が聴導犬訓練所として，厚生労働省に届出をしています．現実に施設内での合同訓練を行っているリハビリテーションセンターもあり，補助犬育成団体での認定と共に，客観的な認定を行うことが義務づけられています．聴導犬の育成に拍車をかけるため，（福）日本聴導犬協会では，日本で最大規模の聴導犬・介助犬訓練施設（650坪）を2008年に竣工．その施設を活用して，「日本聴導犬・介助犬訓練士学院」を開校（2009）し，後進の育成も図っています．

3）介助犬　(service dog)

身体障害者のために生活のパートナーとなるイヌです．日本では馴染みが薄いですが，杖の代わりとなって起立を助けたり，物を取って来たり，ドアを開けたり等の補助が可能です．1970年代後半にアメリカでボニーバーゲンが障害を持つヒトとイヌたちの関係を考えたところから介助犬の歴史は始まったといわれています．日本ではアメリカで訓練されたチェサピークベイ・レトリバーを千葉れい子が日本に連れ帰り（1992），生活を始めたのが始まりで，黄色のラブラドール・レトリーバー，グレーデルが国産第1号（1995）です．雌のシンシア（黄色のラブラドール・レトリーバー）が，介助犬として初めて衆議院予算委員会の傍聴への同伴を許可（1999）され，「介助犬を推進する議員の会」が設立（1999）され，国会で介助犬の法制化検討が始まりました．その後，法制化の対象を盲導犬や聴導犬にも広げたことから，「身体障害者補助犬を推進する議員の会」に名称が変更（2002）され，「身体障害者補助犬法」が成立しました．

4）軍用犬（軍犬 dogs in warfare）

軍事目的にイヌを飼うことは古代から行われており，現在もその能力は高く評価されています．ベトナム戦争で米軍は4,000頭以上の軍用犬を投入しました．軍用犬の役割は警備，哨戒，近くに隠れている敵兵の匂いや音を感知し，イヌの戦闘力を用いて直接敵兵を攻撃させることです．負傷兵の捜索，伝令，輸送，埋設された地雷，車両や器材に隠された爆発物の探知も重要な役割で，地雷探知機で発見できない地雷も発見できます．日本でも海上自衛隊で警備犬，航空自衛隊で歩哨犬として採用しています．　海自の警備犬は東日本大震災時（2011）に災害出動をしました．

5）災害救助犬（search and rescue dog）

地震や土砂崩れ等の災害で倒壊家屋や土砂に埋もれ，助けを必要とするヒトをその嗅覚によって迅速に発見し，その救助を助けるように訓練されたイヌです．欧州では早くから災害救助犬の育成がありました．スイスは山岳救助にイヌを使っていたので災害救助犬の始まった国とされています．犬種は限定されておらず，基本的にどのイヌも災害救助犬になれます．一般には中型犬以上が望ましいとされていますが，小型犬は大型犬では入り込めない小さな隙間に入り込んで捜索することができる利点があります．災害救助犬の鼻の使い方は警察犬と異なり，①警察犬が鼻を下向きに使うのに対し，災害救助犬は空気中の浮遊臭を嗅ぐため，鼻を上方向に向けます．②警察犬は特定のヒトの原臭を必要としますが，災害救助犬は生存，非生存に関わらず不特定の行方不明者を捜索します．非生存者を捜索する場合は体液を中心とした腐敗臭に対する反応と考えられていますが，救助犬の嗅覚反応に対する科学的な分析は十分とはいえない段階です．捜索可能時間は１頭では20～30分，２～３頭では捜索と休憩を交代すれば数時間可能です．

日本では，JKCが事業計画を開始（1990）し，NPO法人全国災害救助犬協会が救助犬育成を目的とする日本初の救助犬協会となりました．現在，災害救助犬組織には全国災害救助犬協会，JKC，日本救助犬協会，日本レスキュー協会の大きな４団体，その他国際救助犬連盟（IRO）の加盟団体の救助犬訓練士協会や全国災害救助犬協会の中心的な会員が新たに設立（2007）したNPO法人災害救助犬ネットワーク等があります．この組織には2009年度は全国組織として23都府県，会員100名，災害救助犬の認定は50頭を超えています．また，都道府県レベルで独自に活動している協会もあり，最近は都道府県の警察嘱託犬に捜索救助，災害救助という部門で災害救助犬を活用する都道府県警察も増えており，行方不明者の捜索出動も多いです．ただし，各団体の救助犬に関する理解や認定基準には大きな差があり，現場で活動できる水準に達していないイヌまで認定されている例もあります．災害現場で迅速かつ確実に対応するために，IROやFCI（世界畜犬連盟）等の国際標準と同等レベルの国内統一基準の策定を求める声があり，話し合いが始まっています．

阪神大震災時（1995），国外からの災害救助犬受け入れにおいて，スイス隊の現地到着が遅れました．これは受入体制や検疫の不備による問題で，東日本大震災（2011）では弾力的な検疫措置を行いました．

6）狩猟犬（猟犬 hunt dog, hound）

狩猟犬の役割は獲物の場所を猟師に指示，獲物を狩出し，獲物との格闘，獲物の回収等です．

(1)狩猟犬の種類　獲物の場所を見つけるのに使用される猟犬は主に視覚（サイト）ハウンドと嗅覚ハウンドに大別され，前者は足が速く，後者は優れた嗅覚で獲物を追います．負傷した獲物を追い詰めて仕留める格闘犬や，獲物を追いながら鳴き続け（追い鳴き），ハンターを導いて他のイヌと共同で獲物を追い詰めるタイプもあります．鳥猟では獲物を発見しハンターに獲物の位置を知らせるポイント犬，撃ち落とした獲物を回収するレトリーバーがいます．

ポインターは狩猟対象を探索し，発見した獲物をハンターに指示し，セターは獲物にそっと近づき，ハンターが射撃を行うのに最適な位置に鳥を追い出す役目を果たすように訓練されたイヌです．スパニエルは狩猟対象の潜む場所を探索し，獲物を追い出す小型犬ですが，ツリーイングドッグは主にリス等樹上

表Ⅶ-1　主な猟犬の種類

ハウンド	バセット・ハウンド
ポインター	イングリッシュ・ポインター
セター	イングリッシ・セター
スパニエル	ブリタニー・スパニエル
テリア	ヨークシャー・テリア，ヤークト・テリア
レトリーバー	ラブラドール・レトリーバー，ゴールデン・レトリーバー，フラットコーテッド・レトリーバー

に住む動物を追い，アライグマ等を狩る狩猟に投入され，群れで獲物を追い，獲物が樹上に逃げると木の下で何時間も粘り強く鳴き続けて，獲物の位置を知らせます．テリアは狩猟対象の巣穴を見つけ出し，時に巣穴に潜り込んで直接獲物を捕獲したり，獲物を巣穴の外に追い出して射撃の機会を与える役割を果たします．日本犬は役割を特化せず，総合的な役割をこなすように訓練された品種で，急峻で藪の多い地形にも対応できる体躯と飼主への従順な性質が特徴です．イノシシやクマ等の大型動物とも渡り合える勇敢さがあります．

⑵**猟犬の育成**　一・イヌ，二・足，三・鉄砲といわれるように，狩猟にはイヌが最も大切です．猟犬は長い歴史の中で目的に応じた品種改良が行われてきました．訓練法は地域やハンターにもよりますが，一般的な躾の他に，それぞれの技能に応じた訓練が必要で，民営の猟犬訓練施設に預けて訓練できます．

訓練は子犬の段階から愛情を持って丁寧に行うことが大切です．成長の過程で猟犬には不向きとわかること，また狩猟中の負傷が原因で狩猟に使えなくなることもあります．雌雄を共飼いする場合や集団猟で雌雄が混在する場合に備えて，異性に必要以上に興味を示さない躾や雄犬の多いグループには雌犬を入れない等の配慮や予め去勢や不妊治療を行う必要もあります．

⑶**日常の訓練**　最低でも一般的な躾は必要で，集団猟の場合は他のハンターや猟犬に必要以上に警戒しないように敵愾心を抑える育成も必要です．猟場を歩き回る好奇心とスタミナを涵養するためにも肥満は予防し，散歩は毎日行います．また，狩の真似事をさせて，猟場での役割を習熟させるようにします．

⑷**食事**　獲物とする動物の肉や骨を定期的に与えます．鳥猟ではカモ等の雑食性の鳥の腸は糞の匂いを忌避して食べないことが多いのでキジ等の草食性の鳥の腸を与え，イノシシやクマの場合，肉や骨に対して恐怖心から尻尾を巻かないように，徐々に慣らします．

⑸**保護**　猟場で行方不明になったり，他者に保護された際に連絡がとれるように，必ず各自治体に登録を行い，法定の鑑札や各自工夫した連絡先を打刻した鑑札を首輪に装着しておきます．　近年はマイクロチップの注射による鑑札付加の方法があります．猟犬の負傷に備えて，日頃から信頼できる動物病院を探しておくことが重要で，イヌの生態的特徴や負傷に対する救急治療法等を習熟

しておくことも必要です．

7）探知犬（detection dog）

イヌの優れた嗅覚を利用して特定の探知に使役されるイヌの総称です．

⑴**ガン探知犬**　ガン患者の早期発見につながる可能性があると期待されています．婦人科ガンは早期のものでも尿の匂いでほぼ確実に見分けられます．

⑵**検疫探知犬**　動物検疫の検査を要する肉製品等を嗅ぎ分けます．

⑶**災害救助犬**　捜索救難活動で，被災者の捜索や救助を支援します．

⑷**銃器探知犬（firearm）**　銃器を発見する能力を身につけたイヌで，日本では税関が用いています．2009年より，銃器の密輸を食い止めるため，オーストラリアで訓練された銃器探知犬が成田空港で利用されるようになりました．

⑸**爆発物探知犬（爆捜犬 explosive detection dog）**　爆発物マーカーを嗅ぎ分けて発見するように訓練したイヌです．爆薬そのものは法規制が厳しくイヌの訓練に使えませんが，爆発物マーカーは入手や取扱いが比較的容易なので民間でも訓練が可能です．欧米では民間の爆発物探知犬も活躍しています．

⑹**麻薬探知犬（drug）**　国内への麻薬持ち込み阻止を目的として，1979年より導入されました．主にアクティブ（アグレッシブ）とパッシブドッグがあり，前者は手荷物や国際郵便等から麻薬の匂いを探し出し，吠えたり，引っ掻いたりして，後者は旅客や手荷物等で感知するとその場に座って知らせます．

⑺**その他**　DVD探知犬は海賊版ソフトの密輸を防ぐために，光ディスクの匂いを嗅ぎ分けます．その他にシロアリや宿泊施設でのトコジラミの探知が可能です．

8）荷車引き　（労役犬　使役犬　職業犬 working dog）

農耕や荷車牽引にはウマやウシが使われましたが，経費がかかるため，力が弱くても経費のかからないイヌの労役利用は欧州全般に一般的でした．文献の登場は1586年のことです．しかし，時代と共に労役に使うことが憚られるようになり，フランス（1824），イギリス（1855），ベルギー（1952）で禁止する法律が成立しました．基本的に雑種ですが，労役犬として働くうちに，ある程度は共通した体型や性質を持っていたようです．

ベルギーシェパードクラブが発足（1891）し，ベルギー全土から117頭の様々なタイプの体格，毛，色の労役犬が集められ，種の確定や固定の研究と交配が始められました．この時期には長毛，短毛，荒毛に分類されましたが，その後幾度か変更されて現在は４種の分類になり，呼び名も牧舎犬からベルギー犬へと変わりました．新たな交配規則書（1973）が作られて今日に至っています．これらの種の名はブリーダーの住んでいた町の名から取られました．その４種は毛質や色等の外見は違ってはいますが，毛色は　胡麻塩，黒，灰色，茶のいずれかです．背峰高と体重はグルーネンダール（Groenendael），ラケノワ（Laekenois），テルヴューレン（Tervuren）では58～62cm，20～30kg，マリノワ（Malinois）では58～62cmと25～40 kgです．よく働き賢い性格と大きさはほぼ共通しています．この中でマリノワ（通称マリ）は姿の美しさと賢さから最も人気のある種です．警察，軍隊，税関等でも使われるようになりました．この他に新しい種の威嚇と牛追いに使われたフランダースの牛犬（Vlaamse koehond）があります．これはアイルランドの狼犬とベルギーの牽き犬とベルギーシェパードのラケノワをかけ合せたものです．1965年に現在のブービエ・デ・フランダース（Bouvier des Flandres）が正式名称と定められました．その優れた反射神経と鋭い嗅覚から救助犬としても重宝されており，愛がん犬としてもよくなつきます．1989年に断耳，2001年に断尾が禁止されました．

９）牧羊犬（牧畜犬 shepherd dog）

シェパードとは羊飼いのことで，牧羊犬は牧場で放牧する家畜（主にヒツジ）の群れの誘導や見張り，盗難やオオカミ等の被害から守るように訓練された作業犬です．役割は主にヒツジの群の見張りや外敵を防ぐガーディングドッグ，中型犬や小型犬種は機敏さを活かし散らばるヒツジの群を誘導するハーディングドッグに分けられています．シープドッグとつく犬種は牧羊犬として生み出された品種です．トルキスタンやエジプトでBC4,300年頃のヒツジの骨と共に牧羊犬とみられる骨が発見されています．家畜の飼育が盛んになったBC2,500年頃の地層からは現在の牧羊犬種の祖先とみられる骨が発見されており，その後，欧州各地で多様な犬種が生み出されました．現在は牧羊犬としての需要が減り，AKCは1983年から牧羊牧畜犬グループを独立させました．

4　食用犬

犬食の文化は表面にはなかなか出てこない内容ですが，ヒトとイヌの関係において大切な一面であり，イヌについて語るには欠くことができません．この内容を知ることで，なお一層イヌを愛しく思うことができると思います．

1）犬食の歴史

捕らえたオオカミを食用に肥育していたことがイヌの家畜化の起源と考えられます．その理由として残飯でも飼育が可能であり，食料に恵まれない地域でも肥育でき，獣肉を安定供給できる利点があったためと考えられます．犬肉は３～3.5万年前，中南米では日常食や緊急食，儀式の際の神聖な料理等として利用されてきました．食文化は地域ごとに異なり，各国において文化保護の名目で現在も食用犬種の肥育が継続しています．しかし，ヒトとイヌとの関係が構築されてきた歴史の中で，家畜飼育技術の高まった牧畜社会，遊牧社会や狩猟対象が豊かで獲得が容易な狩猟採取社会が構築されたEUでは複数の国で犬肉が料理に用いられてきましたが，近代では忌避されたとの説があります．ただし，この説には史実上の根拠はありません．近代的な史実として，南極探検でノルウェーのアムンゼン隊が橇犬を食べたとされています．これは緊急時の食料として弱った個体，怪我をして動けなくなった個体を食料や橇犬の飼料として供すると同時に身軽になるという合理的な考えから，予めイヌを食料として想定していたものですが，倫理的な批判は向けられていません．また，宗教上の教義として，イスラム教やユダヤ教圏ではイヌを食料とすることが禁じられています．

多くの現代人が犬食に対して示す嫌悪感は市場でイヌが食用として売買され，目に触れる場所で解体，調理される現場をみて衝撃を受けるためです．加えて自分達が常食しないものに対する嫌悪があり，その心理的嫌悪と倫理的な善悪認定がしばしば混同され，犬食文化が文明論における優劣や人種差別の格好の材料とされます．イヌをペットとみなす文化圏でこの感情が特に強く，食料事情が切迫する状況では倫理的な批判はあまり向けられません．

2）日本における歴史

諸外国から日本はまだイヌを食べていると思われています．2008年の動物検疫による輸入畜産物食肉検疫数量では５ｔの犬肉が輸入されています．この消費は多国籍料理店での消費であり，現在は日本での犬食文化はなくなりました．

⑴**先史～古代**　縄文犬は狩猟用に飼育され，死後は丁重に埋葬されたとする説が一般的でしたが，縄文中～後期の霞ヶ浦沿岸の貝塚から，解体痕の可能性が高い上腕骨に切痕が確認され，イヌを食用として解体していたことを示す物的証拠とされました．弥生時代の遺跡からは解体遺棄されたイヌの骨格が多く出土しており，この時代に弥生人が渡来し，大陸由来の犬食文化と食用犬が伝来した可能性が示唆されています．日本書紀には天武天皇による肉食禁止令で，４月１日～９月30日の間，稚魚の保護とウシ，ウマ，イヌ，サル，ニワトリの五畜の肉食が禁止されており，イヌを食べる習慣があったことは明らかです．以後度々禁止令が出され，仏教の影響で肉食全般が穢れることと考えられるようになりました．

⑵**中世（鎌倉幕府～室町幕府）**　武士や浮浪者はイヌをある程度常食していたと考えられます．それは15世紀の相国寺の蔭涼軒日録に，犬追物の後，イヌを調斎し，蔭涼軒に集まって喫したとあり，犬追物用のイヌは捕獲して賄っていたらしく，それを生業とする専門集団や独自の道具がありました．宣教師フロイスの日欧文化比較にはヨーロッパではイヌを食べずに，ウシを食べるが，日本ではウシを食べず，イヌを食べるとあり，15世紀にイヌが食用にされていたことは考古学でも示されています．

⑶**近世（安土，桃山，江戸時代）**　近世でも犬食文化は存続し，上級武士も食していました．姫路城や岡山城の発掘現場から食肉獣の骨に混じってイヌの骨が多数出土したことから，埋葬ではなく食用であった可能性が示唆されています．また鹿児島にはゑ（イヌ）のころ飯，ころ飯というイヌの腹を割いて米を入れ蒸し焼きにする料理法がありました．

江戸時代に犬食は武士階級では禁止されましたが，17世紀の料理物語にはイヌの吸い物を紹介する記述があり，18世紀の落穂集には江戸の町方にイヌはほとんどいない．イヌがいたとすれば，これ以上のうまい物はないと人々に考えられ，みつけ次第食べてしまうとあります．しかし，徳川綱吉の生類憐れみの令で，表立っての動物殺生に対する忌避感が増幅され，とりわけイヌは将軍家の護神として保護され，座敷犬，抱き犬として狆等が流行し，犬食の習慣はかなり後退しました．中期以降もイヌやネコの肉が食用として一部で流通しましたが，天明の大飢饉が起こった際，奉行の「米がないならイヌやネコの肉を食え」の発言に町人が怒り，江戸市中で打ち壊しまで起こったことから，当時すでにイヌやネコの肉は一般的な食材として認識されていなかったことが伺われます．19世紀初頭からは，蘭癖（蘭学流）から「ももんじ屋」等の獣肉専門店もでき，教養のある者もそこに出入りしましたが，これら不浄の気により災害が絶えないとの文献や肉食をする朝鮮通信使を野蛮視していたとする見解もあり，一般には肉食全般が穢れであるとの禁忌意識は強かったようです．

⑷**近代以降**　明治維新以降，西洋の肉食文化の導入で，肉食タブーから解放されましたが，同時に愛がん動物の概念も持ち込まれ，イヌを愛がんする風潮は高まり，愛がん動物を食べる行為は嫌悪の対象となりました．しかし，戦中，戦後の食糧難に仕方なくイヌを食べたという証言もあり，赤犬は美味い，美味しい順序は白，褐，黒，斑，犬肉は夜尿症に効く等の話は残っていますが，現在は食用目的でのイヌの屠殺は皆無です．

太棹種の津軽三味線や義太夫三味線には音質面や耐久性共にイヌの皮が適しているのでイヌの皮が張られますが，現在は中国や韓国からなめした皮を輸入して賄っており，この目的での屠殺も行われていません．

3）食用犬種（edible dog breeds）

食用目的で作出，改良が行われた犬種で，現存種も多く，チャウチャウはその代表です．近年は世界的に犬食を肯定していませんが，食文化として根づいており，中国（チャウチャウ），韓国（ヌロンイ），フィリピン（フィリピン・エディブル・ドッグ），インドネシア（バタック・ドッグ）やアメリカでは原住民の文化保護として，特定犬種を特別儀式でのみ食用にすることを許可しています．

表Ⅶ-2　世界各地の食用犬種の飼育目的と飼育の現状

中国	チャウチャウ	多民族国家であるため一部地域で食用利用が残り，レトルトパックや冷凍肉も流通している．2001年に食用目的での屠殺を禁じる動物保護法が施行され2003年には販売も罰則の対象となっている．
韓国	ヌロンイ	スープに調理される．近年は愛玩用に移行しつつある．2006年の処理頭数は2百万頭．オリンピックやサッカーワールドカップの開催時には国際的な批判を躱すため，取り締まられたが，愛好者も多く，2008年には嫌悪食品の中から除外され，食用家畜に分類された．動物愛護団体が反発している．
フィリピン	フィリピン・エディブル・ドッグ	祝事のご馳走として食べられる．
ニュージーランド	クリ	食用であったが，絶滅寸前であるため現在は食用に供されていない．
ハワイ	ハワイアン・ポイ・ドッグ	食用であるが，ペットとしても飼われていた．純血種は絶滅．復元取り組み中．
ベトナム	プークオック・リッジバック・ドッグ	北部地域で食用としているが，絶滅の危機に瀕しており，保護が取り組まれている．不足肉はラオス，カンボジア，タイから輸入．
ポリ・ミクロネシア	犬種不明	植民地化の過程で導入された犬を食用として利用している．
スイス	不明	山間部で食習慣が残っており，流通は禁止されているが，自家消費は可能．
ドイツ	犬種不明	1986年以降全面流通が禁止となった．
フランス	犬種不明	数10種類の犬肉料理本が販売されており，犬肉に関する食感の記述もある．
南米	テチチ	小型の食用犬種でスペイン人の侵攻で絶滅の危機に瀕し，純粋種はいない．
米国	スードッグ（コモン・インディアン・ドッグ）	スー族が飼育していた荷役用種であるが，ユイピの儀式の際に犬鍋として食用になる．

参考文献

Moris D.犬種事典　福山英也監修　誠文堂新光社　2007

西本豊弘　犬と日本人考古学は愉しい　日本経済新聞社　1994

金子裕之　古代の都と村　講談社 1989

服部英雄　武士と荘園社会　山川出版社　2004

張競 中華料理の文化史 筑摩書房　1997

鄭銀淑 馬を食べる日本人　犬を食べる韓国人 双葉社　2002

松尾信一　江戸時代後期から明治時代中期までの畜産書の歴史　特にオランダのショメール厚生新編を中心として　信州大学農学部紀要　1990
山田仁史　狗肉の食とそのタブー上 2011　中 2012　下 2012
H.ハーツォグ　山形浩生ら訳　ぼくらはそれでも肉を食う　柏書房　2001

5　実験用犬

動物実験は広く動物を扱う実験を指しますが，一般的にヒトを対象とできない医療技術，薬品，化粧品，食品材料の有用性やあらゆる物質の安全性や有効性，操作の危険性を研究するために行うものです．動物実験は科学の発展のために，必要なものとしてやむを得ず実施し，非倫理的な時代を反省して，その必要性は医学研究の倫理的原則，すなわちヘルシンキ宣言に明確に示されています．動物実験はしばしば動物の幸せ，つまり動物のクオリティ・オブ・ライフ（QOL），日常生活動作（ADL），そして生活水準（SOL）を損なうことがあるため，非難されます．実験に付随して与える苦痛については，動物福祉の考えから，この軽減，除去等に極力配慮する考えが定着してきました．

供試動物は目的に応じてヒトに近い方が良質なデータを得られる可能性が高いので，主に大型動物はサル，イヌ，ミニブタ等，小型動物はラット，マウス，モルモット，ウサギ等です．目的に応じた適切な動物種を用いることが必要とされますが，その適切さが必ずしも正しくはないことに留意します．

日本では過去に保健所へ持ち込まれたイヌ，ネコや捕獲（駆除）されたイヌの一部が全国の自治体で動物実験用に払い下げられていました．しかし，東京都を皮切りに払い下げ廃止を決定する自治体が続き，全国的にこの制度は終結（2006）しました．現在は実験結果の信頼性や再現性，安定した個体数確保を目的として最初から実験用として繁殖させた動物を用いています．

1）動物実験の理念

動物実験の基準における３Ｒの理念は，Replacement（代替），Reduction（削減），Refinement（改善）の３つです．Replacementは意識，感覚のない低位の動物種，*in vitro*への代替や重複実験の排除，Reductionは使用動物数の削減，科学的に必要な最少の動物数使用，Refinementは苦痛軽減，安楽死措置，飼育環境改善等です．さらにResponsibility（責任）あるいはReview（審査）等を加えた４Ｒという概念も提唱されています．

３Ｒの理念で動物実験（個々の動物の生涯）をどこで終了させるかは重要課題です．現在は実験を継続して得られる知見より，動物への苦痛が大きいと判断された場合は原則的に動物を安楽死させます．安楽死は法律に沿って行い，できる限り対象動物に苦痛を与えない方法を用います．

日本は自主規制路線から，環境省の基準や文科省，厚労省の指針に従い，各研究機関が独自の基準を設けています．研究機関や製造業の業界では，動物実験そのものを最小限に抑える，必要な場合は麻酔等を用いて苦痛を最小限に抑える，細菌や昆虫等の低位生物や培養細胞，コンピュータでのシミュレーション等への代替法の開発等が取られつつあり，代替法の活用は最早無視しては通れない問題となっています．

２）日本の動物実験の現状

欧米では実験動物の取り扱いに免許が必要ですが，日本は研究機関等における動物実験等の実施に関する基本指針（文部科学省告示第七十一号），厚生労働省の所管する実施機関における動物実験等の実施に関する基本指針等によって動物実験を実施する機関に動物実験委員会を設置し，実験者の提出する実験計画書の審査を行い承認の可否を決定する等，適正な動物実験の実施を図ることが求められています．大学や研究機関では，独自の講習会によるライセンス制度や動物実験委員会が普及し始めていますが，実験動物の取り扱いに国家資格に準じる免許制度はありません．

イヌが実験動物に用いられ始めたのは17世紀頃からで，本格的な使用は第２次大戦以後のようです．当初は雑種犬を用いた研究が多く，特定の品種として，薬物の安全性試験には小型のビーグル，外科手術および移植研究には大型のフォックスハウンドやレトリーバーが利用されます．わが国では実験に使われるイヌの大部分はいまだに雑種犬で，1975年の調査では53,142頭の供試犬のうち92.5％が雑種犬で，大学で使用されたイヌの99％が雑種犬でした．同年に全国の保健所に抑留されたイヌは約90万頭で，研究への供試数はその６％でした．

イヌが実験動物として使用されるのは実質臓器重量の体重比，心室内興奮伝播様式その他生理機能がヒトと酷似していることが多いためで，循環器，呼吸器，消化器および泌尿器等の実験に使用されます．企業の研究機関ではGLPの規制によりほとんどビーグル犬が使用されますが，大学は経済的事情から，雑種犬に依存しています．雑種犬のほとんどは健康管理が行われておらず，フィラリア症に50％以上が感染していました．その他の疾病も有しています．

日本の実験用のイヌの輸入数（2009）は合計3,078頭で，犬種はビーグル2,371頭で，その仕出国（書類上仕出が使われます）はアメリカ2,573頭，中国505頭でした．到着港別は成田（貨物）2,883頭（アメリカ　2,573頭，中国　310頭），関西空港（貨物）175頭，福岡空港20頭で，共に中国からでした．

ビーグルは系統管理されたもので，多産で個々の遺伝的差異が小さく，食欲旺盛，小型で飼育スペースが少なく，実験結果にばらつきが少なく正確なデータが取れるためです．雑種犬は外科手術の練習に用いられていました．ビーグルの中には，特定の遺伝子が働かないように操作されたノックアウト血統やクローンもいます．また，アルビノビーグルのように実験動物として繁殖されているものもいます．原産国は主にイギリス，アメリカですが，2012年にイギリスでは実験用ビーグル犬の拡大生産計画が国務長官により拒否されました．供試犬が再起不能な場合は筋弛緩剤等の注射で殺処分されます．処分後，獣医師により検死が行われますが，非人道的な方法で最期を迎えるイヌも多くいます．もともと表には出ない存在のイヌでしたが，近年動物の権利を掲げる動物愛護運動が広がり，こうしたイヌの存在が明るみに出ることになりました．

Ⅷ　イヌの体

1　体のつくり

大型から小型まで体格は様々で，小型化には２つの方法があります．１つは骨格すべてを小さく選択育種するミニチュア化でチワワ等はこれにより作られた品種です．一方，体の軸となる骨格を残して脚の骨を短くして小型化する育種があります．これでできたのがダックスフンドです．したがって，種が違うと，それぞれの部位を構成する骨の大きさが異なります．例えば，ダックスフンドとゴールデン・レトリーバーでは足の骨の長さは大分異なります．しかし，基本的な骨の種類や構成は変わりません．イヌの骨格を作る骨は約230個です．ちなみにネコは約205個です．イヌの方が多い理由はイヌの尾が長いこと，つまり，尾椎の数が20～25個でネコの２～５個より多いためです．

１）体幹の骨

体の軸となるイヌの脊柱は頭の方から頸椎（７個），胸椎（13個），腰椎（７個），仙椎（３個），尾椎（20～25個）に分けられます．括弧はそれぞれを構成する椎骨の数を示します．１番目の頸椎は頭蓋の上下運動を，２番目の頸椎は頭蓋の回転を作り，他の５個の頸椎は頭と首を支えます．尾椎の数が多いのは，種によって走行中の方向転換の際に舵となる尾の長さを作るためです．腰椎の数が１～２個少ない場合もみられますが，それで特別な障害があることはありま

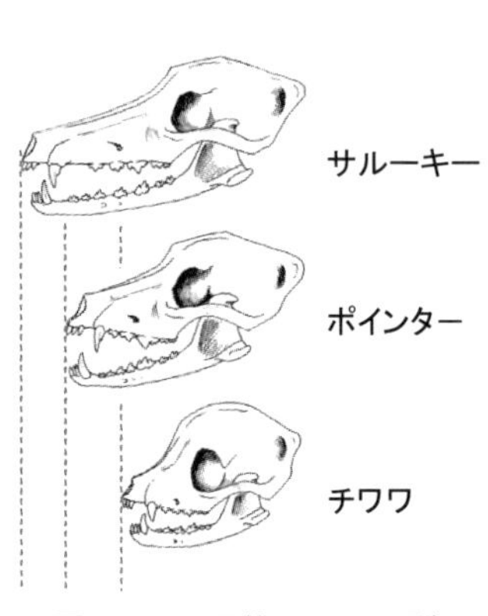

図Ⅷ-１　頭蓋の３つの型

せん．イヌの特徴として陰茎に陰茎骨という骨があります．

２）頭蓋

頭蓋は長頭，中頭，短頭の３つの型に分けられます（図Ⅷ-１）．この違いは鼻や顎を作る部分の突出具合から生じます．その部分を構成する骨を総称して顔面頭蓋と呼びますが，可愛らしさ，凄さを表現し，その動物らしい顔立ちを作る骨です．イヌは嗅覚が優れていますので，鼻腔が大きく，どのタイプも顎が出ているようにみえます．また，イヌの頭蓋は眼窩の縁が全部つながっていません（不完全眼窩）．一方，サルや草食獣の眼窩は縁が全部つながっています（完全眼窩）．この違いは咬むための側頭筋の発達の違いです．イヌは咬みつくために側頭筋が発達し，眼窩の後方縁の前頭骨および側頭骨の頬骨突起の形成が抑えられたのです．

３）尾

尾には尾骨が連なった尾椎があり，尾の芯に相当します．その周囲を取り囲むように尾を動かす筋群が尾のつけ根から先まで通っています．イヌの尾はかなり自由で複雑に動きます．尾を上げる場合の筋には，内背側仙尾筋と外背側仙尾筋，次に尾を下に曲げる場合には内腹側仙尾筋と外腹側仙尾筋が働きます．これらの筋は尾の腹側にありますから，緊張させて尾を下に向けます．さらに横に尾を曲げる場合は尾横突間筋という尾骨の外側に位置する筋が収縮するので横に曲がります．これらを総合的に働かせて斜めにも動かせます．イヌは飼主や親しい仲間に近づく時は，尾を立てていきます．怒りや威嚇の時は，もっと強く上げて尾の毛も膨らみます．また，甘えてじゃれる時は素早く左右に振ります．怖い時，強い相手に出会う時は尾を下げ尻に挟むようにします．このように，イヌの尾を動かす神経は単に運動に関する神経ばかりでなく，大脳の高次機能の影響を強く受けて動いているといえます．さらに，走っていて方向を変える時も尾を左右に動かしバランスをとります．このような場合は足を動かす神経回路や平衡感覚の神経回路が協調して尾を動かしています．

４）四肢

⑴**前肢**　前足の動きに関連する骨は肩から肩甲骨，鎖骨，上腕骨，前腕骨（橈骨，尺骨），手根骨，中手骨，指骨（基，中，末節骨）に分けられます．これ

らの骨の中で鎖骨はイヌにはないため,器用に前足を動かすことができません.代わりに安定して地面を蹴る力を出します.イヌは片前足だけで,上腕骨１個,前腕骨２個，手根骨７個，中手骨５個，基節骨５個，中節骨５個，末節骨４個で計29個の骨があります.大型家畜と違って，橈骨，尺骨が融合していませんので，前肢を使って物を引き寄せることや巧みに穴掘りができます．また，肩甲骨と上腕骨で作る肩甲関節は，かなりの可動域を持つので，後足で立って前足で飼主にじゃれることができるのかもしれません．ただし，鎖骨がないために前肢の左右の動きは制限されます．そのため前足の動きは振子運動のようになり，泳ぐ時にはイヌ掻きになります．

⑵**後肢**　多くの四足歩行の動物のように,前足と後足の長さがほぼ同じで，肩とお尻の高さは同じ位置になります．後足の動きに関連する骨は骨盤,大腿骨,脛骨，腓骨，足根骨，中足骨，趾骨（基節骨，中節骨，末節骨）です．後肢の骨の数は前肢より数個少ないです．なお，ダックスフンドの後足の膝関節は大きくなっています．後足は前足に比べ体から出ている部分が多いので，前足より自由に動かせます．また，ヒトでは股関節の内外に靭帯がありますが，イヌは関節の外に靭帯がないため，制約が少なく，可動できます．立ち上がりができるのは，骨盤と大腿骨で作る股関節の柔軟さがあるからで，さらに後足で頭を掻くこともできますし，排尿時独特の片足を挙げる姿勢もこの関係で可能となります．しかし，靭帯が少ないため股関節脱臼もしやすく，高齢犬，肥満犬や大型犬でその傾向が高まります．

⑶**歩行と指（趾），爪**　イヌの歩行様式は指で体を支える趾行性で，指球と１つの掌（足底）球からなる肉球と爪が地面につきます．爪は角化性の重層扁平上皮が硬く変化したもので，足の先端の骨である末節骨の鉤爪突起というところまで伸びていて，鉤状で先が尖っており，鉤爪といいます．そのため，走る時のスパイクのような役割や穴掘り等に使われます．イヌ科の動物は爪を引っ込めることができず，親指以外が水かきでつながっていて，爪のある末節骨で分かれているので各指はほとんど広げることができません．ヒトでいう中指と薬指の長さが同じで,後肢の第１趾（親指）は退化して４本趾となっています.後肢が５本趾のイヌもいます．その第１趾は狼爪といいます．前肢は５本趾の

構造となっていますが，その第1趾は地面についていません．一部のマウンテンドッグには狼爪が2本あるものもいます．狼爪は幼少時に切除される場合が多く，これを切らないと強くカーブするように伸び，肉球に食い込むようになるので注意が必要です．ところで，イヌが固い床を歩く時，爪が床に触る音が出るので，動きがわかります．一方，ネコは爪をひっこめるので忍び足といわれるくらい音がしません．

⑷　**肉球**　足の裏で無毛の表皮が角質化して厚くなった部分です（図Ⅷ-2）．前足に指球が4つ，掌に掌球が1つ，中手部に手根球が1つ，合計6個，後足には趾球が4つ，足底球が1つ，合計5個あります．肉球には汗腺があり，緊張した時は冷や汗をかきます．温度にも敏感で歩行の安全を守ります．厚く弾力に富み，歩く際に衝撃を吸収して，クッションになる他滑り止めになり，足音を消す消音材になっています．

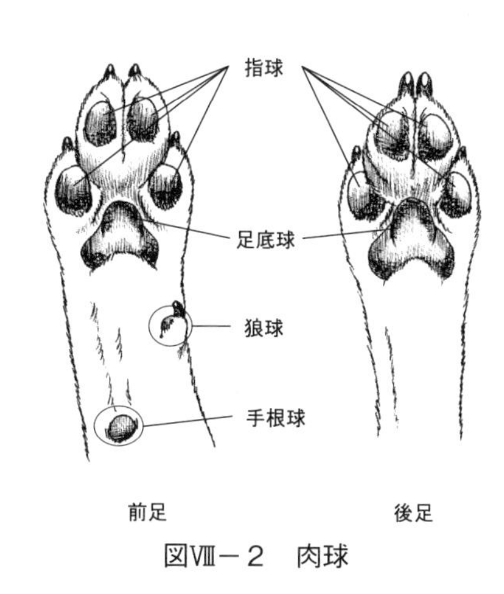

図Ⅷ－2　肉球

5）汗腺，脂腺

汗腺にはエクリン汗腺とアポクリン汗腺があります．前者は汗を出して体温を下げる役目の汗腺ですが，イヌの皮膚には肉球と鼻鏡を除いてこの汗腺がないため，体温調節は舌を出して唾液を蒸散させて体温を下げる喘ぎ呼吸（パンティング）で行っています．鼻の部分にあるのは鼻を湿らせる役目です．

6）歯

歯には切歯，犬歯，前臼歯，後臼歯があります．特に，犬歯はよく発達しています．これは突き刺したり，くわえたりする時に効力を発揮します．切歯は小さいのですが，肉を骨からはぎ取ることや毛繕いに使います．イヌの歯式は切歯 3/3，犬歯 1/1，前臼歯 4/4，後臼歯 2/3 で歯は42本（21対）となります．32本の歯を持つヒトや28～30本のネコに比べ，顎が長い分，歯の数も多くなっています．犬歯の他に，裂肉歯と呼ばれる山型に尖った大きな臼歯は他の動物より尖っており鋏のようにして肉を切る働きをします．食物はあまり咀嚼せずに飲み込みますので，臼のような臼歯は形成されていません．

歯と歯の間に残った食物に細菌が繁殖し，歯まで浸食するのが虫歯です．イヌの唾液のpHはアルカリ性なので，虫歯は多くありませんが，歯茎の組織が侵される歯周病は多くみられます．

2　消化器

イヌは，野生時代の性質から不規則な餌の獲得に対応して一度に多くの餌を食べることができます．いわゆる食いだめが効く動物です．犬種によっては胃の容積が1～9Lと様々です．咀嚼はあまり行わず，一挙に飲み込むような方法で食物をお腹に運びます．基本的には肉食ですが，植物質を含む食物にもある程度まで適応します．消化管は口腔，咽頭，食道，胃，小腸，大腸とつながっています（図Ⅷ-3）．口腔には歯，舌，唾液腺の開口部があります．イヌの舌は柔らかくつるつるしています．唾液が豊富で粘度が高いので，ぬるぬる感があります．この唾液には炭水化物を分解するアミラーゼが含まれません．唾液腺は普通の動物では耳下腺，舌下腺，下顎腺ですがイヌはさらに頬骨腺があり，これがイヌの唾液の濃い要素を作っています．また，イヌの耳下腺は副交感神経性の強い刺激を受け，ネコの耳下腺の約10倍の速さで唾液を分泌するといわれています．唾液は喘ぎ呼吸により，口の粘膜と舌の表面から蒸散します．激しい運動の後，イヌが口を開け，舌を垂らして盛んに喘いでいるのは，気化熱を放出し，体温を調節するためイヌにとって重要な役割です．

舌には多くの味蕾があり，味を感じていますが，唾液が味物質を溶かし味蕾に運びます．食道は一般的に口腔側が横紋筋で胃に近づくにつれ平滑筋になりますが，イヌの食道は全長にわたり横紋筋です．横紋筋は自分の意思で調節できる筋のため，イヌは体に不都合なものを摂取したらすぐに吐くという行為を上手に行えます．普段，食物は食道の蠕動運動で口腔側から胃まで運ばれます．消化は胃から始まり，胃酸や蛋白質分解酵素によって蛋白質の分解が始まります．胃は単なる袋ではなく，胃壁の筋肉を使い蠕動や分節運動により，胃の中の食物を胃液に混合し，消化を促進します．胃である程度消化された食物は幽門から十二指腸に向かいます．腸は十二腸から始まり，空腸，回腸，盲腸，結腸，直腸と続きます．腸の長さは体長（頭胴長）の５～７倍で，オオカミの４～4.5倍よりも長くなっています．これはオオカミと違って，イヌは植物質の消化も行うようになったからです．また，肉食獣には盲腸を持たない種もいますが，イヌには５～20cm程度の盲腸があります．

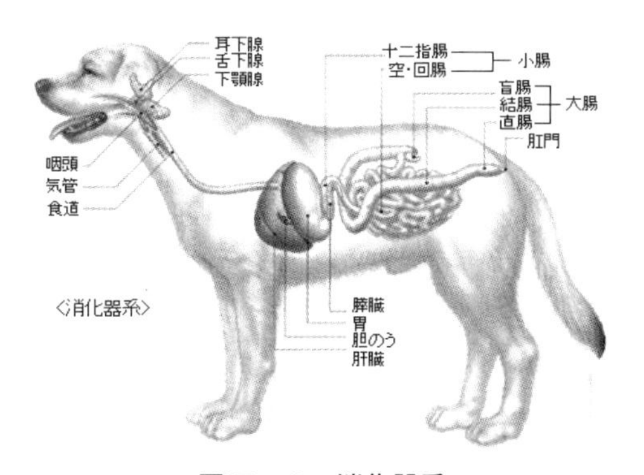

図Ⅷ－３　消化器系

1）消化管内微生物叢

イヌの胃や小腸，大腸等の消化管には，膨大な数の多様な種の消化管内細菌が生息しています．特に腸内細菌はイヌが摂取した食物，さらには腸管の分泌液や腸壁を覆う粘液等を栄養源として生育し大量の物質を産生しています．空気中の細菌も食物を通じてイヌの消化管に侵入しますが，胃酸や胆汁によって死滅し，生き延びたとしても数日から一週間程度で体外に排泄され，定着しません．腸内細菌は空気中では競争力の弱い菌ですが，イヌの消化管内では胃酸や胆汁等に耐性を持ち，旺盛に繁殖できる独特の細菌です．

腸内細菌は形態や生態，産生物質等を基準にして「属」，「種」，「株」に分けられます．「株」は番号や記号，発見者名等で表わされます．これらは部位ごとに異なり，その種類は約300種，その数は約100兆個，総重量は約1 kgにもなります．その一部は糞便と共に排泄されますが，絶えず増殖生育を繰り返しています．腸内細菌は各種臓器に匹敵する働きを持ち，生命活動に不可欠です．

2）腸内細菌

⑴**正の働き**　通常，腸内細菌は一定のバランスを保って定着しています．これが崩れると腸内の有益菌（主に乳酸菌）が減少し，有害菌や病原菌が増加する状態が生じやすくなります．通常はホルモンやビタミンの産生，免疫系の賦活，脂質代謝の活性化，腸内では消化できない繊維質の分解や，蛋白質や糖質の分解，有害物質の処理，腸内pHの調整と腸の蠕動の活性化，病原菌・有害菌の感染防御，各種臓器の機能の活性化や保全，肝臓や腎臓さらに脳等の働きに関与し，その機能の活性化や保全に大きな役割を果たしています．

⑵**負の働き**　腸内細菌にはアンモニア，硫化水素，インドール，フェノール，ニトロソアミンやトリプトファン代謝物等の有害物質を産生する負の働きもあります．病原菌の侵入や有害性菌が異常に増殖すると，これを排除する現象として下痢，有益性菌の減少では腸の蠕動運動が不活発になり，便秘が起こります．有益性菌の減少は，少数の菌や有害菌の増殖を招き，感染症等を引き起こします．異常な細菌バランスが作り出す様々な有害物質にはすぐに悪影響が現れることはなくても，長期間にわたって生産され蓄積すると疾患の発生，免疫の減退，アレルギー，ガン等種々の病気の誘因になります．

3　皮膚と被毛

外皮には皮膚とそこから分化した汗腺，脂腺，乳腺，毛があります．動物の外皮は一般的には被毛とその奥にある皮膚とが一緒に毛皮と呼ばれます．解剖学では毛皮を皮膚（皮膚組織）と呼びます．皮膚といえば物に触れた時に身を守る等，鎧のような役目が中心ですが，体毛，乳腺，皮脂腺，汗腺，爪，肉球，感覚受容器等数多くの特別の働きをする組織があり，物理的に外の刺激から体を守るのみならず脂や乳の分泌や感覚器として痛みや触覚等を感じ取る場所です．イヌ独特の体臭は主に全身のアポクリン汗腺や皮脂腺の分泌物によるものです．

1）皮膚

イヌの皮膚は２つの主要な部分に分けられます．表皮はあまり丈夫ではありませんが，有害な化学物質や細菌の侵入を防ぐ防御機能があります．表皮の下には丈夫で弾力に富む真皮があり，その丈夫さと表皮の被毛で仲間同士の喧嘩では，相手の爪や牙からの痛手を最小限に抑えられます．一方，鼻や足の裏面の肉球等，毛のない部位は毛の生えている部位に比べてはるかに厚くなっています．皮膚の下には触覚，圧覚，温覚，冷覚等の感覚器官があります．また，被毛は健康状態が顕著に現れます．健康状態がよければ，脂腺から毛の乾燥や荒れを防ぐ脂がでて，毛を被覆します．イヌが毛の手入れをするのは，これらの脂を満遍なく塗っているのです．よって，健康状態が悪いイヌは毛並みが悪くぱさぱさし，フケや脱毛が生じます．過度のシャンプーはイヌが本来持つ毛の生理的な機能を奪いとることになります．

2）毛

毛には体温保持，保護，防水の役割があります．イヌの被毛は変化に富んでいます．理由は１つの毛包から何種類もの毛が生えているからです．長くて硬い上毛（オーバーコート），保護毛（ガードヘア）の周りに数本の下毛（アンダーコート）が伸びています．下毛には脂腺はありますが立毛筋はないので，下毛は逆立てることはできません．上毛と下毛の割合の多寡が犬種の特徴になります．マルチーズでは上毛が，プードルでは下毛が発達しています．

⑴毛周期　一般的に，秋頃には毛の成長が促進されて，春先には換毛期となり脱毛が始まります．毛周期は毛が生え始めてから抜け落ちるまでの周期で，一般的には成長期—退行期—休止期があり，新しくできた毛が古い毛を毛穴から押し出し，脱毛が起こります．犬種によっては年に２回のもの，１年中脱毛し続けるものもいます．通常は一定の長さになると成長を止めますが，プードル，マルチーズ，シュナウザー等は毛が伸び続けます．

⑵毛の生え方　毛の種類は多く，形状からはワイヤーヘア（ラフヘアド：針金

状の粗い毛質），カーリー（巻き毛）：カールした毛質，長さによってショートヘア（スムース），ミディアムヘア，ロングヘアに分けられますが，長さによる規制はありません．密生する下毛はアンダーコート，硬い上毛はオーバーコート，張り毛，並み毛ともいわれます．コーデッドは冷水から体を守るために被毛が発達してロープ状（縄状）になっており，差し毛はオーバーコートの上に生えるまばらな被毛で，ダップルは数色で斑を作っている状態です．生え方として被毛のないヘアレス，アンダーコートがなく，オーバーコートだけの被毛のシングルコート（マルチーズ等），オーバーコートとアンダーコートの２重の被毛のダブルコート（ボーダー・コリー等）があります．

⑶**毛のタイプ**　イヌの毛は犬種によって様々な長さと形がありますが，雌雄で毛の長さが変わることはありません．

①**ショートヘア（スムースタイプ）**　ダルメシアン，ボクサー，ワイマラナーのように全身が短毛で覆われ，毛の上からでも骨格や筋肉のアウトラインが確認でき，グルーミングやブラッシングの手間がかかりません．毛の総量が少ないため寒さに若干弱いです．

②**ミディアムヘア**　秋田，ウェルシュ・コーギー・ペンブローク，ゴールデン・レトリーバーのようにショートとロングヘアの中間程度の長さの毛．明確な定義づけはなく，長さは約３cmよりも若干長い程度です．

③**ロングヘア**　アフガン・ハウンドやシーズーのように長い毛で覆われ，毛が絡まりやすく，ショートヘアに比べて汚れが目立ちやすく，お風呂やシャンプーの頻度が多くなります．寒さには強いですが，暑さには弱いため，夏場の温度設定には気をつけます．

④**ワイヤーヘア（ブロークンヘア）**　アーフェンピンシャーのようにごわごわした頑丈な毛で覆われます．比較的抜け毛が少ないため，アレルギー体質のヒトが好んで飼うことの多い犬です．毛の手入れはブラッシングよりも，トリミングナイフと親指で毛をつまみ，絡まったり飛び出した毛を抜き取るプラッキング（引き抜く）をして，皮膚を刺激し，発毛を促す効果があります．

⑤**カーリー**　カーリー・コーテッド・レトリーバー，コモンドール，プードルのような巻き毛．水をはじく撥水性に優れているため，水中作業を得意とする

犬種に多くみられます．非常に乾きやすく，ブラッシングをする際は多少の湿り気を与え，毛が途中で切れないように気をつけます．

⑥コーデドタイプ　コモンドールやプーリーのように体中から紐（ひも）が垂れ下がったような印象を与えます．最初から紐状になっている訳ではなく，ロングヘアが絡み合った結果として紐のようにみえます．

表Ⅷ－1　イヌの毛色の表現

赤	赤褐色から緋赤まで、日本犬特有の色
赤胡麻	赤に黒の差し毛
赤虎	赤に黒の縞模様
アプリコット、あんず色	赤みがかった黄色
イエロー	薄い茶色
イザベラ	薄い栗毛色
ウィートン、小麦色	薄い黄色がかった色
ウルフグレー	茶褐灰色や黄灰色の先端が黒い
オレンジ	橙色や薄いタン
グリズル	グレーが青みがかったもの
クリーム	乳白色
グレー、灰色	ダークグレーやシルバーグレーなど
黒胡麻	胡麻よりも黒の差し毛の割合の多いもの
黒虎	黒に赤毛の縞模様、虎よりも黒の割合が多い
ゴールデン	金色
胡麻	白と黒が半々に入る
サンディ	砂色
シルバー	グレーと銀色の間のような色
フォーン	金色がかった茶色
ブラウン	褐色、茶褐色
ブラック	黒
ブラック＆ タン	黒に規則的なタンの斑
ブリンドル	基本の色に違う色の差し毛
ブルー	青
ブルーマール	ブルーに白が少し混ざっている
ブルーローン	ブルーに黒、灰色の混ざった大理石のような色
マホガニー	赤褐色に近い栗色

ペッパー	青みがかった黒胡麻から薄いグレー
ラスティレッド	赤みがかった錆色
ルビー	濃いチェストナット
レッド＆ホワイト	赤茶と白の二色
レッド	赤
レバー	濃い赤褐色
ローン	基本の色に白い毛が少し混ざっている毛色

⑷**毛色の系統**　イヌの毛色には世界共通の毛色名から日本犬特有の毛色まで，実に様々な種類があります（表Ⅷ-１）．JKCでは犬種別に特定の毛色が認められ，血統ごとの特徴毛色であることが要求されます．毛色はホワイト，ブラック，ブラウン，レッド，ゴールド，イエロー，グレー，ブルー系の８系統に大分類され，さらに各々細分化された毛色があり，さらに毛種が複雑に絡み，毛色と毛種による分類が複雑です．レッドやブルーは日常の色の呼び方とは違った表現になります．毛色は成長過程で変わることがあり，色の表記は申請者によります．変色を知らないヒトの申請で子犬の時の毛色表記と全く違う毛色や遺伝的要素を表すため見た目と異なる色表記になっている場合もあります．色により販売価格が倍以上も違うこともあり，全く違う場合は毛色を申請し直します．

JKCで認める犬種とその主な毛色はプードルではホワイト，ブラック，シルバー，シルバーグレー，ブラウン，ブルー，グレー，クリーム，アプリコット等，チワワではマールカラー以外のすべての色調および組合せ，シーズーではあらゆる毛色が許容されています．

⑸**毛の色の組み合わせパターン**　色や生え方，模様の位置等によって，毛のパターンは千差万別です．特定の犬種では既定のパターン以外は純血種と認めないものもあります．一部のブリーダーはこうした犬種標準にこだわり過ぎ，珍しい模様を追求し過ぎて強引な繁殖に走り，結果として遺伝的な疾患をかかえるイヌを生み出してしまいます．

①**タン**（tan）　ダックスフンドでよくみられる赤茶色の毛色．通常は眉毛の部分，マズル周辺，胸元，足先等に現れます．通常タンよりも濃い毛色と共に発

現し，ブラック，リバー，ブルーアンドタンと表現されます．
②**バイカラー**（bicolor） ホワイトスポットを有するあらゆる２色の毛色パターン．キャバリア・キング・チャールズ・スパニエルのバイカラーは特にブレンハイム（blenheim）と呼ばれ，胸元，首周り，腹部，足先が白く，左右対称のバイカラー（アイリッシュスポッテド）は，牧羊犬に多くみられます．
③**トライカラー**（tricolor） コリー，パピヨン，ビーグル等明確に区別できる３色の毛を有するパターン．体の上部にブラック，リバー，ブルー等濃い目の色が入り，体の下にホワイトが入りますが，白地に黒やタンの斑点が入ったパターンもトライカラーに含まれ，ハウンドコートとも呼ばれます．
④**マール**（merle） 大理石のような不規則な縞模様を有するパターン．地色の上に地色より濃い斑点が入るのが普通です．ダックスフンドのマールは特にダップルと呼ばれます．
⑤**タキシード**（tuxedo） ラブラドールのミックス犬で多くみられるバイカラーの１種で，単一の地色（通常は黒）で，顎の下と腹部にシャートフロントと呼ばれるワイシャツのような白いパッチの入ったパターンのことです．
⑥**ハーレクイン**（harlequin） グレート・デーンのみが発現する白地に黒かブルー）の斑模様が入ったパターンで，名前は中世の道化役者の派手な斑衣装に由来します．斑の大きさは不規則でスポット（斑点）とは区別されます．
⑦**スポット**（spot） ダルメシアンが代表格で明るい地色の上に濃い色の毛が点々と現れ，３種類以上の斑点遺伝子の突然変異が関わっています．
⑧**ブリンドル**（brindle） グレート・デーンやフレンチ・ブルドッグにみられる黒，茶色，タン，ゴールド等の毛色がトラの縞模様のようなパターン．別名タイガーストライプ．ネコやウマにもみられますが，実際はトラの縞模様ほどはっきりとしたものではありません．
⑨**サドル**（saddle） ブランケット（blanket）とサドルは鞍（くら）の意味．エアデール・テリアによくみられ，背中の中央部分に，ちょうど毛布をかけたような地色よりも濃い毛が覆いかぶさったパターンです．
⑩**セーブル**（sable） ポメラニアンによくみられるイエロー，シルバー，グレー，タン等の地色の中に先端だけ黒い毛が所々に混じったパターン．毛全体が黒で

はないため，全体的に淡くグラデーションがかかった感じです．
⑪**パーティカラー（parti color）** 雑色の意味で，白地にはっきりと区別できる１～２色の斑点．バイカラーやトライカラーの亜種ともされます．

4 感覚器

１）嗅覚

良いにおいを匂い，悪いにおいを臭いと書きます．匂いには香り，薫り，芳り等が当てられますが，ここでは良くも悪くも臭いと書きます．

臭いは他の感覚とは異なり，情動系とも呼ばれる大脳辺縁系に直接届いており，本能や感情と結びついた記憶と密接な関係があると指摘されています．つまり臭いはもっとも感情を刺激する感覚なのです．臭いの嗅ぎ方にはシェパードやビーグルのように地面に残った臭いの跡を嗅ぐ間接タイプとポインターやセターのように下を向かず，空気中の臭い分子を嗅ぐ直接タイプがあります．

イヌの鼻は涙腺と外側鼻腺の分泌物でいつも湿っています．先端の無毛の部分（鼻鏡）は優れた嗅覚を保つのと同時に，風の向きを探る働きをします．鼻鏡が乾いている場合はどこか体調が悪いです．生後まだ目も開かず，耳も閉じている子犬でも嗅覚はすでに発達しています．この臭いを嗅ぎ分ける嗅覚器官が嗅上皮です．一般的なイヌは鼻筋が長く，鼻腔も広くて，嗅粘膜の上皮膚（嗅上皮）に，たくさん嗅覚細胞が分布しています．短頭系でぺちゃ鼻系のパグ，ブルドッグやシーズー等では嗅覚細胞の数も少なく，嗅覚もやや劣っています．嗅覚とは臭い成分が鼻腔の嗅上皮にある嗅粘膜上皮（嗅覚細胞）に感受され，その化学的な刺激を電気信号に変換して脳に伝え，脳が臭いを感知することをいいます．ヒトの嗅粘膜上皮が３～４ cm^2であるのに対してイヌの嗅粘膜上皮は18～150cm^2あります．嗅粘膜上皮の粘膜を覆う粘液層中にある嗅細胞から突出している嗅毛は臭いを感覚受容器である嗅細胞に導きますが，イヌの嗅毛は他の動物に比べて多く，長いのが特徴です．嗅細胞層はヒトでは１層で500万個，イヌでは数層になり，2.5～30億個あります．そして鼻腔の血管系もよく発達しています．臭いについての記憶力も優れ，動物性の臭いと危険を感じる臭いに敏感に反応します．嗅覚はイヌ自身が生きるために不可欠な感覚です．

臭いで可食か否か，目前の動物は敵か味方か，ここはどのイヌの縄張りなのか，相手のイヌの尻の臭いを嗅ぐことで相手は雄か雌か等の判断にも用いられます．一方，この嗅覚の優れた点を人間社会で生かし，警察犬，災害救助犬や麻薬探知犬として利用されています．さらに，医療の場でも飼主の臭いの変化で病気や発作を予知できる可能性があるのではないかと期待されています．

2）聴覚

聴覚は嗅覚の次に鋭い感覚で，犬種による聴力の違いは少なく，その聴力はヒトの４～10倍とされ，低音域はヒトとほぼ同じですが，高音域を聞き取れる範囲（可聴周波数）は40～47,000Hzで，ヒトの20～20,000Hzに比べて，はるかに能力が勝っています．小さな音に対してはヒトの16倍も敏感で，４倍の遠方の音を聞き分けられ，音の方向を判断する力はヒトが16方向なのに対し32方向と約２倍です．このため聴覚障害者の耳にかわって聴導犬として活躍しているイヌもいます．この聴力は９歳を過ぎると衰えてきます．音を集める耳（耳介）の大きさは様々でよく発達しています．耳には耳介筋があり耳を自由な方向に向けることができます．

3）視覚

イヌは本来夜行性で，暗闇でも自由に行動ができます．ヒトに比べて水晶体が大きく，薄暗い中でも多くの光を眼球内に取り入れることができ，眼球の網膜色素上皮の直後に脈絡層という血管に富んだ組織があり，その外層には金属光沢に輝く輝板（tapetum）という領域があります．この輝板の役割は外から直接網膜を通過した光を反射してもう一度網膜に送ることです．昼行性の動物は光が網膜を通過してその後方の脈絡層で吸収されてしまいますが，イヌに限らず夜行性動物は一旦網膜を通過した光をこの輝板で反射し，再度網膜に送るのです．つまり暗闇の少ない光を２度網膜の視細胞に送って効果を倍増しています．イヌの眼が闇でにぶく光るのは，輝板で向きを変えた光が瞳孔を経て外へ返ってくるのがみえるからです．また，イヌの網膜の視細胞の多くは桿体といって，主に暗いところで働き，少量の光にも鋭敏に反応するタイプで，視力は強いが，色覚には弱い細胞です．色を感じる錐体細胞がイヌの網膜には少ないので色覚は悪く，色の識別はできないとされていましたが，最近は数色がみえるという説が有力になっています．盲導犬の信号の識別は点灯順序とヒトの動きを関連づけて学習したものです．瞳孔はネコやキツネでは縦長ですが，イヌの瞳孔は収縮しても丸いままです．動体視力は優れており，1秒間に30フレームを表示するテレビ画像等はコマ送りにしかみえていないといわれます．一方，動かないものに対する視力はヒトより悪いといえます．

4）味覚

イヌの舌で味覚を感じる細胞はヒトの約1/6です．ただ，甘みは感じやすく，甘いものは好きです．おいしさは全体的に臭いで感じています．

5）触覚

耳のつけ根，背中，胸等を撫でられると喜びます．鼻先，尻尾，耳，足先等の触覚は末端にいくほど敏感で，突然触ったり，強く触ったりすると驚きます．

ヒトと同様に痛みを感じますが，それを我慢したり隠したりするイヌも多いです．治療や手術で痛みを緩和する処置を施すと回復が早くなります．

5　知　能

知能が高いボーダー・コリーやプードルは250の言葉や合図を覚え，簡単な計算も可能であると報告されています．子どもの語彙を調べるマッカーサー乳幼児言語発達質問紙をイヌ用に改訂したものを用いて，ヒトによる飼育とIQの関係を調査した結果，イヌの知能は本能型，適応型，作業・服従型の3タイプに分類されることがわかりました．

1990年代前半以降のデータから110犬種のランクづけによる作業・服従型知能の高さが上位なのはボーダー・コリー，プードル，ジャーマン・シェパード・ドッグ，ゴールデン・レトリーバー，ドーベルマン，シェットランド・シープドッグ，ラブラドール・レトリーバー，パピヨン，ロットワイラー，オーストラリア・キャトル・ドッグの順でした．古い品種ほど知能が低い傾向がみられ，最下位はアフガン・ハウンドでした．しかし，人気と知能は一致せず，過去25年間の人気トップのラブラドール・レトリーバーは7位，ビーグルも人気に反して下から7番目でした．

イヌは自己意識を持ち，周りのヒトが何を考えているかわかっており，ヒトと同じように夢をみて，大型犬よりも小型犬の方が頻繁に夢をみます．

犬種によっては優れた学習能力があり，他のイヌへの関心の示し方や攻撃性は躾によっても抑えることがある程度可能です．ボーダー・コリーは自分で考え，予測，判断して行動し，プードルの中でもミニチュアが芸を覚えるのがとても早く，一番頭がよいといわれ，ジャーマン・シェパード・ドッグは教えられたことを確実にこなしていき，ボクサーはヒトの感情を読み取ることに長け，ラブラドール・レトリーバーは従順で温厚な性格なので介助犬に向くといわれています．しかし，頭のよさと従順さは比例せず，生活環境次第で飼いにくいイヌになります．

6 イヌの鳴き声（オノマトペ 声喩）

イヌの鳴き声の表現にも変遷があり，現在は「ワンワン」「キャンキャン」等の擬音語で表されます．これらの語を元にしてイヌのことを「ワンちゃん」「わんこ」「わん公」等といいます．また，イヌの感情の機微を捉えた「ウォーン」「クーン」「キャイーン」等の擬音語があります．過去には「ヒヨヒヨ」「ベウベウ」と書き「ビョウビョウ」，「ビヨビヨ」と発音していました．「ワンワン」が現れたのは江戸時代で，しばらくの間は両者が共存しており，その名残は狂言の台詞にあります．また，民族によって鳴き声の聞き取りに違いがあり，英語圏ではbow-wow（バウワウ），bark（バーク），howl（ハウ），ロシア語ではгав-гав（ガフガフ），中国語では汪汪（ワンワン），韓国では멍멍（meong-meongモンモン）です．

Ⅸ　イヌの行動科学

動物行動学においてイヌはあまり人気のある研究対象ではありませんでした．イヌとヒトとの長くて深い関係を考えれば，不思議なほどです．その理由の１つは，イヌはヒトに飼育されていて，その行動が常にヒトの影響下にあるため，「自然な」動物とはみなされていなかったということがあるでしょう．しかし，この20年で，随分流れが変わり，今ではイヌの行動に関する興味深い科学論文が毎月のように発表されるようになりました．

この変化の理由の１つは，イヌの進化についての理解が変わってきたことでした．まず，イヌの最も近縁な野生動物がオオカミであることが確実になり，イヌの進化における位置が明確になりました．さらに，イヌがヒトの近くで暮らすようになったプロセスが，これまでしばしばいわれてきたように，ヒトがイヌ（の祖先）を自分たちの集団に連れてきたというよりも，むしろイヌ（の祖先）の方から近づいてきたのだと考えられるようになりました．この見方に立つなら，イヌの進化を促したのは人為選択ではなく，ある種の自然選択ということになります．そして，その選択圧はヒトの側で暮らすのに適した行動をとる個体を好むように作用したはずです．すべての動物と同様，イヌも自分たちの暮らす環境に適応して進化してきました．ただ，1つ違っていたのは，その環境の重要な要素の１つが「ヒト」だったということです．イヌの祖先はヒトがいる環境に適応してきたのです．その意味では，周囲にヒトの生活があり，ヒトからの干渉がある環境こそ，彼らにとっての「自然」だったといえることになります．こうして研究者は，ヒトと一緒に暮らしているイヌの行動や認知に興味を持つようになりました．

1 イヌの認知能力

ヒトの側で暮らすことに適応してきた動物＝イヌという観点から，イヌの認知能力について多くの研究が行われています．ここでは，そのような研究のいくつかを紹介します．

1）ヒトの指差しへの反応

最初に多くの研究者が興味を持ったのは，ヒトの指差しに対するイヌの反応についてでした．イヌの前に，少し離してボウル（器）を２つ置き，その間にヒトが１人立ちます．器は伏せてあります．器の下に餌があるかもしれないことは教えてありますが，イヌはどちらの器の下に餌があるか知らないので，２つの器を半々の確率で選びます．しかし，真ん中にいるヒトが一方の器を指差すと，何のトレーニングもしていないのに，イヌは指差した器を高い確率で選びます（Hare *et al.* 1999）．イヌはヒトの指差しを選択の手がかりに使えるのです．同じことを人工保育のオオカミに対して試みたところ，自分勝手に器を選びました．しかし，その後の実験でヒトとの日常的な接触の多いオオカミであれば，その成績は高まりました（Udell *et al.* 2008）．指差しへの反応能力はイヌとオオカミの決定的な違いではないかもしれませんが，ヒトとコミュニケートする能力がイヌに（あるいはオオカミにも）あるということは重要です．

2）単語の理解

ヒトとのコミュニケーション能力において，イヌが示すパフォーマンスは時に驚くほど高く，その研究例として，リコというボーダー・コリーがいます（Kaminski *et al.* 2004）．リコは200語を理解するイヌとして有名になりました．ヒトが「○○持って来て」といえば，隣の部屋から，まさにその○○を持ってくるのです．また，新しい単語を興味深い方法で学習しました．隣の部屋に，名前を知っている物とまだ名前を知らない新しい物を置いておき，その新しい物を持って来てと命じると，リコはいろんな物の中に１つだけ名前を知らない物があるのをみつけ，まさにそれを持って来るのです．そして，数ヵ月後にテストしてもその単語を覚えていることが確かめられました．１回の経験で記憶できたと考えられます．

3）ヒトの行動の「模倣」

Topálら（2006）は介助犬のフィリップに「Do as I do（私と同じことをしなさい）」という意味の「Do」というコマンドを教えました．このコマンドを教えるため，まずトレーニング用の動作をいくつか用意しました．例えば，ソファの上に乗る，その場で回転するといった行動です．そして，それと同じあるいは類似したイヌの行動を正解行動と決めておきます．まず実験者がその例となる動作をしてみせ，そして「Do」と命令し，予め決めておいた正解の動作をイヌがしたら褒美を与えます．

訓練の結果，複数の練習用の動作に対してそれぞれ対応の動作ができるようになったところで，全く新しい行動でフィリップの理解をテストしました．例えば，床の上のサッカーボールに手を乗せてみせて，「Do」と命じます．この動作をみせて「Do」と命じるのは初めてです．にも関わらず，フィリップは，ちゃんとそれを真似て前足をボールの上に乗せたのです．さらにもっと複雑な行動でフィリップの理解を試してみました．複数の箱を用意し，それらにボーリングのピンのようなものを入れておきます．さらに，離れた所に空の箱もいくつか置いておきます．ヒトは，まずピンの入った箱を１つ選び，その中にあるピンを空の箱の１つに入れます．そして，この動作をみせてから「Do」と命じます．するとフィリップは，かなりの確率で，ヒトが選んだ同じ箱から同じ箱にピンを運ぶことができたのです．

4）「紐」のつながりの理解

このような高い能力を示す一方で，イヌには次のようなごく簡単なことができません．紐の先に餌をつけ，餌の側は金網でできたケージの中に入れ，逆の先端を外に出しておきます．つまり，直接に餌は取れないが，紐を引っ張れば取り出せるようにしておくのです．多くのイヌはすぐに，紐の先端を口で引っ張り，首尾よく餌を手に入れることを覚えます．しかし，紐を２本にして，一方にだけ餌をつけたらイヌはかなりの割合で「間違う」ようになり，餌のついてない方の紐を引っ張ってしまうのです．特に，紐を交差させてしまうともう駄目です．むしろ，餌に近い方の先端をくわえて引っ張る割合（間違う割合）が高まります（Osthaus *et al.* 2005）．しかし，これは不思議ではないのかもしれません．イヌが適応してきた環境では，ヒトとうまくやれる必要はあっても，紐とそのつながりを理解する必要はなかったのかもしれません．逆に，私たち霊長類は，このような紐の課題が得意ですが，それは霊長類が適応してきた環境で，それが必要だったからでしょう．例えば，枝の先にある若葉や果実を手に入れるためには，枝のつながりを理解し，枝の根元を掴んで枝先を自分に近づけることができる必要があったでしょう．

5）「ゲーム」状況の理解

イヌとの日常生活では様々な印象的行動に出会います．そんな時，私たちはイヌを賢いとか賢くないと表現します．しかし，イヌは，賢いからヒトとうまくやっていけるのだと考えるなら，それは単純過ぎます．ヒトの場合も，他人とうまくやっていくために役に立つ能力は必ずしもいわゆる賢さだけではないからです．それはイヌも同じで，次のような実験からは，イヌの「賢さ」とは違うコミュニケーション能力を感じることができます．

ボールとプラスチックの軽い植木鉢のような容器と３つの低いつい立てを用意します．イヌにボールをみせ，そのボールを容器に入れ，容器にボールが入っていることをイヌにみせます．それから，３つの中の１つのつい立ての向こうへ行き，イヌにみえないように容器からボールを取り出して床に置きます．それからつい立ての外でイヌに容器の中が空であることをみせます．ここから推論されることは，ボールはつい立ての向こうに残されているだろうということです．もし，それがイヌにわかれば，イヌはボールを探しに，つい立ての向こうに行くでしょう．実際，イヌは「探せ」というコマンドを受けると，まっすぐつい立てに向かいます．しかし，ここで実験のやり方を少し変えて，イヌにみえるところで容器からボールを取り出し，実験者のポケットに入れてしまいます．その後は先の実験と同じでつい立てで容器を隠した後に再び，中が空であることをイヌにみせます．そして「探せ」と命令します．論理的に考えれば，つい立ての向こうにボールがないのは明らかなのに，イヌはつい立ての向こうを探しました．つまり，イヌは，この簡単な推論をできなかったと結論づけられるように思われます．しかし，同じ実験をヒトの幼児と大人に対して実施したところ，彼らも一定の割合でつい立ての向こう側を探しにいったのです

(Topál *et al.* 2005 a)．自分が，そうされたらと想像してください．友好的な雰囲気の中で，ボール探しゲームをやっている時に突然，ボールがないことが明らかな状況で，相手から今までと同様に「探してください」といわれたらどうするでしょう．変だなと思いながらも，一応探しに行きませんか．イヌも，ボールがないことがわかっていながら，他に仕様がないのでボールを探しに行ったのかもしれません．実際，ボールがない時は，つい立ての後ろをちらっとみるだけで，逆にボールが隠してあるポケットをみる時間が増えていたのです．イヌもヒトと同じように，親しく遊んでいるという「ゲーム」状況を理解し，それにふさわしく行動しているのだと思われます．

[2] オオカミの群＝家族

イヌの最も近縁の野生種がオオカミですから，イヌについて理解するのに，オオカミの理解は不可欠です．この点，飼育下のオオカミの行動については，1970年代にすでに優れた研究がなされていました．しかし，それはあくまで飼育下の行動です．野生下のオオカミがとる自然な行動の全体像を知るには，長期間の地道な野外観察が必要であり，その地道な努力の積み重ねが公表され始めたのは，つい最近になってからです．しかし，これら最新の研究成果は，残念ながら一般にはそれほど知られていません．

1）群の秩序

今でも広く信じられているオオカミの群（pack）のイメージは，厳格な順位制の社会です．順位トップはアルファと呼ばれる雌雄だけで，繁殖するのはアルファだけであり，他の低順位個体の上に君臨していて，低順位の個体は順位トップのアルファに従わなくてはなりませんが，チャンスがあれば順位を上げようとしています．つまり，群には順位トップをめぐる争いがあり，野心的で攻撃的な世界だということです．

確かに，飼育下ではそのような行動が観察されていました．しかし，野外観察でのオオカミのpackはもっと違ったもので，両親とその子どもによる家族群だったのでした（Mech 1999, Packard 2003)．群で最も優位な個体（アルファ個体）は両親で，繁殖するのはこの両親ペアだけで，その一腹の子どもを群全体で育てます．子どもは1～3歳の間に群を離れますが，それまでは群のメンバーとして子育ても協力します．だから群にはその年生まれの当歳子（pup）の他に前年以前に生まれた子どもも含まれます．重要なことは，闘争によって群れのアルファが入れ替わる訳ではないことです．若い個体は群を出て，他の群から出てきた異性と出会い，ペアになって子どもを作り，新しい自分の群＝家族を作れば，自動的にその群のアルファになるのです．

2）群の中の争い

誤解を招かないように強調しますが，群内の個体間で攻撃が起こらない訳ではないし，優劣関係がないのでもありません．攻撃と優劣関係は確かにオオカミの社会行動の一部であり，それはイヌの社会行動においてもそうです．しかし，一方で，彼らの間には親和的な相互行為もたくさんあり，それもまた彼らの日常の相互行為の重要な一部なのです．群では結束の力と敵対の力が同時に働いており，そのバランスによって群の社会的安定の度合いが決まります(Packard 2003)．だから，優位性や序列だけでなく，個々のメンバーが仲間に対して示す穏やかな親愛的行動も，群内の個体関係に影響します．親密な感情的結びつきを維持するため，社会的地位の上昇を渇望する気持ちが中和されるかもしれません．オオカミの社会には，ヒトの社会と同様，攻撃的な面と平和的な面とがあり，正しく理解するには両方をみなくてはなりませんし，彼らの群れ社会が「家族」としての社会であるという側面も忘れてはなりません．

3　イヌとヒトの関係

長らく「イヌにとって，ヒトの家族とは自分の群れであり，その群れメンバーの中で自分より順位の高い者に従う」という考え方が信じられてきました．しかし，この見方は，ここまで述べてきたような新しい研究によって見直されています．まず，イヌはヒトの側で暮らすために適応してきた動物であると考えられます．したがって，イヌは同種に対する行動とは異なる行動を対人用に進化させてきたはずです．ですから，イヌのヒトに対する行動はイヌの群れ内での行動（イヌに対する行動）と同じではないはずです．また，イヌの祖先に近い野生のオオカミの群れが，以前考えられてきたような厳しい順位制社会ではなく，家族群であることが明らかになりました．そうであれば，仮にイヌがヒトに対して同種の群れメンバーに対する行動を適用したとしても，それが順位の優劣に基づく行動ばかりとは限らないでしょう．ここでは，主に前者の観点から，イヌが対人用に特別に進化させてきたと考えられる行動の例として「愛着」を挙げてみます．

1）飼主への愛着

イヌがヒトに慣れるためには，生後早い時期にヒトと接触しなくてはなりません．もし14週齢までヒトと接触しなければ，極度にヒトを怖がったり攻撃したりするイヌになってしまいます（Scott & Fuller 1974）．この生後早い時期の特別な学習を「社会化」と呼びます．この社会化の結果，イヌはヒトを怖がらないどころか，ヒトを好むようになります．

ところで，イヌの飼い方の本には，しばしば「子犬をヒトの生活に『社会化』させることが大切」との表現が出てきます．ここでいわれている「社会化」とは，イヌが一般家庭にやって来た後に，イヌが出会う様々な環境や刺激に慣らすことです．実は，これは，もともとの「社会化」（Scott & Fuller 1974）とは，時期も機能も違っています．イヌが家庭にやって来るのは生後2～3ヵ月の頃ですが，ヒトそのものに慣れる本来の社会化はそれよりも前に起こります．混乱を避けるため，イヌが家庭にやって来てからのことは，「第二次社会化」のような別の言葉で呼ぶのがよいと思われます．さて，社会化（本来の意味の）によってイヌはヒトを恐れたり攻撃したりしないようになります．これが，イヌとオオカミの違いでしょうか？　実は，オオカミも同じようにヒトに対して社会化でき，小さい時にヒトと触れ合わせればヒトに慣れたオオカミに育ちます（Topál *et al.* 2005 b）．ですから，ヒトに慣れることがイヌとオオカミの違いではありません．

イヌの特殊性は，ヒト一般を怖がらないようになることだけではなく，特定の個人（飼主）と特別な関係を結ぶことができることにあるようです（Topál *et al.* 2005 b）．つまり，イヌは特定の個人（飼主）に対して他のヒトに対するのとは異なる反応を示し，特別な行動をとるようになります．

このイヌの飼主に対する行動は「愛着」という概念によって説明できるよう

に思われます.「愛着」はBowlby（1969）によってヒトの子どもと母親の関係を理解するために提唱され，Strange Situation Test（SST）と呼ばれる実験パラダイムによってよく研究されています．この幼児の母親への愛着を調べるために考案されたSSTを，イヌと飼主の関係を調べるために応用することが行われました．その結果イヌは飼主に対して，ヒトの子どもが母親に対してみせるのと類似した愛着行動を示すことがわかりました．すなわち，イヌは，飼主がいなくなるとそれを探し，再会時には，見知らぬヒトよりも飼主に対して頻繁に挨拶行動を示すのです（Topál *et al.* 1998）．また，飼主が側にいる時はいない時よりも積極的に知らないヒトとも遊び行動を行います（Prato-Previde *et al.* 2003）．このような特定飼主への愛着の形成は，私たちとイヌのコミュニケーションの基盤をなす行動のように思われます．

この愛着は，ヒトと一緒にうまく暮らすために，イヌ自身（あるいはオオカミの）群れの中での行動をヒトに対して応用しているのでしょうか．この見方によれば，イヌは群れの中で母親（つまり群れのリーダーの１匹）に愛着を形成する能力を持ち，ヒトとの家族の中で暮らすようになってから，その能力を飼主に向けたのだということになります．つまり，飼主はイヌのお母さんだという訳ですが，それは事実とは違っているようです．子オオカミが母オオカミを探して接触を求めようとする行動は，生後６～８週齢で急速に減少し（Mech 1970），大きくなったオオカミは親に愛着を示すことはないのに対し，子犬が特定個人（飼主）に対する愛着を形成するのは８週齢より後ですし，成犬になってから新たな飼主への愛着をすぐに形成することもできます（Gácsi *et al.* 2001）．これらのことは，イヌの飼主への愛着行動が，母犬に対する行動とは異なる行動であることを示しています．さらに，重要なことは，ヒトに社会化されたオオカミが特定個人への愛着行動を示さないことです（Topál *et al.* 2005ｂ）．これは，イヌの飼主への愛着行動が，オオカミとの分岐後に獲得された新しい行動であることを示唆しています．つまり，イヌの飼主への愛着行動は群の中で用いていた行動とは別に，ヒトの側で暮らすようになってから新たに獲得した対人用の行動と考えられます．

2）嫉妬

このような特定個人に対する愛着の結果，イヌは他にどのような行動をとるでしょう．例えば，愛着対象である飼主が自分ではなく他のイヌを触っていたらどうするでしょう．多くのイヌは，落ち着かなくなり，声を出し，飼主とその他犬との間に割って入ろうとします．さらに，その他犬を攻撃しようとすることもあります．このような行動は，まるでヒトがみせる「嫉妬」行動を想起させます．このようなイヌの「嫉妬」様の行動は，実験条件下でも再現できることがわかりました（加園 & 藪田　2012）．2つのケージの一方に観察対象のイヌを入れ，隣のケージに他のイヌを入れます．そして，他犬のケージに飼主が入って他犬に触ると，観察対象のイヌはケージの中を忙しく歩き回り，跳び上がりを繰り返し，声を出し，騒がしくふるまいます．隣のケージに，飼主でない他人が入って同じことをしても，他犬のいない状態で飼主だけが入っても，イヌは静かにしていて騒ぐことはありません．このような行動は，飼主の注意を自分に引きつける効果があります．したがって，これは，そのイヌと特定の個人との関係を維持する機能があるかもしれません．このようなイヌの「嫉妬」様行動は，ぬいぐるみに対しても起こるようです（Harris, Prouvost　2014）．

イヌの進化において，特定の個人への愛着と，それによって生じる絆はイヌにとって適応的利益があったと考えられます．例えば，特定個人との絆を作ることで，その個人の住処に入り込むことができ，それによって集落周辺の捕食動物から身を守ることができたかもしれません．いったんヒトの集団に入り込んだイヌにとって，その集団に住む他のヒトからの攻撃が潜在的な危険となりますが，絆を作った個人が近くにいることで，その攻撃を避けることができるかもしれません．さらに，その個人が持つ食物等の資源へのアクセス面でも利益があり得ただろうと考えられます．そのため，イヌは利益を確実にするため，特定個人との近接を維持しようとするだけでなく，そのヒトの周囲から他のイヌを追い払おうとし，そのヒトの注意や関心を引こうとしたかもしれません．その傾向は，その注意や関心がライバルの他のイヌに向けられる時に強まるかも知れず，それが，私たちの目にするイヌの「嫉妬」様の行動の可能性があります．

「嫉妬」するイヌは，まるでヒトのふるまいのようにみえます．自分のイヌが，そんな「嫉妬」行動をみせた場合には，「うちのイヌは自分のことをヒトだと思っている」と解釈したくなるかもしれません．しかし，この「嫉妬」様行動は，イヌがヒトの近くで，他のイヌよりもうまくやるために獲得してきた適応的行動と考えられます．であれば，それはヒトに対する行動であると同時に，他のイヌに対する競争的行動でもあり，その意味でこの「嫉妬」様行動は，イヌのイヌとしての，まさにイヌらしい行動というべきでしょう．とはいえ，ヒトの「嫉妬」もまた，愛着を持つ他者（親，恋人等）の第三者への行動が原因で生じること，あるいは，その「嫉妬」にかられた行動が，愛着を持つ対象個体との関係性を維持する機能を持つかもしれないこと等を考えれば，そこには何らかの相似性があるかもしれません．

イヌの行動の多くの点がオオカミに類似しています．しかし，一方で同じくらい異なってもいます．近年の行動学的研究は，その違いに焦点を当て，それをイヌがヒトの側で暮らすための適応として理解しようとしています．本章では特にイヌの社会的認知やヒトとの相互関係能力における実例を紹介しましたが，他にも面白い違いはたくさんあります．例えば，イヌはオオカミと違って非常によく吠えます．イヌはオオカミに比べ，ずいぶん「ノイジーな（うるさい)」動物なのです．これも，ヒトの側で暮らすための適応の１つだったと考えられています．吠えは，問題行動になりやすいだけに，この行動をヒトと暮らすための適応として調べ直すと，有益な洞察が得られるでしょう．

引用文献

Bowlby, J. Attachment, Vol. 1 of Attachment and loss. 1969

Gácsi, M., *et al.* Attachment behavior of adult dogs (*Canis familiaris*) living at rescue centers: Forming new bonds. J. Comp., Psychol., *115* (4), 423. 2001

Harris, C. R., & Prouvost, C. Jealousy in dogs. *PloS one,* 9 (7), e 94597. 2014

Hare *et al.* Domestic dogs (*Canis familiaris*) use human and conspecific social cues to locate hidden food. J. Comp Psychol. *113* (2), 173. 1999

Kaminski, J., *et al.* Word learning in a domestic dog: evidence for" fast mapping".

Science, *304* (5677), 1682-1683. 2004

加園沙織, & 藪田慎司. 愛着対象である飼主が他犬に触れているとき犬はどのような行動をとるか Jap. J. Human Amin. Rel. 71 2012

Mech, L. D. 1970. The wolf: the behavior and ecology of an endangered species. Natural History

Mech, L. D. Alpha status, dominance, and division of labor in wolf packs. Can. J. Zoo. *77* (8), 1196-1203. 1999

Osthaus, B., *et al.* Dogs (*Canis lupus familiaris*) fail to show understanding of means-end connections in a string-pulling task. Animal Cognition, 8 (1), 37-47. 2005

Packard, J. M. Wolf behavior: reproductive, social, and intelligent. Wolves: behavior, ecology, and conservation. Univ. Chicago Press, Chicago, Illinois, USA, 35-65. 2003

Prato-Previde, E., *et al.* Is the dog-human relationship an attachment bond? An observational study using Ainsworth' s strange situation. Behaviour, *140* (2), 225-254. 2003

Scott, J. P., & Fuller, J. L. Dog behavior. University Press. 1974

Topál, J., *et al.* Attachment behavior in dogs (*Canis familiaris*) : a new application of Ainsworth' s (1969) Strange Situation Test. J. Comp. Psychol. *112* (3), 219. 1998

Topál, J., *et al.* Obeying social rules: a comparative study on dogs and humans. J. Cult. Evol. Psychol. 3 (3 - 4), 223-243. 2005a

Topál, J., *et al.* Attachment to humans: a comparative study on hand-reared wolves and differently socialized dog puppies. Animal Behaviour, *70* (6), 1367-1375. 2005b

Topál, J., *et al.* Reproducing human actions and action sequences:"Do as I Do!" in a dog. Animal Cognition, 9 (4), 355-367. 2006

Udell, M. A., *et al.* Wolves outperform dogs in following human social cues. Animal Behaviour, *76* (6), 1767-1773

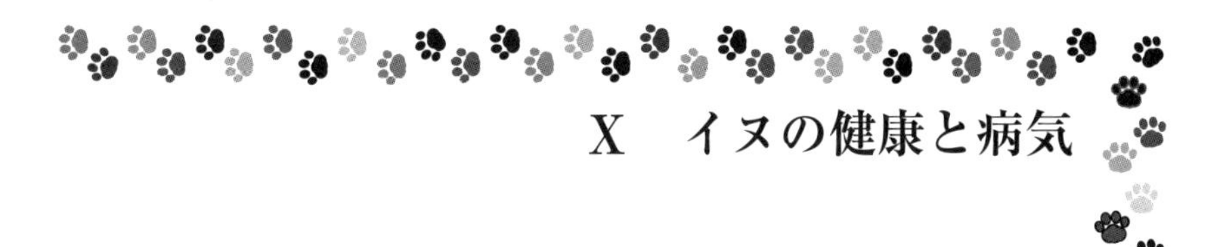

X　イヌの健康と病気

X－1

1　組織別疾患

1）口腔・歯牙疾患

特に小型犬は永久歯が生えてきても乳歯が残ったままになっていることがあり，その間に歯垢が溜まって歯周病になり，永久歯が抜けてしまう場合があります．乳歯が抜けない場合は受診して，抜歯することが望ましいです．高齢になると，歯周病からの細菌感染が心臓病や腎臓病に繋がることもあり，歯石や歯垢を溜めたままにしておかないことが重要です．現在は，イヌの歯周疾患を防ぐために，子犬のうちから毎日の歯磨きトレーニングが勧められています．

2）循環器疾患

若齢で運動時の呼吸困難や貧血を起こしたり，疲れやすかったりして，正常なイヌより発育が悪い場合は先天的な心臓の疾患を疑います．先天性心臓疾患には，心室または心房中隔欠損，動脈管開存症，肺動脈狭窄症等があり，聴診では心雑音が認められ，心エコー，胸部エックス線検査，心電図検査等を行い，内科的治療または外科的な手術が必要となります．加齢と共に徐々に進行する病気には，僧帽弁閉鎖不全症があります．初期には興奮時等に軽い咳が出る程度ですが，咳の間隔が次第に短くなり，一晩中続き，咳と同時に呼吸困難を起こし，貧血を伴う発作が頻繁に起こるようになり，生命に関わることもあります．また，予防が重要なものに，フィラリア感染症があります．蚊によって媒介される犬糸状虫が血管から心臓に寄生することで発症します．イヌが咳をしたり，運動時に呼吸が荒くなったり，運動を嫌がるようになったり，四肢にむくみを生じたり，腹水が貯まり腹部が膨らんできた時には，早急に診断を受けましょう．

3）呼吸器疾患

気管支炎や肺炎は，細菌やウイルスによる感染症や煙や塵埃等の吸引，誤嚥等で生じます．症状には，発熱，咳があり，重症になると呼吸困難を生じます．治療は抗生物質や気管支拡張剤，消炎剤の投与，ネブライザーの使用等です．小型犬種や肥満犬でよくみられる気管虚脱は，背側の膜性気管の部分が弛緩した状態になっています．慢性の乾いた咳や努力性の呼吸がみられます．消炎剤や鎮咳剤を用いた治療を行い，運動制限や興奮ストレスを避けるようにします．また，肥満犬では，減量をします．軟口蓋過長症は，パグ等短頭種にみられるもので，睡眠中の激しい鼾（いびき）や軽度の運動や興奮時に呼吸困難等がみられます．肥満動物では減量させることが重要で，また，安静にすることも大切です．治療は，過長した軟口蓋を外科的に切除します．

4）整形外科疾患

小型犬種では，大腿骨骨端の変性を伴うレッグペルテス病がみられることがあります．膝蓋骨や膝関節の発達異常に伴ってみられる膝蓋骨脱臼は，脱臼の程度により，症状は様々です．股関節の発育・形成の異常によって生じるものに股関節形成不全があります．急速な成長をする大型犬種では，軟骨内骨化に異常を生じる骨軟骨症，肘関節形成異常を示す肘関節異形成がみられる場合があります．これら大型犬の成長期の整形外科疾患は発育期整形外科疾患といわれ，遺伝的要因の他，急速な成長，栄養素，運動等が発生に影響します．変形性関節症は，加齢や肥満，関節の過度の負担によって生じます．軟骨の変性や滑膜炎等により，関節の変形を生じた病態です．関節の腫脹や跛行がみられ，痛みのため散歩や運動を嫌がるようになります．

5）内分泌疾患

内分泌の病気は膵臓，甲状腺，上皮小体，副腎皮質等の機能亢進または機能低下によりホルモンの分泌量のバランスが崩れて発症します．イヌでは糖尿病や低血糖症，甲状腺機能低下症等がよく知られています．一般的な症状としては，多飲，多尿，脱毛，肥満，急激な衰弱，失神等があります．イヌの糖尿病はほとんどがインスリン依存性で，血糖値が高くなり，インスリンの補給を必要とします．食欲があるのに体重が減少し，合併症として白内障や網膜症等もみられます．インスリノーマは膵臓のランゲルハンス島のβ細胞が腫瘍化して，過剰なインスリンが放出され，血糖値が下がり，イヌは低血糖を起こします．運動を嫌い，意識混濁，発作を起こして倒れ，死に至ることもあるので，迅速に血糖値を上げる処置が必要です．

6）消化器疾患

イヌは食べ物をほとんど丸のみしてしまうため，比較的大きな胃を持っており，主食となる肉は消化がよいため，栄養吸収のための腸は短くなっています．

食べ物や水を遠くに飛ばすように吐き（吐出），吐いたものをまた食べることがある時は，巨大食道症を疑います．吐く時に食べ物の一部が肺に入ってしまう吸引性（嚥下性）の肺炎を起こし，この吸引性肺炎が主な死因となっています．原因は，遺伝的な要因も大きいですが，食道炎，食道狭窄，食道潰瘍，食道に入った異物等があります．診断は血液検査，バリウムによる造影レントゲン検査が有効です．死亡率は70～80％に達します．また，急に食べ物，胃液，粘液，血液等を吐き，吐く物がなくなっても吐く動作を繰り返す時は，急性胃炎の可能性があり，原因を除去し，12時間の絶水と24時間の絶食をさせたり，脱水症状がある時は輸液を行います．頻度は少ないですが，数週間にわたって間欠的に嘔吐があり，食欲がなくなり，体重が減る場合は，慢性胃炎が疑われます．その他に胃拡張，胃捻転，胃潰瘍等死に至る場合も多く，緊急治療が必要となるため，腹部が膨れて苦しそうな場合や嘔吐や吐血，便に血液が混じる等の症状が出たら，早急に診断と治療を受けることが大切です．

7）腎・泌尿器疾患

⑴　**ストルバイト尿石症**　ストルバイト（$MgNH_4PO_4 \cdot 6H_2O$）結石は尿中で，マグネシウム（Mg），リン（P），アンモニウム（NH_4）が過飽和になり，尿がアルカリ化すると析出します．イヌとネコでは，原因と成因に違いがあり，ネコでは食事中のPやMgの過剰と尿のアルカリ化，飲水量の低下，排泄回数の減少等尿の濃縮が原因で生じる場合が多く，運動不足や肥満も要因になります．

イヌの場合は，膀胱炎等の尿路感染により生じる場合が多く，尿中で加水分解により尿素からアンモニア（NH_3）を生じ尿がアルカリ性になります．さらに，ウレアーゼ産生菌によって，NH_3からアンモニウムイオン（NH_4^+）が産生され，これに，過剰のリン酸やMgが結合することで生成されます．

⑵　**慢性腎臓病**　数ヵ月から数年にかけて徐々に腎臓の機能が障害を受け，尿を濃縮する機能や体液の維持に関わる機能が進行性で低下した病態で，多飲多尿が特徴的症状です．食欲不振や体重減少等も生じます．進行すると脱水や貧血，嘔吐等を生じます．治療は対症療法が中心で，輸液や制吐剤の投与，貧血に対する治療が行われます．低蛋白質の療法食の給与や炭素剤，リン吸着剤の投与も行われます．

8）皮膚疾患

アレルギーは，動物病院で受診する疾患でも，多くみられるものです．環境中のアレルゲンに対して過敏になりやすい体質をアトピー体質といい，顔や耳，四肢，腹部にみられ，季節性があることが一般的です．体を必死に掻くという痒みの症状があります．食物によって生じる食物アレルギーでは，眼の周囲の皮膚に赤い腫脹，四肢，腹部，耳等に痒みの症状が出ます．また，下痢等の消化器症状を表す場合もあります．皮膚の感染性の疾患には，ノミアレルギー性皮膚炎を始め，ダニ，疥癬，毛包虫等の外部寄生虫によるもの，皮膚の細菌の過剰増殖によって生じる細菌性膿皮症があります．細菌性膿皮症では，フケ，脱毛，湿疹，びらん，痂皮等がみられ，痒みの程度は様々で，痛みを生じる場合もあります．

治療は，抗生物質の投与と薬用シャンプーによる洗浄が中心です．過剰なフケを生じ，皮膚や毛が脂っぽくなるのは，脂漏症です．アレルギーや内分泌疾患，疥癬等が原因となり，基礎疾患の治療と薬用シャンプーによる洗浄，抗生物質による２次感染の防止を図ります．皮膚疾患は，この他，ホルモン異常や栄養素の過不足でも生じる場合があります．

9）その他

⑴**遺伝性疾患**　眼の遺伝性疾患としては，コリーやシェルティー等にみられる網膜や脈絡膜の発達不全を呈するコリー眼異常，プードルやコッカー・スパニエル，ミニチュア・ダックスフンド，その他多くの犬種にみられる進行性網膜萎縮があります．先天性の難聴は，青灰色被毛遺伝子や白色被毛遺伝子と関連

し，ダルメシアン，イングリッシュ・セター，ウエスト・ハイランド・ホワイト・テリア等でみられます．メキシカン・ヘアレス・ドッグやチャイニーズ・クレステッド・ドッグは，無毛症ですが，この欠陥を選択して繁殖されてきました．皮膚が十分なコラーゲンを産生できないために，ゆるくて伸びやすく，傷つきやすい皮膚疾患として皮膚無力症（エーラースダロンス症候群）等もあります．骨や関節の異常としては，大型犬でみられるものに股関節形成不全，膝蓋骨の発達異常によって生じる膝蓋骨脱臼，軟骨形成不全等があります．ダックスフンドやバッセト・ハウンド等は，この軟骨形成不全の特質を利用して作出された犬種です．脳，脊髄，神経系の遺伝性疾患の代表的なものは，水頭症で，チワワ等の超小型犬種（トイ種），パグ，ブルドッグ等でみられます．原因不明のてんかん発作を生じる特発性てんかんは，ビーグル，ラブラドール・レトリーバー，ゴールデン・レトリーバー，ジャーマン・シェパード・ドッグでみられることがあります．脊椎の形がゆがんでいたり，短かったり，癒合あるいは裂けている先天性脊椎形成異常は，パグ，ブルドッグ，ボストン・テリア，フレンチ・ブルドッグでみられます．その他，遺伝性疾患は，代謝性の異常や血液の異常等たくさんあります．遺伝性疾患を持ったイヌは，繁殖に供さないことが重要です．

⑵**イヌが原因で起きるヒトのアレルギー**　イヌが近くにいたり，身体の一部を舐められたりした場合に，急にくしゃみや鼻水が出たり，涙目になったり，身体が痒くなったり呼吸困難を起こすヒトがいます．その原因は，イヌの体毛，フケまたはそのフケを食物とするヒョウヒダニや唾液等です．これらの物質がアレルゲンとなり，ヒトの体内に入り，アレルギー反応を引き起こします．対策は，室内のこまめな掃除や換気，空気清浄機の利用も効果があります．室内でイヌを飼う場合は，ヒトに対してアレルギーを起こす可能性が低い犬種，すなわち抜け毛が少なく，匂いも少ないプードル，マルチーズ，ミニチュア・シュナウザー，ビション・フリーゼ，バセンジー等を選び，さらにブラッシングやシャンプー等で清潔に保ちます．また，飼主側の発症予防として，自身の体力強化，免疫力の向上も重要となります．近年ペットが原因のアレルギー発症が多くなっていますが，アレルギーの反応は個人差があります．

2 寄生虫

イヌの体につくノミやダニ等は外部寄生虫といい，体の内部に寄生する回虫やフィラリア虫等は内部寄生虫といいます．子犬では発育に大きな影響を与えます．

1）消化管（腸管）に寄生する寄生虫

⑴**犬鉤虫（いぬこうちゅう*Ancylostoma canium*）**　この寄生虫は２cmくらいの鉤（かぎ）状の虫ですが十二指腸粘膜に食いつき盛んに吸血します．雌は１日に数千個の卵を産み糞便と共に排出しますが，適切な温度下では１日くらいで子虫となり皮膚から浸入（感染）します．また，胎盤感染や経口感染もします．子犬に鉤虫がいると元気がなくなり痩せて下痢をします．貧血がひどくなると口腔や眼の粘膜が白く血の気がなくなり，衰弱死することもあります．また土や砂，小石を食べたり木をかじったりする異嗜が目立つこともあります．成犬では子犬ほど症状はひどくありませんが，下痢をしやすいイヌは鉤虫が原因のことがよくあります．

⑵**犬条虫（*Dipylidium caninum*）**　腸内ではキュウリの種状の体節が長くつながっている寄生虫で長いものでは40～50cmくらいの長さになります．この体節の中に卵が多数含まれていてノミの幼虫がこれを摂取しノミの体内に入ります．そしてイヌがノミを歯で嚙みつぶす時にノミの体内の幼虫を口から摂取して感染します．犬条虫卵は，便中には排出されないため，通常の検便では条虫感染の有無はわかりません．イヌに条虫が寄生していると栄養失調になりやすく，痙攣を起こすこともあります．

⑶**犬回虫（*Toxocara canis*）**　世界中のイヌ科動物に寄生する回虫（parasitic worm）．雌雄異体で，成虫は９～18cmの黄白色，終宿主の腸に寄生します．成犬では通常は寄生していても無症状ですが，対照的に幼犬には大きな障害を与え，死亡することもあります．待機宿主として幼虫は脊椎動物にも無脊椎動物にも寄生します．ヒトでは他の待機宿主と同様に幼虫を有した犬回虫卵（幼虫包蔵卵）の摂取により寄生が成立します．子犬の口から回虫卵が入ると胃から腸に行き子虫となります．この子虫は腸壁を通過し血行を介して体内を移行

し，再び腸に来てそこで寄生するようになります．しかし成犬では回虫卵が腸で孵化しても，体内を移行せず組織内で子虫のままとどまっています．ところが母犬では妊娠すると抵抗力が低下して，再び体内を移行するようになります．ですから，母犬では糞便検査では検出されなくても生まれた子犬には回虫が寄生しているということは，ごく普通のことです．母犬から子犬へは胎盤や母乳を介しても感染します．新生子への駆虫薬（pyrantel，fenbendazole，selamectine）等の投与が強く推奨されています．子犬に回虫がいると，回虫の毒素により腸の機能が乱れて異常発酵を起こし，お腹の異常な膨満，下痢や腸閉塞を起こします．また発熱や痙攣を起こすこともあります．軽度の下痢でも長びくと発育不良等の原因にもなります．犬回虫の成熟した幼虫形成卵をヒトが偶然に口から摂取するとごく稀なことですが，感染することがあります．ヒトの体内では幼虫のまま全身を移行し内臓移行症となり肺炎や眼の障害を起こすことがあります，このようなヒトへの感染を防ぐには，子犬の時の駆虫と糞便と共に排出された回虫卵がヒトへの感染能力を得る前に速やかに糞便を始末することが重要です．

⑷　**コクシジウム症（*coccidiosis*）**　コクシジウム原虫がイヌに寄生することが原因で発症します．幼犬では下痢（血便）や脱水等を生じ，脱水がひどくなり，嘔吐や食欲低下を生じて成長不良の原因になります．コクシジウム症は，感染したイヌの糞便と一緒に排泄された卵型のオーシストが，イヌの口に入ることで感染します．感染犬は症状が回復した後も，しばらくの間は糞便と一緒に病原体を排泄して，他のイヌへの感染源となります．成犬では，軟便等がみられる他は目立った症状が現れません．しかし，他の寄生虫感染により，下痢が悪化することもあり，慢性感染では体重が減少することがあります．治療には，サルファ剤等の抗コクシジウム剤が有効です．通常，1週間，便検査の結果によっては，さらに長く投薬し続ける必要があります．脱水を起こしている場合は，その治療も行います．再感染を避けるため，飼育環境の消毒も欠かせません．予防には，飼育環境を清潔に保ち，健康を維持することが大切です．なお，排泄されたばかりのコクシジウムのオーシストは未成熟で感染力はありません．糞をすぐに回収すれば，感染を予防できます．

⑸　**鞭虫（*Trichuris vulpis*）**　鞭虫は5 cm前後の虫で鞭（むち）のような形をしていることからこの名がつけられています．これは感染しているイヌの糞便中に排泄された虫卵が数日後成熟卵になったものを口から摂取することにより感染します（経口感染）．鞭虫は腸の下部に寄生し，頭を腸の粘膜に突き刺す様に寄生するため，激しい水様便が特徴です．糞便と共に排泄された鞭虫卵は非常に抵抗性が強く，土等がこの虫卵で汚染すると根絶は難しく，駆虫してもまた感染してしまうことがよくあります．

2）その他の内部寄生虫

内部寄生虫の予防と駆虫で一番大切なことは，糞便の始末をよくして清潔な環境でイヌを飼うことです．次に子犬の時とそれに続く定期的な検便です．回虫や鉤虫は母犬から胎盤や乳汁を介して感染するため，子犬を飼い始める時には検便をしておくことが重要です．成犬になっても感染の機会はたくさんあります．定期的に年に1～2回検便をするとよいでしょう．

⑴　**犬糸状虫（*Dirofilaria immitis*）**　主にイヌ科動物に寄生．人体寄生例も世界で80例程度知られています．中間宿主はトウゴウヤブカ（Aedes togoi）などの蚊です．治療には外科手術と内科療法があります．感染の副産物の心不全等に対処するために血管拡張剤や血圧降下剤等を用いて深刻な病状になるのを防ぎつつ，ミクロフィラリアやフィラリアを駆除します．

3）外部寄生虫

外部寄生虫は，ノミ，シラミ，マダニ，小型ダニ等が主なものです．これらの外部寄生虫は体の表面とはいっても，単に皮膚の表面にいるものから，皮膚の内部や耳の中に寄生するもの等様々です．中にはヒトにも寄生し，吸血をするものもいます．また症状も多様で激しい痒みがあるものから全く痒みのないものまで色々です．

外部寄生虫の多くは皮膚病の原因となり，症状が進むと治療にも時間がかかり，治療が困難で死亡してしまうこともあります．また外部寄生虫が細菌や原虫等を媒介することもあります．

外部寄生虫症の治療はその種類によって異なり，重篤皮膚病の症状では，誤った処置は治療を困難にしてしまうためヒト用の薬等を安易に使用せず，できるだけ早めに獣医師の診察を受けるようにしてください.

⑴**ノミ**　イヌノミとネコノミが主なものですが，ほとんどがネコノミで，ネコだけでなくイヌやヒトからも吸血します．ノミは普通,春から秋に多くみられ,卵→幼虫→サナギ→成虫と成長します．ノミが寄生すると卵を産み，その卵はあちこちにばらまかれます．ノミの被害の多くは，痒みのために引っ掻くことによる化膿性の皮膚炎ですが，ノミの寄生が多いと吸血による貧血を起こします．その他ノミは，瓜実（うりざね）条虫を媒介します.

⑵**マダニ**　マダニは種類が多く，色々な動物に寄生します．草むら等にいて増殖するものもいます．そこから寄生し，吸血すると落ちてしまいます．ある種のダニは比較的乾燥に強く，犬舎や板の隙間等について増殖できるものもいます．これらダニ類の中にはピロプラズマ病，トリパノゾーマ病，ある種のスピロヘータ病等の中間媒体になるものがあり，ヒトの公衆衛生上問題になることがあります.

ノミ・マダニの駆除にはノミ取りシャンプー等があり，安全なノミ取り首輪も動物病院で入手できます．これはマダニも駆除し，効果は４ヵ月くらい続きます．その他にも首に滴下する駆除剤（１回の滴下で約１ヵ月間効果が持続,現在はこのタイプが主流）やノミの発生を防ぐ内服薬もあります.

⑶**小型ダニ**　マダニよりも小型で，寄生する宿主や寄生部位の異なるいくつかの種類があります.

①　**疥癬ダニ症**　表皮内に寄生する伝染性の皮膚病で，激しい痒みで，鳴きながら掻いたり，寝ていても急に飛び起きて痒がるのが特徴です．初めは耳と肘が侵され治療を行わないと全身に拡がります．そして，皮膚が剥離し細菌感染を起こすと症状は重篤になり，ヒトも被害を受けます.

②　**ツメダニ症**　イヌ，ネコの皮膚，被毛に寄生し皮膚炎を起こします．イヌ，ネコ以外にはウサギ，キツネ，ネズミあるいは同居するヒトへも感染します．症状は非常に激しい痒みです．そして背中に落屑（らくせつ:フケ），丘疹（赤いぶつぶつ）がよくみられます．治療は主に外用薬や薬浴を行います.

③　**ニキビダニ症**　アカルス症，毛包虫症等とも呼ばれますが，ニキビダニが毛包内（毛穴の中）に寄生することによる皮膚病です．症状は局所型と全身型

があります．局所型は子犬に多く，口の周りや四肢によくみられ，脱毛や鱗屑（りんせつ：フケ）を伴います．全身型では脱毛が全身に拡がり２次的な細菌感染により化膿性皮膚炎になります．
④　**ミミヒゼンダニ**　耳の中に寄生し，体液は吸引せず，耳の中の屑を食べます．激しい刺激の痒みが特徴です．耳道内に黒褐色で臭い炎性産物が貯まり，頭を傾けてぐるぐる回ったりすることもあります．

3　人獣共通感染症（ズーノーシス zoonosis）

ヒトとそれ以外の脊椎動物の両方に感染または寄生する病原体により生じる感染症のことです．感染している動物との直接接触やその糞や毛垢等を介して再感染が起こります．以前は人畜共通感染症または人畜共通伝染病が一般的な呼称でしたが,「畜」は家畜のみを指すので，近年は愛がん動物や野生生物からの感染も重大な問題になり，人獣共通感染症が使われるようになりました．ただし,「獣」は体毛で被われた哺乳動物を指し，オウム病や鳥インフルエンザ等鳥類由来の感染症，爬虫類由来のサルモネラ感染症，昆虫類や魚類由来の寄生虫疾患も包む語としては適切とはいえません．厚生労働省は動物由来感染症を使っています．特にヒト由来の抗生物質耐性菌によるヒト由来感染症の問題もあり，不適切ではないかという指摘もあります．

近年，森林伐採等による環境の激変によって野生動物とヒトとの距離が狭まり接触の機会が増えたことや種々の動物がペットとして輸入され，飼われる機会が増えたこと等により，従来は稀で，知られていなかった病原体がヒト社会に突如として出現することがあります．このように新興感染症として現れた場合，重症急性呼吸器症候群（SARS）のようにヒトが免疫を獲得していないために大流行（2003）を引き起こす危険性が高く，診断や治療の方法も確立していないために制圧が困難です．撲滅宣言（1980）が出された唯一の感染症である天然痘は，その原因となる痘瘡ウイルスがヒトにのみ感染するものであり，かつ終生免疫が成立するワクチンの開発に成功したことが，その功績につながりました．世界中のヒトすべてにワクチンを接種すれば，それ以上天然痘は伝染し得ません．

これに対して狂犬病ウイルスは撲滅して予防することが不可能だといわれています．狂犬病ウイルスはすべての哺乳類に感染し，それらすべてへのワクチン接種が不可能だからです．また，ネズミ等の小動物は極めて小さなところから侵入して感染源となり，予期せぬ接触で感染する危険性があります．

1）伝播様式

伝播様式は次の５通りがあります．①ダイレクトズーノーシス（direct zoonosis）同種の脊椎動物間で伝播が成立し，感染動物から直接あるいは媒介動物を介して機械的に感染するもので，これはさらに，Zooanthroponoses（動物からヒトへ），Anthropozoonoses（ヒトから動物へ），Amphixenoses（ヒトと動物の双方に），狂犬病，炭疽，オウム病，腎症候性出血熱，結核，細菌性赤痢，アメーバ赤痢，旋毛虫（トリヒナ）症，ブルセラ症，カンジダ症，サルモネラ症，ブドウ球菌症等，②サイクロズーノーシス（cyclo-zoonosis）病原体の感染環の成立のために複数の脊椎動物を必要とします．アニサキス症，包虫（エキノコックス）症，有鉤条虫症，無鉤条虫症等寄生虫によるものが多い，③メタズーノーシス（meta-zoonosis）　脊椎動物，無脊椎動物間で感染環が成立するものでアルボウイルス感染症，発疹熱，日本住血吸虫症，肝吸虫症，リーシュマニア症等，④サプロズーノーシス（sapro-zoonosis）　病原体が発育・増殖の場として，有機物・植物・土壌等の動物以外の環境を必要とするものでトキソカラ症，アスペルギルス症，ボツリヌス症，ウェルシュ菌食中毒，クリプトコッカス症等，⑤混合型　上記４型が組み合わされたもので肝蛭症，ダニ麻痺症等．

2）病原体別の主な人獣共通感染症

この分類には以下の８種類があります．① 細菌性（炭疽，ペスト，結核，仮性結核，パスツレラ症，サルモネラ症，リステリア症，カンピロバクター症，レプトスピラ病，ライム病，豚丹毒，細菌性赤痢，エルシニア・エンテロコリティカ感染症，野兎病，鼠咬症，ブルセラ症等），②ウイルス性（Ｂウイルス感染症，ニューカッスル病，日本脳炎，ダニ脳炎，腎症候性出血熱，ハンタウイルス肺症候群，サル痘等），③リケッチア・コクシエラ・バルトネラ性（Ｑ熱，ツツガムシ病，猫ひっかき病等），④クラミジア性（オウム病等），⑤原虫性（睡眠病，シャーガス病，リーシュマニア症，クリプトスポリジウム感染症等），⑥寄生虫症（エキノコックス症，日本住血吸虫症，肺吸虫症，旋毛虫症，肝吸虫症，肝蛭症，アニサキス症等），⑦真菌性（クリプトコッカス症，カンジダ症，アスペルギルス症，皮膚真菌症等），⑧プリオン病（変異型クロイツフェルト・ヤコブ病）.

3）イヌからヒトに感染する人獣共通感染症

⑴　**エキノコックス症**　エキノコックスは，扁形動物門条虫綱真性条虫亜綱円葉目テニア科エキノコックス属に属する生物の総称です．寄生虫エキノコックスによって人体に引き起こされる感染症の１つで，エキノコックス症，包虫症等とも呼ばれます．これには単包条虫 *Echinococcus granulosus* による単包性エキノコックス症と多包条虫 *Echinococcus multilocularis* によるものがあります．前者は牧羊地帯に好発し，日本では輸入感染症とされています．当症はキタキツネ，イヌやネコ等の糞に混入したエキノコックスの卵胞を，水分や食料等を介して，ヒトが経口感染することによって発生する人獣共通感染症です．卵胞はそれを摂取したヒトの体内で幼虫となり，主に肝臓に寄生して発育・増殖し，深刻な肝機能障害を引き起こします．

①　**単包条虫**　虫卵は直径約35μmで，六鉤幼虫が中に入っており，虫卵の形態は単包条虫の物も多包条虫の物も類似していて，両種の虫卵の区別は困難です．成虫は約７週間で体長2.5～9.0mmに成熟し，終宿主の腸内に虫卵を放出し始めますが，終宿主に大きな病害を与えません．中間宿主はヒツジ，ウシ，ウマ，ブタ，ヤギ，ウサギ等の草食獣やヒト，終宿主はイヌ，オオカミ，キツネ，タヌキ等イヌ科の肉食獣です．終宿主の糞便に虫卵が排出され，周囲の地面や水や植物を汚染し，虫卵が粉塵，飲水，食物等と共に中間宿主に経口摂取され，十二指腸・小腸上部で孵化し，終宿主が単包虫を含む中間宿主の臓器を食べることで感染します．

②　**多包条虫**　北海道に生息し，成虫の体長は単包条虫より短く1.2～3.7mmであり，体節が数個という小ぶりな条虫です．終宿主はイヌ，キツネ，タヌキ，ネコ，北海道で重要な役割を果たしている中間宿主はエゾヤチネズミで家畜やヒトを含む霊長類も同様です．成虫は終宿主に大きな病害を与えません．虫卵

に汚染された飲水や食物の摂取や成虫が感染しているイヌとの接触によって虫卵が経口摂取され，感染が成立します．経皮感染はしません．

患者の98％が肝臓に病巣ができ，感染初期の嚢胞が小さいうちは無症状ですが，やがて肝臓腫大を引き起こして右上部の腹痛，胆管が閉塞して黄疸を呈して皮膚の激しい痒み，腹水をもたらすこともあります．次に侵されやすいのは肺で，咳，血痰，胸痛，発熱等の結核類似症状を引き起こします．経過は成人で10年，小児で５年以上かかります．その他，脳，骨，心臓等に寄生して重篤な症状をもたらすことがあります．放置した場合の５年後の生存率は30％程度です．手術は有効な治療です．

③　**発生**　発生はシベリア，南米，北米，地中海地域，中東，中央アジア，アフリカでみられます．ウシ，ヒツジ，ブタ，シカとの接触，またはイヌ，オオカミ，コヨーテの糞との接触が危険因子です．発生は10万人に１人の割合です．日本では単包性エキノコックス症は熊本（1881）で，多包性エキノコックス症は礼文島（1936）で本症と診断されたのが最初です．毎年約20名がエキノコックスに感染しており，旭山動物園で，ローランドゴリラ，ワオキツネザルが相次いで感染，死亡（1994）しました．

保健衛生指導とイヌの定期的な条虫駆除で予防できます．他の予防法は生水を飲まない，発生地の沢水や井戸水は加熱してから使用する，人家にキツネを近づけない，山菜等はよく洗うか，熱には弱いので，60度10分間加熱して食べる等です．症状が出てからの治療は困難です．

⑵　**狂犬病（rabies　恐水病　恐水症 hydrophobia）**　日本国内では狂犬病予防法による犬への予防接種の徹底，海外から輸入時の検疫が行われ，1957年以降の発生は報告されていません．

狂犬病ウイルス（Rabies virus）を病原体とする人獣共通感染症で，毎年世界中で約５万人の死者が出ています．水や音，風等が感覚器に刺激を与えて痙攣を起こすことがあるため，恐水症とも呼ばれます．

咬まれた傷から唾液と共にウイルスが伝染する場合が多く，傷口，眼，唇等粘膜部を舐められた場合も危険です．狂犬病ウイルスはヒトを含むすべての哺乳類に感染し，ヒトへの感染源のほとんどはイヌですが，イヌ以外の野生動物も感染源となっています．通常，ヒトからヒトへ感染することはありません．潜伏期間は咬傷の部位によって大きく異なります．前駆期には風邪に似た症状の他，咬傷部位に掻み（掻痒感），熱感，急性期には不安感，恐水症状（水等の液体の嚥下によって嚥下筋が痙攣し，強い痛みを感じるため，喉が渇いても水を極端に恐れるようになる症状），恐風症（風の動きに過敏に反応し避けるような仕草を示す症状），興奮性，麻痺，精神錯乱等の神経症状が現れます．また，腱反射，瞳孔反射の亢進（日光に過敏に反応するため，これを避けるようになる）もみられます．その2日から7日後には脳神経や全身の筋肉が麻痺を起こし，昏睡期に至り，呼吸障害によって死に至ります．なお，最初から麻痺状態に移行する場合もあります．

ワクチン接種を受けず発症した場合の致死率は99.99％で，確立した治療法はなく，「最も致死率が高い病気」として後天性免疫不全症候群（エイズ）と共に，ギネスブックに記録されています．ただし，感染前（曝露前）であれば，ワクチン接種によって予防が可能です．そのため日本では狂犬病予防法によって，イヌを飼う場合，市町村への登録と毎年1回の狂犬病ワクチンの予防接種が義務づけられています．発生国での最良の予防法は，現地の動物に手を出さないように気をつけることです．

①　**ワクチン**　狂犬病ワクチンは1885年にPasteurによって開発されました．現在のワクチンには脳由来と培養組織由来の組織培養ワクチンとがあります．

②　**流行地域**　南極を除くすべての大陸で感染が確認されています．流行地域はアジア，南米，アフリカです．狂犬病清浄地域（2013）は日本，アイスランド，オーストラリア，ニュージーランド，フィジー諸島，ハワイ，グアムの7地域です．インドは狂犬病による死者が約3万人と最も多く，ワクチンを受ける人も年間で100万人に上ります．動物咬傷事故の90％以上はイヌですが，その大部分は野犬によるものです．

中国政府は北京オリンピック（2008）に向け撲滅に躍起になった経緯があります．ペットや食用犬の飼育頭数は1.5億頭（2006）とされ，そのほとんどが未登録犬で，その数倍の野犬もいます．狂犬病予防接種の実施率は0.5％で，毎年約3,000人が死亡し，国内伝染病による死者数の20％を占めます．

北米ではヒトへの感染は年間数名ですが，スカンク，コウモリ，アライグマ等の野生動物で6,000～8,000件，ネコで200～300件，イヌで20～30件の報告があります．南米では伝播動物としてイヌやコウモリが多く，チスイコウモリからウシやウマ等家畜への感染が多く，経済的損失が問題です．

欧州ではヒトの死亡例は年間数10名です．経口ワクチン入りの餌で野生のアカギツネからの伝播は減少しましたが，その他の野生動物の感染は増えています．中東やアフリカでも感染例が報告されています．

③　**日本の狂犬病**　江戸時代に長崎で発生（1732）し，全国に伝播した記録があり，明治時代にも各地で発生が確認され，1897年以降は公式記録が残されました．ニホンオオカミの絶滅には，狂犬病もその一因とされています．1923年からの３年間には全国で9,000頭以上の感染があり，狂犬病予防法施行（1950）による飼いイヌの登録とワクチン接種の義務化，徹底した野犬の駆除によって1957年以降の発生はなくなりました．ただし，イヌによる咬傷事故が毎年6,000件以上も報告される現状で，イヌへの狂犬病ワクチンの接種率は低下しており，登録頭数約674万頭（2007）で接種率75.6％でした．未登録犬も含めた予防注射実施率は約40％と，流行を防ぐために必要とされるWHOガイドラインの70％をはるかに下回っています．接種しなかった場合は狂犬病予防法により罰金刑が科される可能性があります．

④　**対処法**　日本では，イヌ等の狂犬病については狂犬病予防法，ウシやウマ等の狂犬病については家畜伝染病予防法の適用を受け，予防，感染発生時の対処，蔓延防止の手段等が定められています．その施行令ではスイギュウ，シカ，イノシシが追加されています．咬傷事故を起こした動物は感染の有無を確認するため，捕獲後２週間の係留観察が義務づけられ，係留観察中に発症した場合は直ちに殺処分されます．狂犬病予防法はイヌに適用される他，ヒトに感染させる恐れが高いものとしてネコ，アライグマ，キツネ，スカンクにも適用されます．国内での感染が確認されなくなって以降，日本でのヒトへの狂犬病発症事例は３件ありましたが，すべて国外での咬傷事故による感染でした．

イヌに限らず狂犬病に感染している動物が海外から持ち込まれる可能性は常にあります．また，狂犬病以外の人獣共通感染症に感染した動物がペットとして輸入される可能性もあり，近年の愛がん動物の輸入増加と共に要注意です．

厚労省は輸入動物を原因とする人獣共通感染症の発生を防ぐため，「動物の輸入届出制度」を導入（2005）しました．しかし，狂犬病行政の問題としてはイヌ以外の狂犬病の適応対象となっているネコ等には狂犬病等の予防注射が法で義務化されていません．さらには野犬や野生動物の狂犬病ウイルス（または抗体）保有状況調査については手つかずのままです．

⑶サルモネラ症（*salmonella*）

① **サルモネラ菌**　グラム陰性通性嫌気性桿菌の腸内細菌科の一属のサルモネラ属の細菌で，主にヒトや動物の消化管に生息する腸内細菌の一種であり，その一部はヒトや動物に感染して病原性を持ちます．ヒトに対して病原性を持つサルモネラ属細菌は，腸チフスやパラチフスを起こすもの（チフス菌とパラチフス菌），感染型食中毒を起こすもの（ネズミチフス菌や腸炎菌等の食中毒性サルモネラ）に大別されます．食品衛生の分野では食中毒の原因となるサルモネラを特にサルモネラ属菌と呼びますが，一般にはこれらを指して狭義にサルモネラあるいはサルモネラ菌と呼ぶこともあります．属名は1885年に米国でブタコレラ菌を発見したSalmonにちなみます．

サルモネラ属は生物学的性状から*S. enterica*と*S. bongori, S. subterranea*の３菌種に分類（2005）され，さらに*S. enterica*は６亜種に分類されます．また，血清学的には2,500種類以上に分類されます．分類と学名表記を統一するための裁定が頻繁に行われています．

② **病原性**　サルモネラ属の細菌は様々な動物の消化管内に一種の常在菌として存在していますが，健康なヒトの消化管での菌数は極めて少なく，その糞便から分離されることはほとんどありません．チフス性サルモネラはヒトのみに感染する菌で，患者の糞便から別のヒトに感染する他，糞便によって汚染された土壌や水の中に残存し，自然環境中ではほとんど増殖しませんが，感染源になります．これに対して食中毒性サルモネラ菌はペットや家畜の腸管に常在菌として存在する人獣共通感染症源であり，これに汚染された食品等が食中毒の原因となります．食品衛生の分野では，この食中毒性サルモネラを問題にすることが多く，以前はサルモネラ菌，サルモネラ菌属という名称でしたが，サル

モネラ属菌という名前に変更（1998）され，食品衛生上はこれが正式な名称とされています．また，オーラルセックス等による感染もあり，性感染症とされる場合もあります．日本の家畜伝染病予防法では*S.* Gallinarum pullolum,*S.* Gallinarum，による家禽サルモネラ感染症は法定伝染病に，*S.* Abortuequiによる馬パラチフス，*S.* Enteritidis, *S.* Typhimurium, *S.* Choleraesuis, *S.* Dublinによるものは届出伝染病に指定されています．

③　サルモネラによる胃腸炎（食中毒）の発症メカニズム　サルモネラ食中毒は，本菌が腸管上皮細胞に感染した結果，腸管内への液体貯留と好中球浸潤による炎症によって起きると考えられています．その主な症状は，腹痛，嘔吐，下痢（粘血便）等の消化器症状，発熱等で，抵抗力のない者は菌血症を起こし重症化することがあり，稀に内毒素による敗血症を合併し，死亡することがあります．潜伏期間は平均12時間ほどですが，*S.* Enteritidisの場合３～４日となることもあります．一般的なサルモネラ属菌では，発症に10万個以上の菌数が必要とされていますが，*S.* Enteritidisは100個以下の菌数でも発症することがあり，食品を介さないヒトからヒトへの感染も報告されています．

代表的な原因菌には，*S.* Enteritidis, *S.* Typhimurium, *S.* Choleraesuis, *S.* Dublinが挙げられます．従前のサルモネラ属菌による食中毒は，ネズミが媒介する*S.* Typhimurium等によるものが多く，日本でも戦後しばらくまではネズミの糞尿によって汚染された食品を原因とする食中毒事件が頻発しました．衛生状態の向上により過去のものと思われがちですが，最近は感染力が強い*S.* Enteritidisの鶏肉や鶏卵を介した食中毒が増加しています．日本の食中毒発生件数の１～３割がサルモネラ属菌を原因とし，特に鶏卵由来の菓子による大規模食中毒が目立ちます．

鶏卵のサルモネラ汚染は，かつてはニワトリの消化管内に寄生したサルモネラが総排泄腔で卵殻の外側を汚染するため，汚染防止には鶏卵の洗浄が有効とされました．しかし，今日ではこうした卵殻の外側からの汚染のみではなく，*S.* Enteritidis等が卵巣や卵管に寄生し，ここから鶏卵の卵細胞そのもの，つまり卵黄の汚染や，外側の卵白が汚染していること，しかもサルモネラに感染した鶏卵からも健康な雛が孵化することがわかりました．こうした親子間の垂直感染を介卵感染と呼び，衛生状態に十分配慮した鶏舎でも汚染鶏卵や汚染鶏肉が生産される原因となっています．保菌しているイヌ，ネコ，家畜等から感染する事例もあり，アメリカでは1960～1970年にミシシッピアカミミガメ（ミドリガメ）由来の感染死亡例が報告されています．治療は対症療法とニューキノロン系抗菌剤による除菌ですが，欧米では耐性菌を誘発し，腸内細菌叢を乱し治癒を遅らせるとして，高齢者や小児を除き抗菌剤は投与すべきでないという考えが主流になっています．止瀉剤は排菌を阻害するので用いられません．

④　**腸チフス，パラチフス**　腸チフスはチフス菌の経口感染で発症します．消化管に到達したチフス菌は，腸管上皮のパイエル板に近接するM細胞（絨毛が発達せず，リンパ球やマクロファージに異物の提示や受け渡しを行う細胞）に取り込まれ，これを介してマクロファージに貪食された後，その細胞内で増殖します．このマクロファージが腸管膜リンパ節に感染を広げ，チフス菌はリンパ節で増殖し，血液に入り菌血症を起こします．臨床所見では，２週間ほどの潜伏期間の後，段階的に体温が上昇し40℃ほどの高熱が続き，バラ疹と呼ばれる淡紅色の発疹や脾腫が現れます．続いて，胆汁を通し腸内に大量に排菌され，重症例では腸壁が壊死を起こし腸管出血が起こり，その後，徐々に解熱し回復します．パラチフスも腸チフスと同様の症状を呈しますが，腸チフスほど重篤にはなりません．治療はニューキノロン系抗菌剤の投与が主です．

感染源はヒトの糞便であるため，衛生状態がよい地域での発生は少ないです．アジア，アフリカ，中南米等で流行を繰り返しています．日本では年間約100例が報告されていますが，ほとんどが海外で感染したものです．

これらの菌に感染しても発症せず排菌だけ続く場合や発症し症状が治まってから長期にわたり排菌が続く場合があり，腸チフス，パラチフスの健康保菌者といいます．健康保菌者は通常治療の対象になりませんが，食品従事者は，食中毒予防の観点から，排菌が止まるまで抗菌剤の服用を指導されます．

(4)　**イヌジステンパー（canine distemper）**　ジステンパーウイルス（CDV）を原因とするイヌを始めとしたネコ目（食肉目）の感染症です．イヌジステンパーは18世紀に南米からスペインにもたらされた後，ヨーロッパ全土に拡大し，現在では全世界で発生がみられ，野生動物にも被害が拡大し，セレンゲティ国立公園に生息するライオンの85％にCDV抗体価の上昇が確認（1994）されました．ニホンオオカミの絶滅の原因となった疾患でもあります．19世紀半ばにKarleによりイヌ同士での感染実験が成功して，ウイルス性疾患であることが判明し，20世紀になって詳細な研究が開始されました．

原因のCDVは麻疹ウイルスや牛疫ウイルスと同じ属のパラミクソウイルス科・モルビリウイルス属で，全世界に常在します．イヌ科動物に対して高い感受性を示しますが，アザラシ，アライグマ，イタチ，ネコ科等ほとんどの食肉目の動物に感染します．2008年に輸入されたカニクイザルが集団感染した例もありますが，これ以外に霊長類の自然感染例がなく，ヒトには感染しません．

CDVの主たる感染経路は，罹患犬の鼻汁等を介した飛沫・接触感染で，免疫機能の低い子犬や老齢犬は特に感受性が高いです．感染後３～５日で急性の発熱がみられ，白血球数（リンパ球），血小板の低下がみられます．最初の発熱は比較的短期間で治まり，数日の間隔を置いて第二期の発熱が始まり，少なくとも１週間は継続します．このような発熱パターンを二峰性発熱と呼び，イヌジステンパーの特徴です．ウイルスの全身拡散に伴い，結膜炎，鼻水，激しい咳，血便を伴う下痢が続発します．末期ではウイルスが神経系に達し痙攣や麻痺等神経症状を示し，致死率は90％と高まります．感染の予防は弱毒生ワクチンによって行われます．特異的な治療法はなく，二次感染を防ぐための抗生物質投与，脱水への対処として輸液，栄養補給がされます．

⑸　**パスツレラ症（pasteurellosis）**　パスツレラ属（Pasteurella）菌を原因菌とする日和見感染症．グラム陰性通性嫌気性両端染色性小短桿菌の*P. multocida*の感染が原因です．稀に*P. canis, P. dagmatis, P. stomatis, P . hemolytica*等も原因となります．

多くのイヌが保菌していますが，特に症状は出ません．ヒトが咬まれた場合，咬傷部周囲の腫れや化膿がみられるので注意が必要です．傷口の消毒を十分にし，症状が激しい場合は病院で治療を受けてください．

ネコの口腔には，約100％，爪には70％，イヌの口腔には約75％の高率で，常在菌として存在し，これらのペットからヒトへの感染が近年急増し，人獣共通感染症の様相を呈しています．ほとんどが，咬傷や掻傷により感染し，稀に経気道感染や飛沫感染等により呼吸器系の疾患を起こすことがあります．低免疫状態からの日和見感染，糖尿病，アルコール性肝障害の罹患者は重症化しやすく，鶏肉が原因となった疑いのある食中毒症状の報告もあります．イヌやネコの多くは無症状です．咬傷箇所の発赤・腫脹・化膿（蜂巣炎），気管支炎・肺炎等の呼吸器疾患，稀に髄膜炎がみられます．咬傷，掻傷の約30分～数時間後に激痛を伴う腫脹と精液様の匂いのする浸出液が排液され，死亡例もあります．予防は，イヌ，ネコから咬傷や掻傷を受けないようにすることが基本です．愛がん動物とはいえ，ヒトとペット相互で口を舐めたり舐めさせたりしないこと，また寝室に上げないこと，ヒトの免疫力が低下した場合にも罹患しやすいため，ストレスをためないこと等も重要です．治療にはペニシリン系，セフェム系抗生物質が有効です．

⑹　**フィラリア症（filariasis）**　これは線形動物門双腺綱旋尾線虫亜綱旋尾線虫目糸状虫上科に属する人体寄生性で象皮症を引き起こすバンクロフト糸状虫 *Wuchereria bancrofti* の寄生による疾患です．沖縄地方では県民の３分の１が保虫者（1936）でした．1964年に特効薬スパトニン（supatonin クエン酸ジエチルカルバマジン）の投与防圧事業が始まり，ミクロフィラリア（microfilaria）は82％消滅しました．２回目は1966年に，３回目は1967年に実施されました．13年後，沖縄県全体で保虫率が０（1978）となりました．

多くの脊椎動物に固有の寄生虫が多数います．現在の日本ではイヌの心臓の右心房と肺動脈に寄生する犬糸状虫 *Dirofilaria immitis* がよく知られています．

名前のとおり，細長い糸状の姿をしており，種によってリンパ系，血管系，皮下組織，眼窩等寄生箇所は様々です．卵胎生で，成熟した雌の子宮内にはミクロフィラリアまたは被鞘幼虫と呼ばれる幼虫が薄い卵膜にくるまれた状態で充満し，産出後活発に運動して血管に移動し，さらに毎日種固有の一定の時刻に末梢血管に移動して蚊に摂取され，脱皮を繰り返して感染幼虫に発育し，口吻で待機し，吸血時に皮膚から体内に侵入して感染します．感染すると咳や空咳が続き，運動を嫌がるようになります．さらに腹水が貯まり，むくみが出ます．蚊の発生時期には，予防薬を適切に使って感染を防ぎます．

⑺ **レプトスピラ症**（Leptospirosis）　秋疫（あきやみ），用水病，七日熱（なぬかやみ）等の名前で呼ばれましたが，大まかには黄疸出血性レプトスピラ（ワイル病），秋季レプトスピラ，犬型レプトスピラ等に分けられます．家畜伝染病予防法の届出伝染病にも指定されており，と畜場法では全頭廃棄の対象となります．ワイル病の名は，Weilにより初めて報告（1866）されたことによります．原因はスピロヘータ目レプトスピラ科レプトスピラ属に属するグラム陰性菌のレプトスピラ（Leptospira ），レプトネマ（Leptonema ），ツルネリア（Truneria ）の病原株です．好気的環境を好み生育し，中性から弱アルカリ性の淡水，湿った土壌で数ヵ月は生存するとされています．ネズミ等の野生動物を自然宿主として，ヒトだけでなくイヌ，ウシ，ブタ等ほとんどの哺乳類に感染し，腎臓尿細管等で増殖し，排泄物を経由して汚染された水や土壌から経口，経皮的に感染します．ヒトからヒトへの感染は起こりません．ネズミ等の尿からレプトスピラ菌が排出され，イヌの口の粘膜や皮膚の傷から感染します．症状は腎炎，出血性の胃腸炎，潰瘍性の口内炎，嘔吐や血便がみられ，尿毒症や脱水症状を起こして死亡するか，回復しても慢性の腎炎に移行します．肝臓が侵されると，約70％ のイヌに黄疸が現れ，発病後数時間から２～３日で死亡するものもあり，経過は色々です．散歩の途中で，イヌが水溜まりや他のイヌが排泄した後を舐めたりしないようにすることも予防につながります．屋外の運動や散歩が多いイヌにはワクチン接種の予防も大切です．

中南米，東南アジア等の熱帯，亜熱帯地域での流行があり，特に被害が深刻なのはタイです．年間数千人が亡くなります．東南アジアの流行は夏季に集中しています．日本では1970年代前半までは年間50人以上の死亡がありましたが，近年は患者数，死亡者数とも激減し，各地で散発的に認められる程度です．下水道工事関係者や畜産関係者等の患者が多く職業病の１つです．海外渡航者の増加に伴い，流行地からの輸入感染例が報告され，また海外からの家畜や伴侶動物等の輸入を介して国内に持ち込まれる可能性が指摘されています．海外ではウォータースポーツによる集団発生も報告されています．

ヒトでは潜伏期間は３～14日で，悪寒，発熱，頭痛，全身の倦怠感，眼球結膜の充血，筋肉痛，腰痛等急性熱性疾患の症状を呈します．ツツガムシ病や日本紅斑熱と似た症状を呈し，軽症型の場合は風邪と似た症状でやがて回復しますが，重症型では，５～８日後から黄疸，出血，肝臓・腎臓障害等の症状がみられ，エボラ出血熱と同レベルの全身出血や，播種性血管内凝固症候群を引き起こす場合もあります．重症型の死亡率は５～50%ですが，初期の把握痛や結膜充血および進行して発現するとされる黄疸，点状出血，肝脾腫等特徴的な症状を示さない場合もあります．

イヌでは急性の場合は出血，発熱，嘔吐，血便，口腔粘膜の潰瘍，黄疸，腎炎，出血傾向等の症状を示し，２～４日で死亡します．ウシ，ウマ，ブタ，ヤギ，ヒツジでは発熱，溶血性貧血，黄疸，流産，死産，生殖障害，間欠性眼炎，虹彩毛様体炎等，種によって様々な症状がみられます．キツネ，スカンク，オポッサム，ネズミ等各種げっ歯目では無症状の不顕性感染で保有体となって感染源になります．ただしハムスターは激しい症状を示して１～２週間で死亡します．治療には主に抗生物質，予防にはワクチンが使用されます．

4　肥　満

１）肥満（fatness, corpulence, obesity, overweight）

1990年頃までは，脂肪細胞は脂肪の貯蔵庫に過ぎないと思われていましたが，脂肪細胞から様々な生理活性物質が分泌されていることがわかり，特にレプチンは，脂肪細胞自身が肥満の制御に関わっている点で注目を浴びました．また，アディポネクチンは，動脈硬化や糖尿病の発症に深く関わる物質として話題になり，その他にも脂肪細胞からはTNF-α，PAL-1，ビスタチン，アンギオテンシノーゲン等の生理活性物質が分泌されています．これらはいずれも病気や健康維持に深く関係し，肥満と病気とが深い関わりにあることがわかってきました．

⑴**肥満の定義**　肥満は体脂肪率が高い状態をいいますが，体脂肪率がいくら以上を肥満とするのか，肥満と非肥満の間に線を引くのは簡単ではありません．１歳時の体重の1.15倍以上を肥満とする提案がありますが，１歳時の体重にも幅があるので，この提案を鵜呑みにはできません．

大辻らは，犬用体脂肪計を用いて，イヌの肥満と疾病の関係を調査しました．

その結果，体脂肪率が30％以下の群に比べて，35％を超えた群は，いくつかの病気の発症率が有意に増加することを見いだしました．これらの結果を根拠に，体脂肪率35％以上を肥満とすることを提案しています．

肥満は原因別に，単純性肥満と症候性肥満に分けられます．前者はエネルギー摂取量が消費量を上回ること，つまり，過食や運動不足，生活環境，遺伝等が原因となります．したがって，これらの原因を取り除くことで解消が可能です．一方，後者は何らかの疾病があり，その影響で二次的に起こる肥満で，肥満を引き起こす疾病には，内分泌性疾患（副腎皮質機能亢進症，糖尿病，甲状腺機能低下症等），視床下部疾患等があります．また，ステロイド剤の投与も肥満を誘発します．

⑵**測定と判定**　肥満の診断法としてボディ・コンディション・スコア（BCS）がよく使われます．これは目視と触診で肥満または痩せの程度を５または９段階で評価する方法です．個人差が大きく，定量性に欠けるとの欠点はありますが，目安になりますし，特別な道具がいらず，誰でもいつでもどこでもできます．

ヒトでは体脂肪計が普及しており，体脂肪率は簡単に測ることができます．測定原理は，脂肪は電気抵抗が高く，筋肉や骨は低いことを利用して，体に微弱な電気を流し，その抵抗値から体脂肪量を推定するものです．

小動物に適応可能な体脂肪測定法として，重水希釈法と二重Ｘ線法（DXA）があります．これらは測定精度が高く，いわゆる体脂肪率測定のゴールデンスタンダードといわれています．重水希釈法は重水（中性子を含む水素原子で水素より重い）を含む水を動物に投与し，数時間後に血液または尿を採取し，その中に含まれる重水の量をラジオアイソトープ質量分析装置またはガスクロマトグラフィで測定する方法です．原理は投与された重水が一定時間後に脂肪以外の部分（除脂肪）に均一に分散されることを利用して除脂肪量を測定し，体重から除脂肪量を除すことで体脂肪量を求める方法です．精度は高いのですが，分析費用が高いため，臨床的にはあまり使われません．

DXAは波長の異なる２種類のＸ線を照射し，そのＸ線画像の濃淡差から体脂肪率を求める方法です．欧米で比較的よく使われますが，測定装置が高価なためこれも臨床的にはあまり使われません．これらのうちイヌの体脂肪率の測定に臨床で使える定量的方法はイヌ用体脂肪計のみです．

(3)問題点　肥満の問題点として，ヒトではメタボリックシンドロームが挙げられます．これは肥満に加えて高血圧，脂質異常症，高血糖のいずれか１つ以上を併発している状態をいいます．これになると動脈硬化が進行し，脳梗塞や心筋梗塞，糖尿病のリスクが高まることがわかっています．メタボリックシンドロームは食生活や運動等の生活習慣に深く関わっているため生活習慣病とも呼ばれます．高血圧，脂質異常症，高血糖はイヌにも発症しますが，ヒトに比べてその率はかなり低く，さらに，イヌは動脈硬化になりにくく，脳梗塞や心筋梗塞にもほとんどなりません．その理由はイヌの血中LDLコレステロール濃度が低いためです．ヒトでは血中LDLコレステロール値が高いと食生活や運動，薬物による低減が求められますが，イヌの血中LDLコレステロール濃度（mg/dL）は14～75で，ヒトの140に比べて低く，HDLコレステロールの正常値もヒトでは40以上で，イヌは71～170となっています．つまり，イヌは元来LDLコレステロールが低く，HDLコレステロールが高い動物なのです．そのため動脈硬化にならず，脳梗塞や心筋梗塞も起こりにくいのです．

多くの野生動物の生活は飢餓との戦いで，食べられる時に食べ，脂肪を蓄えて，飢えに備えることを繰り返しています．つまり肥満と痩せを繰り返しながら生活しています．コレステロール値の違いは肥満に対する耐性です．それならイヌの肥満は問題ないとなりますが，肥満の弊害として，関節炎，膵炎，心肺機能不良，麻酔のかかりにくさが知られています．具体的には，体脂肪率が35％以上になると30％以下の個体に比べて，マラセチア性および真菌性外耳道炎，膿皮症等の感染症，跛行や心臓弁膜症，乳腺腫瘍等が有意に増加し，これらの疾病の治療時は並行して肥満治療も必要です．

(4)予防と改善　肥満の予防，改善の要点は食生活です．正しい食生活であれば，肥満の心配はありません．正しい食生活とは栄養バランスのよいフードを適正な量で摂ることです．

適正な量とは，適正体重を維持する食餌量の給餌です．適正給餌量は一日エネルギー必要量（DER）としてDER=P×70×適正体重$^{0.75}$の計算式によって求められます．式中のＰの値は運動量や飼育環境の温度の影響を反映した係数です．屋外飼育で運動量が多い個体では高くなり，屋内飼育で運動量が少ない個体では低くなります．日本の平均的な飼育条件ではＰ＝1.3，あまり運動せず，いつも冷暖房の効いた部屋で過ごしている個体の場合はＰ＝1.1となります．

次にこの計算をする上で問題になるのは適正体重です．適正体重はBCSでいうと３の時の体重ということになります．BCSで適正体重を決める場合は診断精度が問われます．一方，１歳齢の体重が標準体重であるとの考えもあります．１歳齢でほぼ成長が止まり，まだ肥満していないというのがその理由です．しかし，６～８ヵ月齢で去勢や避妊手術をした個体では，１歳齢ですでに肥満の認められるケースがあるため，１歳齢の体重もあまりあてになりません．そこで，体脂肪率が25％の時の体重を標準体重にすることが提案されています．イヌ用体脂肪計で体脂肪率を測定し，現体重と現体脂肪率から，その個体の25％時の体重を計算します．現在の体重が10kgで，体脂肪率が35％のイヌの標準体重を求めてみます．体重の変化に伴って，体脂肪率が１％減少すると除脂肪率が0.7％減少することを条件とします．このイヌの現在の体重から，体脂肪は3.5kgです．残りの6.5kgが筋肉と骨の重さ（除脂肪体重）になります．25％の時のこのイヌの除脂肪体重は体脂肪が10％減少するので，10kgのイヌでは除脂肪体重の減少が，10×10×0.7/100＝0.7kgとなり，除脂肪体重は，6.5－0.7＝5.8kgになります．この値が体脂肪率25％の時の除脂肪体重（75％）なので，体脂肪率25％の時の体重は5.8÷0.75≒7.7kgとなります．標準体重が計算できたらDERの式にこの値を入れて計算してみます．

$$DER = 1.3 \times 70 \times 7.7^{0.75} = 421\mathrm{kcal}$$

この例ではDERは421kcalとなりました．

DERが計算できたら現給餌カロリーを計算します．フードのカロリーはパッケージに記載されています．問題はおやつやトッピング，さらには手作り食のカロリー計算です．ヒトと共通する食材のカロリーはヒトと同じです．おやつに関してはパッケージに記載されるものはそれを参考にします．記載のないおやつはメーカーに問い合わせます．DERと現給餌カロリーが計算できたら，両者を比較します．DER>現給餌カロリーなら給餌量不足，DER<現給餌カロ

リーなら与え過ぎとなります．いずれも両者が等しくなるよう給餌を調整することで標準体重になり，それが維持されます．

肥満治療の給餌量の決定も上記方法と同じです．減量中に重要なのは肥満の原因を明らかにすることで，大切なことは一日に口にするすべてのものを把握することです．それが把握できたら一日当りの給餌カロリーを計算してください．肥満の場合は給餌量が適正給餌量を上回っているはずです．適正給餌量に近い給餌量であるのに肥満している場合は，２つの原因が考えられ，１つはその個体の基礎代謝が低いか内分泌異常です．後者の可能性が疑われる場合は獣医師に相談します．明らかに過食が原因の場合は適正給餌量を計算し主食が適正量であっても，おやつやトッピングが給餌カロリーオーバーの原因になっている可能性があります．その場合はおやつの量を適正給餌カロリーの10％以内に低減し，その分のカロリーを主食から差し引き，主食を低減します．

体重を減らす割合の理想は0.5％／週です．急激な減量はストレスがかかるうえに，体への負担も大きくなり，リバウンドの原因にもなるので避けます．減量は時間がかかりますが，焦らずに着実に実行します．

減量が適切に続けられるのは２～３週間で，それ以降は徐々に元の生活に戻ってしまうことが多いようです．ここを乗り切れば減量が成功する可能性は大きくなります．動物病院と連携して，減量を成功へ導くようにします．

減量でもう１つ重要な点は，運動をどうするかです．減量は食餌制限と運動がセットになっていると思われがちですが，肥満程度で運動負荷のタイミングを見極めることが大切です．肥満犬に運動を強要すると，関節を痛めてしまうことがあります．また，肥満犬は心肺機能にも負担がかかっていることがあります．運動の負荷はある程度体重が減少し，運動がスムーズに行えるとか，運動によって心肺機能に大きな負担がかからないことを確認して下さい．これらの判断は慣れないと難しいので，獣医師と相談して決めてください．

5　老化（aging senescence senility）

老化は総合的な体の変化で，様々な視点から捉えることができます．ヒトは循環器系の老化，脳神経系の老化，代謝系の老化，運動機能の老化，皮膚の老化のように機能別に老化を捉えています．イヌの老化に関する研究はまだ少なく，基礎代謝に関する知見があるくらいです．老化に伴って，基礎代謝が低下することは多くの動物で知られています．基礎代謝量は除脂肪量に比例し，除脂肪量は1歳齢をピークに徐々に低下します．5歳齢では1歳齢の除脂肪量の90%，10歳齢では82%になります．多くのフードは1歳齢未満を幼犬用，1歳齢以上7歳齢未満を成犬用，7歳齢以上を老犬用に分けられます．除脂肪量の変化を見る限り，除脂肪量の減少は緩やかであり，上記のようなフードの年齢別表示はしっくりいきません．そこでより細分化して1歳齢未満をパピー，1歳齢以上5歳齢未満をヤングアダルト，5歳齢以上10歳齢未満をアダルト，10歳齢以上をシニアとするようになってきています．

1）老化の原因

老化の原因には諸説があります．テロメア説は染色体の先端にあるテロメアが特殊な繰り返し構造で，細胞分裂のたびに短くなり，ある程度短くなると細胞分裂が起こらなくなるため，細胞分裂の停止が老化の原因という説です．活性酸素による酸化を原因とする説は食物からエネルギーを取り出す過程で，副生成物の活性酸素が生成され，活性酸素は毒性が高く，細胞や遺伝子を傷つけてしまいます．そうならないように，体内には生成した活性酸素を消去するシステムが備わっていますが，年齢と共に活性酸素の生成量が増え，消去が間に合わなくなり，細胞や遺伝子が傷つくことが老化の原因とする説です．最近，蛋白質の糖化が老化の原因であるという説も浮上しています．その原因となる物質はAGEs（Advanced Glycation End-products，終末糖化産物）です．AGEsは蛋白質と糖の共存化で時間と共に生成し，体の様々な組織への蓄積が老化の原因とするものです．AGEsは食物中にも存在し，食餌を通して体の中に入って来ます．残念ながら，今のところ，イヌに対するAGEsの影響は明らかにされていません．

2）測定と判定

イヌでは老化の程度を測定して判定する技術は開発されていません．しかし，ヒトではすでに抗加齢診断が実施されています．ヒトの老化測定は脳，血管，視力，皮膚，運動，代謝等から行われています．

3）予防と改善

イヌの平均寿命は犬種によって違いますが，小型犬で12～15歳，大型犬で８～12歳です．ヒトの寿命の1/6～1/7くらいです．それゆえに私たち飼主は，自分のイヌが元気で長生きすることを願っていますが，老化は仕方ないもの，遅らせることはできないものと思ってきました．1980年代の終わりに，長寿遺伝子が発見されたのをきっかけに，老化制御（アンチエイジング）に関する研究が盛んになり，カロリー制限によって長寿遺伝子が活性化され，寿命が延びることがわかりました．カロリー制限によって寿命が延びることは古くから知られていましたが，その後の研究で，カロリー制限が微生物から類人猿に至る多くの生物に共通の現象であることもわかってきました．イヌでもカロリー制限と寿命の関係が研究され，ラブラドール・レトリーバーの子犬を２群に分け，一方を自由給餌とし，もう一方を75％制限給餌として生涯飼育し，両群の平均寿命を調べたのです．その結果，自由給餌群の平均寿命は11.2歳，75％制限給餌群の寿命は13.0歳となりました．制限給餌によってイヌの平均寿命が約２年延びたのです．イヌの２年は人に換算すると約８年になりますので，この差は大変大きいといえます．このように食餌を制限することでイヌの寿命も延びることが明らかになりました．しかし，この結果を見て飼主は制限給餌に飛びつくでしょうか．食欲が旺盛なイヌの食餌量を減らすことに，飼主は耐えられるでしょうか．これはイヌに限ったことではありません．誰しもが存分に食べて長生きする方法があればそちらを選ぶでしょう．この要望に応えた研究があります．食品成分の中に長寿遺伝子を活性化するものがみつかったのです．赤ブドウの果皮に含まれるポリフェノールの一種レスベラトロールです．ネズミを用いた実験で自由給餌群と自由給餌＋レスベラトロール添加群の平均寿命を調べると後者の寿命が延びました．イヌにおけるレスベラトロールの有効性はまだ不明ですが，将来，何らかの長寿成分を添加したフードが市場に出て来る可能性があります．

X-2　こんな時には動物病院へ行こう

イヌが自ら症状を訴え，病院へ行きたいとはいいませんので，飼主がペットの身体の異常シグナルをみつけることが大切です．そのために毎日の健康状態や行動を把握していることが重要です．飼主が異常な状態として気づく症状には嘔吐，下痢，咳，鼻水，痒み，痛み，明らかな跛行等があり，これらの症状に気がついて通院することが多いと思います．

1 嘔　吐

嘔吐の原因には，フードを一気に食べ，胃の中で食べたものが膨張して吐く，ということがあります．その場合は吐いたものをすぐに食べたりするので，病的なものでないことがわかります．注意しなければならないことは，その嘔吐が単発であるか連続しているか，ということです．１回嘔吐して，しばらくして連続して嘔吐し，嘔吐物中の血液混入や初回は食べたものが含まれますが，だんだん泡（胃液）だけになり，次第に黄色味を帯びた胆汁が混ざったものを吐くことがあります．このような状態が繰り返される連続嘔吐の場合は，脱水症状を起こしてしまいます．そういう時に水や薬を与えると，また吐いてしまうことがあるため，点滴や皮下補液等で脱水状態を緩和し，嘔吐を止める治療が必要になります．

2 下　痢

急性の下痢は，２～３日の間に繰り返して起こる下痢です．水分が失われて脱水症状に陥り，輸液等の処置をしないと死に至ることがあります．慢性の下痢は２～３週にわたる間欠的な下痢で，便の状態は柔らかくなったり普通の状態になったりを繰り返します．この場合，体重の減少や貧血を起こすこともあります．また肛門を床に擦って肛門の周りが炎症を起こしたりするため，汚れた部位は常に清潔にするように注意しなくてはなりません．

下痢と嘔吐が同時に起こる場合は最も注意を要します．脱水症状も激しく，病状の進行も早いので，こういう時は早急に原因をつきとめ，嘔吐，下痢を止める処置が必要となり，脱水症状を緩和しなければなりません．また，排泄物に血液が混じっている場合は，パルボウイルス性腸炎，コロナウイルス性腸炎や急性の感染症等，ウイルス性や細菌性の疾患を疑わなければならないので，様子をみるのではなく，早急に獣医師による診断が必要です．

軟便が続く時は，消化管内の寄生虫，鉤虫や鞭虫等の寄生虫感染も考えなければなりません．また，多頭飼育，ブリーダー，飼育環境が土の上である場合等，飼育環境によって駆除方法の配慮も必要になってきます．

3　元気・食欲がない

例えば，夏の炎天下に元気がないのは，どのイヌにもみられます．特に湿度が高く暑い日本の夏季，室内犬は室温を下げ，除湿して，体感温度を下げ，熱中症を防いでください．屋外の場合は，犬舎を直射日光が当らない風通しのよい場所に設置し，飲み水を切らさず，散歩を涼しい時間帯にして，直射日光やアスファルトの輻射熱等を避けるようにします．一方，慢性的な糖尿病，腎不全や心臓病を患っている場合，1～数ヵ月の間に徐々に体調が悪くなってくるので，元気･食欲がなくなっても飼主が気づかないことがあります．この場合，気づいた時にはすでに病気が進行していることがありますので，病気の早期発見のため，定期的な健康診断が有効です．

4　多飲・多尿

夏の暑い日に散歩に出た後，水をたくさん飲むのは正常ですが，日常生活の中で，飲水量が多い場合は病気を疑い，早期に診断を受けることが望ましいです．ホルモンの分泌異常（甲状腺機能亢進症，クッシング症候群等）あるいは泌尿器系の病気（膀胱炎，腎不全），糖尿病や子宮蓄膿症等が考えられます．慢性の腎不全の初期～中期に，たくさん水を飲み，多量の薄い尿をする場合があります．飲水量の増加や尿量の変化が認められた場合は，病院で泌尿器系や血液検査等全身のチェックを行うことによって，速やかに対処できます．

5　血　尿

血液の混ざった赤味を帯びた尿，チョコレート色の尿，色が濃い尿が出ることがあります．膀胱あるいは腎臓・尿管系統の出血の部位によって，尿の色が異なります．急性の膀胱炎，膀胱内や尿管内にできる結石も尿に血液が混ざる原因になります．また，チョコレート色の尿は血液の色素が混ざっている時にみられます．例えば，牛丼の残り，カレーの汁やネギ類の含まれた料理や汁を多量に摂取した場合はタマネギ中毒になり，赤血球が破壊され，溶血性貧血を起こして血色素が尿中に出ることがあります．

6　咳

風邪のような症状で，目やに，鼻水が出るのはアデノウイルス感染症も考えられます．現在は予防接種で若齢の感染は減りました．

7　心　臓

小型犬で５～６歳くらいからよくみられる僧帽弁閉鎖不全症は僧帽弁が塞がりにくくなり，この状態が長く続くことによって肺水腫を起こし，咳と同時に呼吸困難となります．このような発作を繰り返すことは命に関わる危険があります．治療法は強心剤や利尿剤を使った内科的療法を行い，投薬や心臓病用の食事療法を長期間行うことになります．その他の心臓病も病院での健康診断で早期発見ができます．また，肥満は心臓に負担をかけることになります．

8　生殖器系の病気

避妊手術をしていない雌の場合，５～６歳以上の年齢で，陰部から子宮に溜まった膿や血膿が出ている，あるいはなんとなく元気がない，嘔吐するという症状に気づいて獣医師を訪れるケースで子宮のＸ線検査や超音波検査も行います．その結果，子宮に細菌感染が起こり，膿が溜まる子宮蓄膿症という病気が判明します．治療方法は，卵巣，子宮を外科手術によって全摘出するのが原則です．放置すると，細菌感染が広がって敗血症の状態になり，貧血や腎不全を引き起こして，慢性的な経過をたどることもある病気なので，外科的処置を含む早めの治療が必要になります．

雄は，老犬に多くみられる前立腺肥大があります．加齢に伴い，精巣ホルモンの分泌の異常の影響によって前立腺が大きくなり，前立腺の近くにある腸や膀胱，尿道を圧迫することで，排尿困難や排便困難に繋がることがあります．治療法は，対症療法として食事療法を行います．かなりの肥大では，手術によって摘出しなければなりませんが，これは困難な手術となります．大きさによっては，ホルモン剤の使用もあります．完治しにくい膀胱炎の場合は，前立腺の細菌感染が原因となることもあります．

9　神経系や骨の病気

跛行（はこう）をしている症状で獣医師を訪れることがあります．後肢の跛行には小型犬に多く，膝の関節が外れやすい先天性の膝蓋骨脱臼があります．ゴールデン・レトリーバー等の大型犬は，股関節が変形して脱臼に至るような，股関節形成不全という先天性の病気があります．治療は若齢で軽度の異常である場合は内科的療法をとり，安静が大切です．内科的治療で効果がない場合は，外科手術を行います．過激な運動や脊椎に外部から強い力が加わったり，老化により骨が変形した場合，麻痺や痛みを伴う椎間板ヘルニアを起こし，体が麻痺して普通の運動ができなくなります．軽度の場合は内科的療法を行い，重度の場合は外科手術を行いますが，回復には時間がかかります．

10　痙攣，てんかん

脳神経系の異常によって痙攣もしくはチック症状を起こします．寒さやショック等で，一時的に痙攣のような震えが起こりますが，いつまでも震えが止まらない場合は，痛みや低体温症，低血糖症，尿毒症を起こしていることがあります．異常な痙攣や震えが続く時は，速やかに動物病院へ行き，適切な検査，治療を行う必要があります．

11　皮膚病

急性の皮膚病はノミやダニの感染により皮膚を掻き，炎症部位を舐めて脱毛を起こしたり，皮膚に潰瘍が起こる場合があります．これは急性の寄生虫感染なので，速やかに受診して痒みの原因を除去し，症状を抑えるようにします．急性の場合は早期の適切な治療により改善可能です．

慢性的な皮膚病は，食事アレルギーや環境に含まれるダニやハウスダストによるアレルギー等，原因が特定しにくいものがあります．アレルギーによって起こる痒みや皮膚疾患では，完治は難しく，治療は食事療法や薬用シャンプー等での管理が必要となりますので，専門医に相談しながら治療を継続します.

12　頻繁に耳を掻く

耳の中に毛が生える犬種，特にヨークシャー・テリア，アメリカン・コッカー・スパニエル，プードル，マルチーズでは，耳の中が蒸れやすく，細菌感染を起こすことがあります．耳を掻くことで，慢性的な外耳炎を起こしたり，耳血腫を起こすことがあります．これは，耳の毛を抜いたり，清拭して清潔にすることで予防できます．また，飼い始めの子犬が耳を痒がる場合は，耳ダニがいることがあります．この場合は点耳薬や皮膚滴下薬による治療が容易なので，気がついたらすぐに獣医師に相談してください.

13　目やにや涙がでる

角膜炎，結膜炎や逆さまつ毛，アレルギーでも目やにや涙が出ます．結膜炎の場合は，白目が赤く充血してみえることもあります．黒目の奥が白っぽく濁ってみえるのは老年性白内障が原因と考えられ，進行すると，周囲の物にぶつかって歩いたり，動くものを目で追わなくなったりして，最後には視力を失ってしまいます．完治は困難ですが，早期に治療を始めれば，進行を遅らせることができます．白目が黄色くみえる時は肝臓に異常があったりして，黄疸を起こしていますので，原因となる病気の治療が必要です．眼の異常はデリケートな部分なので，なるべく早く適切な診断での治療開始が望ましいです.

X-3　イヌの病気に関わる機関とヒトたち

1　公立機関

1）環境省 自然環境局

動物の愛護と適切な管理，ペット等に関する法律を制定しています.

2）農林水産省

ペットフードについては農林水産省が管轄．ペットフードの安全関係「ペットフード安全法」についてのまとめページがあります．

3）消費生活センター（国民生活センター）

消費生活全般に関する苦情や問合せに対応．ペットフードに疑問を持った時に利用できる数少ない機関です．フードのリコール情報も掲載しています．

4）農業・食品産業技術総合研究機構　動物衛生研究部門（動衛研 National Institute of Animal Health = NIAH）

「生命あるものを衛る」ことを目標とする研究機関として，動物疾病の予防と診断，治療に関し，基礎から開発・応用までの幅広い研究を実施している公設研究機関です．1891年に創設され，この間に組織改正が取り組まれ，2016年に現在名称に変更されました．所在は茨城県つくば市で，海外病研究施設と北海道，東北，九州に支所があります．

2　団体・組織等

1）国内

⑴**日本動物愛護協会（JAPCA）**「動物の愛護及び管理に関する法律」の趣旨に基づき，また，日本の風土・文化に根ざした動物ヒト活動を推進することにより，動物愛護の精神を広く社会に普及啓発し，人と動物の調和ある共生社会の実現を目指している団体．あわせて，すべてのヒトに生命尊重，友愛および平和の心をはぐくむよう活動しています．

⑵**日本動物愛護協会（JAPCA）**　愛護法を元に活動を行う財団法人．

⑶**一般社団法人ジャパンケネルクラブ（Japan Kennel Club　JKC）**　国内におけるイヌの品種認定および犬種標準の指定，ドッグショーの開催，イヌの飼育指導，血統書の発行，公認トリマー，公認ハンドラー，公認訓練士等の資格試験の実施と資格発行等を行っています．1949年に全日本警備犬協会として農林水産大臣の認可を受けて設立され，1952年 社団法人 ジャパンケンネルクラブ（JKC）に，1979年 国際畜犬連盟（FCI）へ正式加盟し，1999年に 社団法人 ジャパンケネルクラブに改称しました．全国的にJKCトリマー養成協力機

関，JKC公認トリマー養成機関（指定機関・研修機関）を持っています．

⑷**日本獣医師会**　動物医療活動を推進する獣医師により構成される社団法人．主に獣医師に向けての情報を発信．

⑸**（財）日本動物福祉協会**　動物福祉の基本である５つの自由「飢えと渇きからの自由」「不快からの自由」「痛み・傷害・病気からの自由」「恐怖や抑圧からの自由」「正常な行動を表現する自由」に基づき，動物に優しい社会作りを目指して活動．

⑹**（一社）ペットフード協会**　ペットフード協会では「ペットフードの普及，啓発」「ボランティア活動」「調査活動」など様々な活動を行っています．　ペットと共に暮らす人々から信頼されるペットフードを提供していくためにペットフードの安全性・品質向上の推進と啓発事業を行うことにより，ペットとヒトの生活の質を高め，“ペットとの幸せな暮らし”を実現することを目指しています．

⑺**ペットフード公正取引協議会**　「ペットフードの表示に関する公正競争規約」および「ペットフード業における景品類の提供の制限に関する公正競争規約」を円滑かつ適正に運営することを目的として活動している．

ペットフードの表示に関する事項を定めた『ペットフードの表示に関する公正競争規約』および『ペットフード業における景品類の提供の制限に関する公正競争規約』を 円滑かつ適正に運営することにより、事業者間の公正な競争を確保し，一般消費者の合理的な商品選択に資することを目的とする．

２）アメリカ

⑴　**AAFCO（米国飼料検査官協会Association of American Feed Control Official）**　ここでは，ペットフードの栄養基準，ラベル表示等に関するガイドラインを設定しており，日本のペットフード公正取引協議会の規約でも，AAFCOの栄養基準を採用しています．基準を提示している機関であり，フードの検査，認定や承認はしません．

⑵　**FDA（米国食品医薬品局Food and Drug Administration）**　製品の品質管理を担当する政府機関で，食品や医薬品等の基準を設けています．日本の厚生労働省に当りますが，食品の一部としてペットフードを管轄しているので，

ペットフード専門の機関ではありませんが，ペットフード関連では一番の管轄機関となっています．

(3)　ASPCA（**米国動物虐待防止協会 中毒事故管理センター**　The American Society for the Prevention of Cruelty to Animals）　動物への虐待防止のために活動する非営利団体．中毒防止のために，動物に危険な食べ物や植物のリスト掲載や里親探しと幅広い活動を行っています．情報量も豊富です．

(4)　AVMA（**米国獣医師会** The American Veterinary Medical Association）

獣医師による非営利団体．ペットフードのリコールや新型インフルエンザとペットの感染についての情報をまとめて掲載．役立つ情報が多く更新も早いです．

(5)　NRC（**アメリカ国立研究議会** National Research Council）　この中に家畜栄養委員会を設け，広く内外の文献を調査してウシ，ブタ，家禽，ウマ，イヌ，ネコ，実験動物，魚類の栄養素要求量を設定しています．これに類した機関はイギリス，フランス，日本等多くの国にあります．

3）イヌに関する学術団体

国内にはイヌに関わる学術調査を行う団体があります．

(1)**日本身体障害者補助犬学会**　世界に先駆けて補助犬（使役犬の一環）の学術調査に取組み，身体障害者の自立と社会参加を推進すると共に補助犬の普及に努める組織です．

(2)**日本獣医学会**　軍馬の衛生管理に重きを置いて創立された組織ですが，時代の変遷に伴い，今日では生産動物である家畜や伴侶動物であるイヌの健康管理に努め，病気の予防・治療に取り組む組織です．

(3)**日本動物看護学会**　動物看護学を学問として確立・発展させることを学術および社会的責務として取り組んでいる組織です．

(4)**日本ペット栄養学会**　国民生活の向上に伴うペットの飼育数増加によって関心が高まったペットの健康増進に影響力の大きいペットフードの品質向上に寄与することを目指した基礎的研究に取り組む組織です．

3　ペットに関する資格

ペット産業の発展に伴い，獣医師以外に動物に関する資格が増えてきました．

そのほとんどが民間の資格なので，ペットに携わる仕事に，必ず必要という訳ではありません．しかし，講習を受け，試験に合格しなければ取得できない資格もたくさんあります．これらの資格取得には多少費用はかかりますが，専門的に，そして効率的に勉強することができます．勉強内容や受験方法，取得にかかる時間，費用等は，ネット上や本等に書かれています．

1）獣医師（veterinarian）

動物の医師．日本で獣医師になるためには，獣医学系大学を卒業して農林水産省が実施する獣医師国家試験に合格し，獣医師免許を取得しなければなりません．獣医師の総数は39,098人です（2014年）．獣医師でない者が，飼育動物（ウシ・ウマ・ブタ・ヒツジ・ヤギ・イヌ・ネコ・ニワトリ・ウズラ・その他獣医師が診察を行う必要があるものとして政令で定めるものに限る）の診療を業務としてはなりませんし，獣医師でない者が「獣医師」の名称や，「動物医」，「家畜医」，「ペット医」等の紛らわしい名称も用いたりしてはなりません． 獣医師法では，動物の診療や保健衛生指導等を通して，動物の保健衛生，畜産業の発展，公衆衛生の向上の３つに寄与することが使命とされています．また，獣医師資格を保有していても所定の届出を行っていない場合は臨床に携わることができません．具体的には，獣医師が飼育動物の診療業務を行うため，診療施設を開設した場合は獣医療法第３条により，その開設の日から10日以内に，当該診療施設の所在地を管轄する都道府県知事に農林水産省令で定める事項を届け出なければなりません．また，往診のみによって診療を行う獣医師は，獣医療法第７条によりその住所を診療施設とみなして，第３条の規定が適用されます．

⑴臨床獣医師　都市部では，「獣医師」というと小動物臨床の獣医師を連想しがちですが，獣医師免許を持つ者全体のうち小動物臨床の獣医師の割合は，都道府県別で最も高い東京都でも約６割程度，全国でも全体の４割程度です．

①　**小動物臨床獣医師**　住宅地等で動物病院等小動物診療施設を開設，または既存の小動物診療施設に雇用されて勤務しイヌ，ネコ，エキゾチックアニマル等を対象として診療行為を行う小動物臨床，いわゆるペット病院の獣医師．なお獣医師は診療した場合，診療簿（医師の診療録に当る）にその事実を記載し

なければなりません.

②　**産業動物臨床獣医師**　農村地域等で診療施設を開設するか農業共済組合または農業協同組合等に勤務して周辺の畜産農家を往診し，ウシやブタ・ニワトリ等の産業動物を対象とする診療行為の他，ワクチン接種や消毒等伝染病予防の衛生指導といった予防衛生業務を行う獣医師．最近では動物福祉や畜産物のトレーサビリティに関する指導を行う例もあり，企業形態の畜産農場に勤務している者もこの中に入ります.

③　**その他の臨床獣医師**　競馬場や競走馬の育成牧場, 日本中央競馬会（JRA）等ウマの関連施設に勤務するウマ専門の臨床獣医師，動物園や水族館の展示動物を対象とする臨床獣医師，製薬会社等で実験動物の健康管理を行う獣医師がいます.

⑵診療をしない獣医師

①　**公務員**　公務員については大きく国家公務員と地方公務員に分けられ，さらに所属の違いによって本省庁と出先機関に分けられます．国家公務員であれば農林水産省や厚生労働省，地方公務員であれば各都道府県や市町村の本省庁や各出先機関に勤務しそれぞれの施策，業務に従事します．このうち，本省庁では予算や法律の執行及び政策立案等の事務的業務が大部分を占めるため，現場で動物を触ることはありません.

獣医職としての採用がある省は厚生労働省と農林水産省の２つ．獣医系技術職員はⅠ種相当の行政官として採用されます．活躍の場は本省，厚生労働省所管の全国の空港や海港の「検疫所」や農林水産省の所管の動物検疫所等です．前者はヒトの伝染病（感染症）の海外から日本国内への流入，および日本国内から海外への流出を未然に防ぐ重要な機関であり，獣医師職員はこのうち輸入食品の確認検査の業務を担当します．後者では，輸出入される生きた動物，食品以外の動植物製品に由来する伝染病・感染症の流出・流入を未然に防ぐ業務をしています.

②　**地方公務員としての獣医師（行政獣医師）**　活躍の場は, 公衆衛生行政（厚生労働省の法令を所管，保健所，食肉衛生検査所等）と農林水産行政（農林水産省の法令を所管，家畜保健衛生所等）に大別されます.

各都道府県庁の畜産行政事務および公衆衛生（と畜場や動物愛護法）行政事務を中心の業務をしています．イヌに関わる具体的な業務には，一部の県では林業の鳥獣保護，保健所（飼育犬の調査等），動物愛護施設（狂犬病予防員及び動物監視員）等です．

③　**民間企業**　乳業，食肉，家畜飼料等の関連企業では営業や品質管理，製薬関連企業の研究施設では，研究や検査の他に実験動物の生産や管理等があります．

2）認定動物看護師

家庭動物の診療施設において動物の看護を始めとする獣医療補助を主たる業務としています．（獣医療の向上のみならず，飼育者に対する動物の保健衛生指導や動物行動学を基礎とした適正飼育管理の普及推進を図る上で必要不可欠なものとなっています）

獣医師が行う診療の補助業務の他，入院動物の飼育管理，診療施設の窓口業務および維持管理業務等に従事しています．

3）イヌに関する資格

⑴**ドッグトレーナー**　JKC公認訓練士，日本ペット技能検定協会公認家庭犬ドッグトレーナー　JCSA認定ドッグトレーナー（JCSA：(一社) 日本キャリア教育技能検定協会）

⑵**トリマー**　JKC公認トリマー　日本ペット技能検定協会公認（トリマー１級２級）　JCSA認定　ドッグトリマー

⑶**ペットショップ**　愛玩動物飼養管理士　JKC愛犬飼育管理士　日本ペット技能検定協会公認ペット販売士　日本ペット技能検定協会公認ペット飼育アドバイザー

⑷**ペット介護士**　日本ペット技能検定協会公認動物介護士　JCSA 認定ドッグヘルパーライセンス　シニアドッグヘルパーライセンス　全国ペットシッター協会認定ペットヘルパー

⑸**ペットシッター**　日本ペット技能検定協会公認ドッグシッター

⑹**ブリーダー**　日本ペット技能検定協会公認ペット繁殖指導員　JCSA 認定ドッグブリーダー

⑺**ペットアロマテラピスト** JADP認定ペットセラピスト JPC認定ペットアロマセラピスト (JPC:日本ペットアロマテラピー協会)
⑻**動物取扱責任者** 愛玩動物飼養管理士 JKC愛犬飼育管理士

上記で挙げた資格以外にも民間で扱っている資格は数多くあります.

資格の中でも，JKCの訓練士とトリマーの資格が信頼度と認知度が高い資格です．しかし，JKCの資格を取得するためには，訓練所やトリミングサロンに入って働きながら学ぶ，専門学校に入って毎日通う等と資格取得までの難易度が非常に高いのも現実です.

4 獣医学部

獣医学教育を施して獣医師を養成する大学課程です．獣医師の専門領域はヒトのような内科，外科，整形外科，皮膚科等の区分はなく，医師と同様に獣医師の免許取得は国家試験によるもので，受験資格者は獣医学部の卒業または卒業見込みの学生に限ります.

1） 獣医の歴史

獣医学は古く，獣医職名（馬医師）は，大宝律令（701年）に記載がありますが，明治維新の頃に，獣医師制度はまだありませんでした．軍馬の治療は武士の身分の「馬医」が行っていました．軍事力として馬が重要視されたため，主に軍馬の治療と，軍人の食料（ウシ），衣服（ヒツジ）の需要が増し，ウマ以外の動物の治療に当るため，馬医が獣医として家畜の診療に当ることになりました.

明治6年陸軍獣医部として，また明治9年に駒場農学校で，明治13年には札幌農学校で，本格的な獣医学の専門教育が開始されました．明治23年「獣医師免許規則」および「(旧) 獣医師法」が成立し，大正10年「畜犬取締規則」が制定されました．明治から大正にかけて，畜産およびペット業界の飛躍的な発展により，家畜の治療と防疫が重要になってきました．そして，昭和24年（1949年）に獣医師法が成立，施行されました.

2） 現在の教育機関

国内で獣医学部，獣医学科があるのは現在，国立大学法人10，公立大学法人

1，私立5の16です．募集人員は1,000人未満で，競争倍率が高いです．修学期間は医学部，歯学部，薬学部と同様に1984年に4年制から6年制に移行しました．獣医学部や科のある大学には動物病院が併設され，高度な医療設備も整っています．

5　動物病院

動物病院とは，獣医療法第2条第2項に定める，獣医師が飼育動物の診療の業務を行う施設の通称です．近年のペットブームの影響を受けて世界中で動物病院が増えています．また，その必要性から，最近では保健所等にも設置されるケースもあります．動物病院は，国内に11,259施設存在します（産業動物を除く）．平成26年では，そのうちの約6割が個人経営で，株式会社や社団法人が運営する病院もあります．動物病院は，家畜等の生産動物を除いた，小動物を対象とする診療施設を指します．アニマルメディカルセンターとも呼ばれ，獣医師の他，動物看護師や助手がいます．犬猫病院等と呼ばれることもあり，実際に病院名として使っている例もあります．獣医師であればイヌ，ネコ以外の動物の知識も持ち合わせており，他の動物の診察を行う場合もあります．世界中で動物病院が増えています．

1）専門領域

ヒトの病院や診療所とは異なり，多くの動物病院では，様々な動物種の骨折からガンまでを診察します．このため，一般の動物病院の獣医師は，広く網羅的な知識が必要です．昨今では，ペットを家族の一員として捉え，ヒトのような医療を求める飼主も多く，24時間対応の動物緊急救命施設や難しい病気の際に動物病院から紹介されて受診する高度医療機器や専門診療知識を有する獣医師による先進医療を行う二次診療専門の動物病院もあります．

2）施設・設備

手術室，入院室，レントゲン，超音波診断装置，顕微鏡，滅菌器，血液検査装置等があります．一部の動物病院には，MRI，CT，PET，放射線治療装置等ヒトの診断，治療にも使われる高度な医療（検査）機器を揃えています．これらの医療機器は高額なので，個人開業には，数千万円以上の自己資金が必要です．ただし，高度な診断・治療を要する場合には，二次診療動物病院等の外部に紹介する病院が増えており，院内に機器を初期導入する必要もなくなりつつあります．

3）治療費

検査･治療にかかる費用は，自由診療のため高額になり，初回の検査と手術，1週間の入院で10～50万円となるケースもあります．

ホームページ等で料金を詳しく掲載している病院もあります．

4）保険制度

動物の診療費に健康保険制度はなく，診療料金は，開業獣医師個人が料金を設定しているので，動物病院によって異なります．治療費は民間の動物専門医療保険に加入していない場合，診察・治療にかかる費用はかさみます．そのため，飼主が個人で民間の動物健康保険に加入するケースが増えてきているようです．獣医診療には公的な健康保険制度がなく，民間の損保保険会社から，診療費の一部を負担するペット保険が販売されています．業界最大手のアニコム損保の契約件数は2012年で約433,000件となっています．

XI　イヌの食べ物と水

どんな動物でも，生きるためには食べなければなりません．動物の食性は主な食べ物によって肉食，雑食，草食に分けられます．ヒトとのつき合いの中でイヌは雑食動物へと変化しました．食べ物に含まれている成分のうち動物に必要なものを栄養素と呼びます．栄養素には，蛋白質，脂質，炭水化物，ビタミン，ミネラルがあります．水は栄養素ではありませんが，口から入る重要な物質です．最近ではこれら以外にも体によいと考えられる様々な成分が食べ物の中でみつかっています．イヌが生き，成長し，子犬を生み育てるために，必要な量のすべての栄養素を食べることが重要です．それぞれの栄養素の必要な量は，動物の状態によって変わります．一方，ある栄養素を摂り過ぎた場合，健康上の問題が起こることもあります．

動物を機械に例えると，蛋白質と一部の脂質と一部のミネラルはエンジン等機械本体やその部品に，炭水化物や脂質は燃料，ビタミンやミネラルは潤滑剤に相当します．エンジンの回転数を上げるには，潤滑剤とたくさんの燃料が必要になります．長い間機械を動かすとエンジンは壊れることがあるので，交換のための部品も必要になります．動物は自分自身の部品（体蛋白質等）を作ります．また，雌は胎子のためにもすべての部品を用意する必要があります．

動物と機械で大きく異なる点は，機械は一旦止めても，再起動できますが，動物が止まることは死で，動物は動き続ける機械ということになります．何もしていないようにみえる状態でも，動物はアイドリング状態となっています．

イヌが食べる必要のある栄養素の種類とその量については研究が進んでおり，米国の国立研究審議会（NRC）が取りまとめて公表しています．イヌの状態や環境によってイヌの食物（フード）に含まれるべき栄養素の量は異なるので，NRCはgrowth of pappies after weaning, adult dogs for maintenance, bitches for late gestation and peak lactationの３期（蛋白質とアミノ酸については育成期を14週齢で前半と後半に分けるので全4期）に分け，最小必要量（minimal requirement），目安量（adequate intake），推奨量（recommended allowance），安全上限（safe upper limit）について，その量を示しています．また，NRCはイヌが健康を保つことができる栄養素の量を「最小必要量」として示しています．しかし，フードの原料に含まれる栄養素がすべて消化吸収される訳ではなく，消化吸収が悪いこともありますので，これらの場合を加味した各栄養素の「推奨量」も示しています．また，米国飼料検査官協会（AAFCO）は子犬（母犬兼用）と成犬の2期に分け，NRCやその他の情報を基にして，市販ドッグフードに含まれていなければならない栄養素の種類と量を「最小養分基準」として示しています．日本では，ペットフード公正取引協議会で，ドッグフードの栄養基準を示していますが，これは，AAFCOの養分基準に基づいています．

このような「必要」とされる栄養素の量は，あくまでも「多くの」イヌについてですので，これらの量の栄養素を与えても一部のイヌでは不足する場合や逆に与え過ぎの場合もあります．NRCとAAFCOは栄養素の摂り過ぎを避けるため，いくつかの栄養素の安全な上限量または最大養分基準も示しています．

飼主には毎日イヌの健康状態を十分に観察して，与えるフードの量や場合によっては種類を変えることが望まれます．

エネルギー，蛋白質，脂質，炭水化物，ビタミン，ミネラルその他の栄養素については姉妹書の「猫を科学する」に詳しいので参照して下さい．ここではその他知っておきたいものについてまとめました．

1　ペットフードの歴史と現況

1）ドッグフード産業

ドッグフードは1860年にイギリス在住のジェームス・スプラッツ氏によって事業化されました．当時の貿易はもっぱら船によって行われており，航海には非常食としてビスケットが積まれていました．寄港の都度余ったビスケットを港に降ろすとイヌが寄ってきてそれを食べる様子をみた時に，犬用ビスケットの事業化を思い立ちました．この年は太平天国の乱に乗じた英仏連合軍が清国を攻め，北京条約で清朝がイギリスに九竜半島を割譲しており，この時イギリス軍が紫禁城でペキニーズを保護し，国に送っています．彼は10年後の1870年にアメリカに進出し，アメリカで事業を展開しました．1907年にアメリカのベネットビスケット社が今日でもブランドが生きているミルクボーンビスケットを製造し，1922年にチャペル社が缶詰のケンエルレーションを発売し，1927年にゲインズ社が，1929年にラルストン・ピュリナ社がドライフードを販売し，アメリカでのペットフード産業が花開きました．

図XI-1　エクストルーダー

日本ではジェームス・スプラッツ氏が事業化してからちょうど100年後の1960年に協同飼料による国産初のドッグフードが発売されました．これはビスケットメーカーの力を借りたもので，1964年に連続・大量生産が可能なエクストルーダー（図XI-1）による発泡成型タイプのドライフード「ビタワン」が製造され始めました．その後，1966年に日本農産工業がドッグビット，1969年に中部飼料がスマックを製造し，1970年に日清ペットフード設立等，配合飼料系の会社がペットフード事業に乗り出し，わが国のペットフード産業の原点となりました．

1980年代からは企業淘汰の時代となり，東鳩製菓，ホクレン，アサヒビールが数年で姿を消し，合同酒精系列の合同飼料が撤退し，味の素ゼネラルフーヅ社はペットフード事業をユニ・チャームに売却，1972年に設立されたピュリナ大洋ペットフード社はマルハペットフード社とピュリナジャパン社に分かれました．マルハペットフードはその後アイシア（株）に社名を変更，ピュリナジャパン社は日本から撤退し，米国ではピュリナはネスレ社に買収され，その後ネスレ日本㈱ネスレピュリナペットケアとして再登場しています．

今日では，ドライフードや缶詰の他に，中間水分タイプのセミモイストフードやスナックを製造する業者も合わせ約50社の製造業者があります．

2）流通量と市場

ドッグフードの流通量は2005年から2010年まで年々低下しています．この主因は小型犬や高齢犬の増加により食べる量が減少したためと思われます（図XI-2）．2010年の流通量は390,560t，流通金額は1,467億円です．ドライフードの国産品と輸入品の流通量比率は2010年度では輸入品が48.4%にまで高くなっています（図XI-3）．

ウエットフードの国産比率は9.4%で圧倒的に輸入品が多く，その主要な輸入先はアメリカやオーストラリアのような肉や缶が安価な国です（図XI-4）．

ウエットフードの減少傾向がドライフードより多いのは，カロリー当りの単価の高いウエットフードからドライフードに購入意識が移っているためと考えられます．

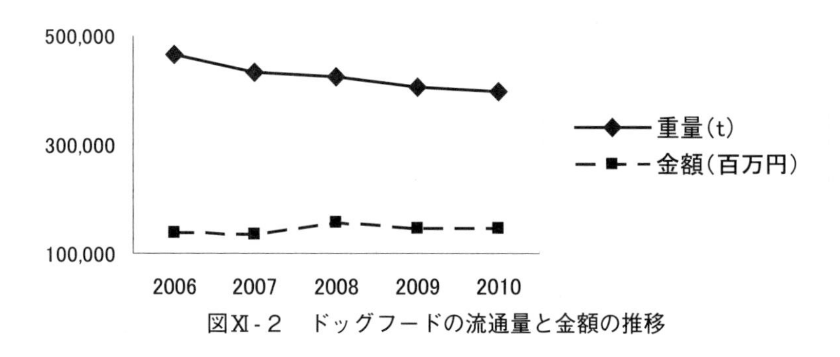

図XI-2　ドッグフードの流通量と金額の推移

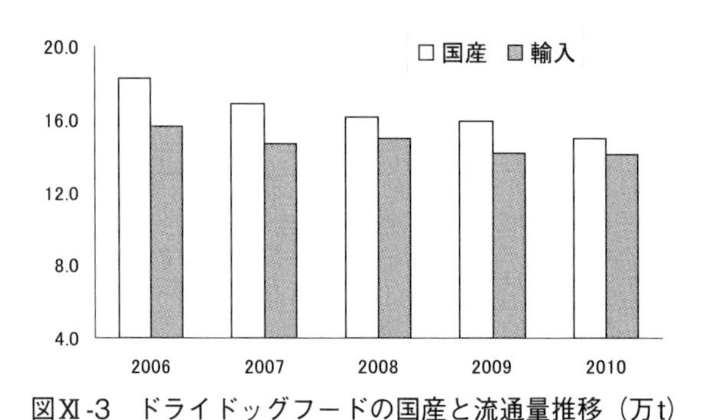

図XI-3　ドライドッグフードの国産と流通量推移（万t）

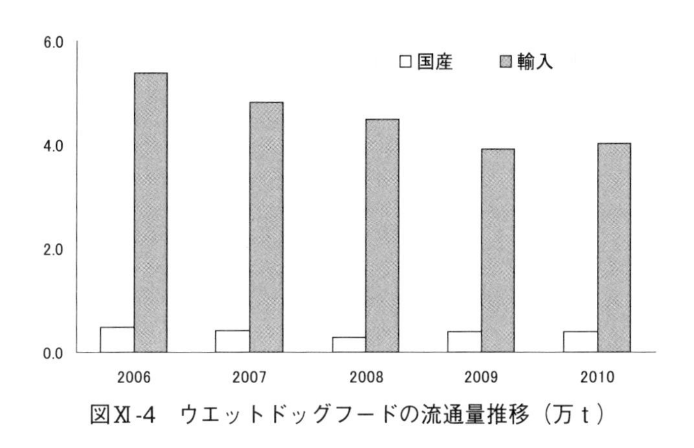

図XI-4　ウエットドッグフードの流通量推移（万ｔ）

2 ドッグフードの種類

製品の水分含有量別，ライフステージ別，総合栄養食や間食等目的別，犬種別や内容物の形状，容器の違いによる種類等多様なフードがあります．

1）水分含有量別分類

水分が10％程度かそれ以下のフードをドライフード，25～35％程度をセミモイストフード，ソフトドライフード，75％程度をウエットフードと呼びます．

2）ライフステージ別分類

哺乳期用（生後30日程度までの哺乳期間の母乳の代用），離乳期用（生後20～60日くらいまでの離乳期用），成長期用（小型犬では生後50日～10ヵ月，中型犬では生後約50日～１年，大型犬では生後約50日～１年半の成長期用）．市販品は子犬用とかパピー用の名称で販売．成犬期用（成長期以降の７年間程度の期間用），高齢期用（約７～８歳程度以上の時期用）．老化の速さには個体差があるため，すべてのイヌがこの時期から高齢犬という訳ではありません．市販品はシニア用等の名称で販売があります．

3）目的別分類

「ペットフードの表示に関する公正競争規約」の目的別分類では総合栄養食，間食，その他の目的食の３種類に分類されています．

⑴　**総合栄養食**　イヌに必要な栄養素をすべて含んだフードで，新鮮な水と一

緒に与えるだけで健康が維持できるように，栄養バランスが調整され，分析試験または所定の給与試験で確認したかが表示されています．

⑵　**間食**　間食は「間食」,「おやつ」または「スナック」と表示されていて，ペットとのコミュニケーションをとるための手段として与えられるもので，ジャーキータイプのものやビスケットタイプのもの等様々なタイプがあります．公正競争規約では給与量の制限表示をすることになっていて，１日に必要なカロリーの20％以内に抑える表示がなされています．

⑶　**その他の目的食**　これには嗜好増進等の目的で与える「副食・おかずタイプ」,特定の栄養成分の調節やカロリーの補給を目的として与える「栄養補完食」や獣医師の指導の元に食事療法として与える「療法食」があります．

⑷　**犬種別**　イヌの体格や特徴別用フードがあります．吻の大きさや形に合わせて粒の大きさや形状を工夫したものや関節が弱くなりやすい犬種では軟骨保護成分等を増量してあるもの，皮膚が弱い犬種では皮膚の健康維持に役立つ機能性成分を増量したもの等があります．小型犬用フードが多いようです．活動の程度別に狩猟犬用等もあります．

⑸　**ドライフードの形状別分類**　粉状（犬用ミルクが代表例），フレーク状（介護食や病中，病後の栄養補給食等の使用目的にふやかして与えるタイプ），粒状等（エクストルーダーで製造したものが主），ビスケット状（おやつタイプのビスケットで骨の形が多い）があります（図Ⅺ-５）．

⑹　**容器の形状別分類**　袋（紙とプラスチックフィルム），箱，金属缶（スチールとアルミまたはそのミックス），プラスチックのトレーパック，フィルムのレトルトパック等があります．（図Ⅺ-６）

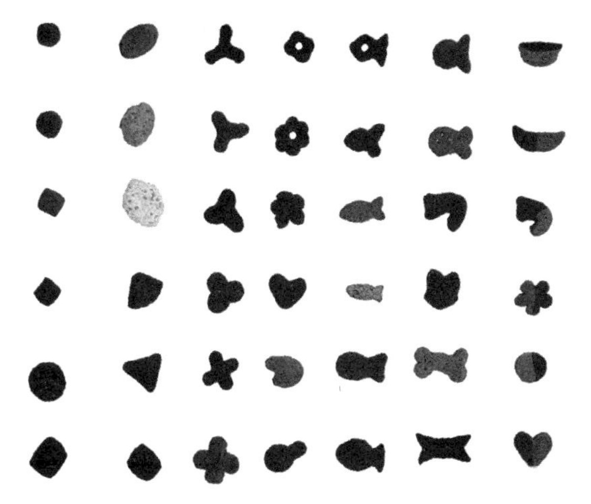

図XI-5　ドライフード粒の例

図XI-6　ドッグフード容器

3 ペットフードの安全性

2006年にアメリカで発生したメラミン混入のペットフードを食べたイヌやネコの死亡事故は，中国から輸入した原料にプラスチック製造原料のメラミンが混入していて，それを使用してペットフードを製造したことによります．メラミンは$C_3H_6N_6$の白色の固体で窒素を多く含み（図XI-7），小麦粉に入れて蛋白質が小麦粉より多い小麦グルテンに偽装するために使用されました．

わが国でもアメリカからの輸入品としてメラミンが混入したペットフードがホームセンターで販売され一部は消費されていましたが，幸い死亡事故の発生には至りませんでした．この事実を踏まえて2007年に環境省自然環境局長と農林水産省消費・安全局長共同によるペットフードの法制化に関する研究会を経て，2008年1月の国会に「愛がん動物用飼料の安全性の確保に関する法律」（ペットフード安全法）案が提出され，6月に可決成立し，公布されました．

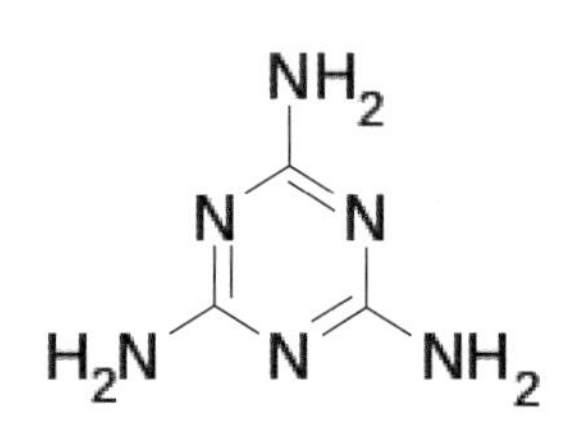

図XI-7 メラミンの構造式

1）ペットフード安全法

愛がん動物用飼料の製造等に関する規制を行うことにより，愛がん動物用飼料の安全性の確保を図り，もって愛がん動物の健康を保護し，動物の愛護に寄与することが目的です．この法律は「動物の愛護及び管理に関する法律」（動物愛護管理法）の関連法です．

⑴**法律の対象動物と対象飼料**　イヌとネコがこの法律の対象動物として指定されています．対象飼料は愛がん動物の栄養に供することを目的として使用される物とされ，市販のペットフードの他に愛がん動物用のミネラルウオーター，サプリメントや生肉も対象となります．

⑵**規制事項**　愛がん動物用飼料の製造方法の基準，表示についての基準と成分についての規格が定められています．表示の基準では愛がん動物用飼料の名称，原材料名，賞味期限，製造業者，輸入業者または販売業者の氏名または名称および住所，原産国名の５項目の表示が義務づけられています．成分規格につい

ては法律施行後に追加もされて，酸化防止剤，有機リン系農薬と有機塩素系農薬，カビ毒や重金属の一部について含有基準が設けられています．製造方法の基準にはネコ用フードにはプロピレングリコールを使用してはならない等の基準があります．

⑶**禁止および命令**　基準または規格に合わないものや有害な物質を含む愛がん動物用飼料の製造，輸入，販売を禁止することができ，廃棄または回収等を命令できます．

⑷**届出**　製造業者または輸入業者は会社の名称および所在地，代表者の氏名，製造業者は製造する事業場の名称および所在地，販売業務を行う事業場および保管施設の所在地を届出ることが義務づけられています．

⑸**帳簿の備付け**　製造業者，輸入業者または販売業者は帳簿の備付けが義務づけられており，トレーサビリティに対応できるようにしています．

⑹**立入検査**　農林水産大臣または環境大臣は製造業者，輸入業者，販売業者，運送業者もしくは倉庫業者の事業場，倉庫，船舶，車両その他必要な場所に立入検査させることができ，必要と認める時には（独）農林水産消費安全技術センター(FAMIC)に立入もしくは飼料および原材料の集取をさせることができ，毎月末にはFAMICのホームページに検査結果が報告されています．

⑺**罰則**　法人が違反した場合は１億円以下の罰金刑を科すことができます．

２）ドッグフード表示規則

ペットフード安全法で５項目の表示が義務づけされていますが，その他にも業界で自主規制している「ペットフードの表示に関する公正競争規約」で示されている表示があります．これはペットフード安全法のような法律により規制された規約ではありませんが，公正取引委員会や消費者庁により認可され官報に告示される業界の自主規制です．ペットフード安全法の規約では名称，原材料名，原産国，事業者の氏名，住所と賞味期限の他に業界の自主規制では目的(総合栄養食，間食，その他の目的食)，内容量，給与方法と栄養成分（粗蛋白質，粗脂肪，粗繊維，粗灰分，水分）の４項目の表示規則が示されています．

ペットフードに医薬品を含有させた場合には，医薬品としての使用，販売許可を得る必要があり，市販ペットフードは療法食を含めて医薬品ではないので，医薬品と誤解を受けるような表示はすることができません．例えば「～病の予防」，「～の予防に」，「～に効果があります」，「健康が増進されます」，「免疫力強化」の表現は医薬品的な効能効果と判断され，表示することはできません．

4　ペットフードの添加物

ペットフードの添加物は，ペットフードの表示に関する公正競争規約で「ペットフードの製造過程においてまたはペットフードの加工もしくは保存の目的でペットフードに添加，混和，浸潤その他の方法によって使用するもの」と規定されています．日本ではペットフードに使用することを想定した添加物の規定がないため，ペットフードには，食品添加物や飼料添加物として法律で認められているもので，人体や動物体に安全と認められたものが使われています．中にはペットフード安全法で，成分規格（使用量の基準）や製造基準（用いてはいけない動物種）が定められている添加物もあります．ペットはヒトと同様に健康第一ですが，色々な物を食べるヒトと違って毎日同じフードを長年食べ続けるので格段の安全性が求められます．

1）使用される添加物

(1)　**栄養添加物**　フードの原材料中含有量だけではイヌやネコの栄養要求量を満たせないため，栄養バランスを整える目的で使用されるもので，アミノ酸類（メチオニン，タウリン等），ビタミン類（ビタミンA, D, E, B_1，コリン等），ミネラル類（カルシウム，リン，亜鉛，鉄等）が使われます．

(2)　**品質保持のための添加物**　腐敗や変質その他化学的変化を防ぎ，ペットフードの品質を保持するために用いられるもので，酸化防止剤（ビタミンE, ローズマリー抽出物，エトキシキン，BHA, BHT等），保存料（プロピオン酸，ソルビン酸等），増粘安定剤（カラギーナン，グァーガム，ペクチン等），乳化剤（レシチン等），pH調整剤（DL‐リンゴ酸, 乳酸ナトリウム等）があります．保存料は，食品の使用時あるいは保管時に生じる腐敗，変色，劣化の遅延あるいは防止のために用いられるもので，特にカビの発生を抑える目的で用いられるものです．セミモイストフードやソフトドライフードでは，ドライフードより水分含有量が高く腐敗しやすいため，保存料が使用されます．問題点は，食品に禁止されている有毒性のエトキシキンが混入していても，表示しないことです．すなわちペットフード原料のチキンミールやフィッシュミールには，エトキシキンがほどんど添加されているので，ペットフードに混入していますが，ペットフード製造時に追加添加しなければ表示しません．

⑶　**食欲増進や見栄えのための添加物**　嗜好性の向上や見栄えをよくする（飼主のため）ために使用されるものです．酸味料（クエン酸，コハク酸等），調味料（L－グルタミン酸ナトリウム，イノシン酸ナトリウム等），甘味料（ステビア抽出物，ソルビトール等），香料（天然および人工着香料），着色料（カラメル色素，ビートレッド等）があります．

2）使用制限のある添加物

飼料添加物の抗生物質や抗菌剤は薬事法，飼料安全法で管理されているもので，ペットフードに用いることはできません．酸化防止剤のエトキシキン，BHA, BHTはペットフード安全法で基準値が設定されていて，イヌ用では3つの合計量で150mg/kg以下，エトキシキンは，75mg/kg以下となっています．

セミモイストフードやソフトドライフードに保湿剤として用いられるプロピレングリコールはネコでは赤血球の変性を生じ貧血等が起きるため使用禁止ですが，イヌでは臨床的，血液学的に影響はみられません．

5　機能性成分

栄養素には含まれない様々な機能性のある成分が添加されています．

1）ビタミン様物質

体内でビタミンと似たような働きをする物質で，体内でも合成されるので，欠乏症は生じ難いものです．

⑴**カルニチン**　脂肪酸の代謝を促進し，中性脂肪の燃焼効果を高めます．筋肉に多く含まれる他，肝臓でリジンとメチオニンから合成されます．

⑵**ユビキノン（コエンザイムQ）**　色々な化学反応に補酵素として関与する他，強い抗酸化力があります．また，免疫細胞の作用を高める働きもあります．中には，CoQ_{10}のように医薬品として，心疾患の治療に応用されているものもあります．レバー，畜肉，カツオ，マグロ等に含まれています．

(3)カロテノイド類　脂溶性の色素成分で，α，β，γ-カロテン，リコピン，アスタキサンチン，ルテイン，ゼアキサンチン等，およそ600種類ほどあります．抗酸化作用，細胞膜保護作用があり，フード中では，酸化防止剤の他，天然着色料としての役割もあります．また，カロテンは，体内で必要に応じてビタミンAに変換されます．植物の他，エビやカニ，サケ，卵黄等動物性食品にも含まれています．

(4)ポリフェノール類　複数の水酸基（-OH）を持つ化合物で，フラボノイド類，カテキン類，アントシアニン類等，4,000種類ほど同定されています．植物に含まれる色素，香気，灰汁，渋味，苦味の成分で，ほとんどが水溶性です．抗酸化作用の他，血圧上昇や高血糖を抑える作用が確認されています．また，独自の機能性（血管強化，肝機能向上）を持つものもあります．

２）軟骨保護成分

(1)コンドロイチン硫酸　結合組織構成成分で，軟骨，皮膚，腱に含まれていて，組織の弾力性や保水性の保持，栄養素の消化，吸収，代謝に関与しています．加齢に伴い体内での合成量が減少します．特に関節機能をサポートする成分として注目されています．ウシ，ブタ，サメの軟骨から作られたものがあります．

(2)グルコサミン　アミノ酸と結合した糖類の１種で，結合組織に多く含まれています．加齢と共に体内での合成量が低下し，関節炎の症状が現れてくることがあります．甲殻類（エビ，カニ）の甲羅に多く含まれています．

(3)オリゴ糖　特に，難消化性の少糖類を指します．オリゴ糖は大腸まで到達し，善玉菌（ビフィズス菌や乳酸菌）の栄養源となり，善玉菌を増やします．また，発酵分解によって生じた有機酸は腸内環境を整える（悪玉菌を減らす）のに役立つ他，腸を刺激して蠕動運動を活発にし，便秘の改善にも役立ちます．フラクトオリゴ糖，大豆オリゴ糖等があります．

３）食物繊維

過去に食物繊維は消化吸収されず，「食べ物のカス」とみられていました．しかし，食事の欧米化に伴う，食物繊維の摂取量の低下と生活習慣病や大腸ガンの発生率の上昇との間には関連性があることが，疫学調査から明らかになってきています．食物繊維は「ヒトの消化酵素で消化されない食品中の難消化成分の総体」と定義されています．この解釈を広げると，繊維は「動物の消化酵素では消化されない食物中の成分」ということができます．

食物繊維は水溶性と不溶性食物繊維に分けられます．前者は保水性が高く，水分を吸収することで粘度が増します．そのため，胃内容の排出時間を延長させ，また腸管でのコレステロールや糖の吸収を緩やかにします．また腸内細菌による発酵を受け，短鎖脂肪酸（酢酸，プロピオン酸，酪酸）を生じます．これらの脂肪酸は結腸細胞のエネルギー源として利用される他，腸内のpHを下げ，悪玉菌の増殖を防ぎ，腸内環境を整えるのにも役立ちます．後者は食事のかさを増し，食事のエネルギー量を希釈する働きや腸管の運動性や腸内容物の通過時間を調整し，糞便中の余剰な水分を吸収し，糞便の形を作るのに役立ちます．また，満腹中枢を刺激することで，食欲に満足感を与え，食べ過ぎを防止することで肥満犬の体重減量や肥満予防に役立ちます．

4）その他

酵母は各種ビタミン，ミネラル，酵素，蛋白質が豊富で栄養価が高いので，それらをフード中に付加する目的でも利用されます．また，スモークフレーバー，チーズ，酵母，ダイジェスト類（肉を酵素や化学変化によって半消化状態にしたもの），肉抽出物等は，食欲増進の目的で添加されます．

6　水

成犬の体重の約60％は水です．水は消化吸収の対象ではなく，熱量もないので栄養素として扱われませんが，次の５つの重要な働きをしています．

1）水の働き

①物質が溶けて体内を移動するための溶媒として働きます．例えば，栄養素や老廃物は血液に溶けた状態で体内を運ばれています．②体や消化管の中で起こっている化学反応に必要です．例えば，デンプンが消化されグルコースになる反応（加水分解）は，デンプンからグルコースが１つ切り取られるために１つの水が必要です．加水分解以外にも水が必要な反応があります．また，細胞の中，細胞の間，血液，消化管内の液に溶けた状態で，化学反応が生じており，水は化学反応が起こる場所を提供しています．③体の中の水は，ウォーターベッ

ドのように，体に弾力性を与えています．物が体にぶつかっても，そのショックを和らげますし，機械のように凹んでしまうことはありません．④水は熱を貯める能力が高く，熱を貯め，運ぶ働きがあります．例えば，体内でできた熱は，血液で皮膚等に運ばれ，皮膚から放出されます．また，体の中には水が多いので，気温が変化しても体温が変化しにくくなっています．⑤水が蒸発することによって，たくさんの熱が放出されます．この水の性質が，暑い時に体温を保つために役立ちます．水は汗以外に息としても体の外に放出されます．寒い日には息が白くなります．これは，息に含まれている水蒸気が冷えて水になるからです．ヒトは暑いと汗をかき，汗が蒸発して熱を放出しますが，イヌは汗腺が少ないので暑いと熱性多呼吸（パンティング）による唾液蒸散の気化熱によって，熱の放出を増やします．

水は糞尿や唾液や蒸散により排泄され，いつも体から失われ続けているので，水を飲む必要があります．体の中の水が少しでも不足すると，あまり食べなくなり，健康上の問題が起こります．また，体重の15～20%の水が失われるだけで死んでしまいます．イヌはフードを食べなくても数週間は生き続けられますが，水が不足すると，数日以内に死亡します．

フードには水も含まれています．また，体の中で炭水化物や脂肪が燃えると水（代謝水）ができます．この体内で作られる水も動物にとって重要で，実際，水を飲まなくてもよい砂漠で生きているネズミの仲間がいます．しかし，イヌでは体内で作られる水は，必要な量の５～10%なので，フードに含まれている水や体内で作られる水だけでは不足してしまいます．体内の水が少なくなるとのどが渇き，自発的に水を飲むようになるので，飲水は常備が必要です．

水が不足する原因としては，十分な水量がないこと，水温が高過ぎたり低過ぎたり，水質が悪いことがあります．良質の水とは塩分，硝酸塩や亜硝酸塩，その他の有害物質があまり含まれておらず，微生物の汚染がない水です．イヌとヒトの飲み水は同じでよいです．水道水は質がよいので問題はありません．

2） 水の必要量

基本的には飲みたい時に飲みたいだけ飲むスタイルでよいのですが，ヒトもよく水を飲むヒトと飲まないヒトがいるようにイヌによって飲む量に差があります。

水分摂取量が少ないと代謝が悪くなったり尿結石になりやすかったりとあまりよくありません．逆に必要以上に水分を欲するイヌの場合は腎不全やクッシング症候群（副腎皮質機能抗進症）等の病気の疑いもあります．夏場，運動後等は普段より水分摂取量が増えます．

1日の水分摂取量は計算式から算出する方法と必要カロリーから算出する2つの方法があります．計算式には「132×体重kg$^{0.75}$」，「体重g×0.05～0.07」があり，体重5kgのイヌの場合は前式では441mL，後式では250～350mLとなります．前式では若干水分量が多めに計算されているようです．また，イヌ，ネコ共に体重（kg）×30＋70（mL）があります．イヌの1日に必要なカロリーと同等の水を摂取するべきという考えがあります．例えば5kgで1歳の子の場合は441kcalとすると1日に441mLの水分が必要となります．ヒトによって水分摂取量の考えに多少のばらつきがありますが，5kgのイヌの場合は目安として水分摂取量が1日250～441mL内であれば問題ないです．しかし，これは「1日に必要な量」であって「1日に飲む水の量」ではありません．1日に水として飲む量は食べ物の分を引くためにもっと少なく，また季節や運動の有無，その日の天候やフードの種類によっても大きく変化します．例えば，ドライフードの水分は約7％ですが，缶詰等のウエットフードには70％も含まれるため，水を飲む量は減ります．大体の目安として，水を飲む量はイヌで40～60mL/kg，ネコで20～45mL/kgの範囲が正常であるといわれています．

一般に，イヌ，ネコ共に体重1kgにつき100mLを越す飲水量は過剰であり，何らかの病気を示唆しているといわれています．多飲多尿を示す病気には，糖尿病，腎性糖尿病，慢性腎不全，腎盂腎炎，子宮蓄膿症，高カルシウム血症，肝疾患，副腎皮質機能亢進症，低カリウム血症，副腎皮質機能低下症，甲状腺機能亢進症，医原性疾患，尿崩症，偽心因性多渇，中毒等があります．

暑い夏の間，イヌは呼気で水分を蒸散しますので，もしその水分が下痢や嘔吐，出血，体温上昇等で通常よりも水分が多く失われると，すぐに脱水症になってしまいます．体水分の約10％が失われると死に至るといわれています．イヌが脱水症にならないようにするには，常に水が自由に飲めるようにしておくことが非常に大切です．

表Ⅺ-1　ドッグフードに含まれる蛋白質とアミノ酸の必要な量（フード乾物1kg当りg）

	NRC					AAFCO	
	最小必要量		推奨量			最小要求量	
	子犬	成犬	子犬	成犬	妊娠・授乳	子犬・母犬	成犬（維持）
蛋白質	180.0	80.0	22.5	100.0	200.0	220.0	180.0
アルギニン	6.3	2.8	7.9	3.5	10.0	6.2	5.1
ヒスチジン	3.1	1.5	3.9	1.9	4.4	2.2	1.8
イソロイシン	5.2	3.0	6.5	3.8	7.1	4.5	3.7
ロイシン	10.3	5.4	12.9	6.8	20.0	7.2	5.9
リジン	7.0	2.8	8.8	3.5	9.0	7.7	6.3
メチオニン	2.8	2.6	3.5	3.3	3.1		
メチオニン＋シスチン	5.6	5.2	7.0	6.5	6.2	5.3	4.3
フェニルアラニン	5.2	3.6	6.5	4.5	8.3		
フェニルアラニン＋チロシン	10.4	5.9	13.0	7.4	12.3	8.9	7.3
トレオニン	6.5	3.4	8.1	4.3	10.4	5.8	4.8
トリプトファン	1.8	1.1	2.3	1.4	1.2	2.0	1.6
バリン	5.4	3.9	6.8	4.9	13.0	4.8	3.9

NRC：フードに含まれる代謝エネルギーが4,000kcal/kgの場合（それ以外ではフードに含まれるエネルギーで補正する必要がある）
AAFCO：フードに含まれる代謝エネルギーが3,500kcal/kgの場合（4,000kcal/kgを超える場合は補正する必要がある）

表Ⅺ-2　ドッグフードに含まれる粗脂肪と脂肪酸の必要な量（フード乾物1kg当りg）

	NRC			AAFCO	
	推奨量				
	子犬	成犬	妊娠・授乳	成長・繁殖	維持
粗脂肪	85	55	85	80	50
リノール酸	13	11	13	10	10
α-リノレン酸	0.8	0.44	0.8		
アラキドン酸	0.3				
EPA＋DHA	0.5	0.44	0.5		

NRC：フードに含まれる代謝エネルギーが4,000kcal/kgの場合（それ以外ではフードに含まれるエネルギーで補正する必要がある）
AAFCO：フードに含まれる代謝エネルギーが3,500kcal/kgの場合（4,000kcal/kgを超える場合は補正する必要がある）

表XI-3　イヌにおけるビタミンの主な欠乏症と過剰症

ビタミン	欠乏症	過剰症
ビタミンA	食欲不振，体重減少，運動失調，眼球乾燥症，結膜炎，角膜湿潤・潰瘍，気管支上皮の化生，肺炎，被毛の貧弱化，蝸牛神経の狭窄・変性（子犬），難聴障害（子犬）	皮膚の知覚過敏，起立忌避，眼球突出，骨密度低下，血便，嘔吐，関節炎，成長遅延，食欲不振
ビタミンD	クル病（子犬），肋軟骨の肥大，骨軟化症，倦怠感，筋肉衰弱，歩行困難	嘔吐，下痢，軟組織石灰化，食欲不振，筋肉衰弱，乾燥し脆弱な被毛，跛行
ビタミンE	筋肉衰弱，不妊（雄），網膜変性，浮腫，食欲不振，呼吸困難，腸管リポフスチン症，溶血	毒性は不明
ビタミンK	通常のイヌでは認められていない．出血（殺鼠剤の誤飲）	毒性は不明
ビタミンB_1	食欲不振，体重減少，感覚性運動失調，食糞，不全麻痺，斜頸，痙攣，筋肉衰弱	毒性は不明
ビタミンB_2	成長遅延，運動失調，虚脱症候群，低体温，筋肉衰弱，皮膚疾患，化膿性眼脂	毒性は不明
ナイアシン	食欲不振，体重減少，下痢，軟口蓋・頬粘膜の潰瘍，舌の壊死，口唇症，流涎制御不能	低毒性，血便，痙攣
パントテン酸	脂肪肝，成長不良，胃腸炎，腸重積症，頻脈，痙攣，昏睡，抗体反応の減少	毒性は不明
ビタミンB_6	食欲不振，成長遅延，体重減少，小赤血球低色素性貧血，痙攣，運動失調，心臓拡張	低毒性，食欲不振，運動失調
ビタミンB_{12}	好中球減少，貧血	経口毒性は認められない
葉酸	食欲不振，体重減少，貧血	毒性は不明
ビオチン	欠乏症は不明	毒性は不明
コリン	体重減少，食欲不振，嘔吐，脂肪肝（子犬），肝機能低下	毒性は認められない

表XI-4　イヌにおけるミネラルの主な欠乏症と過剰症

ミネラル	欠乏症	過剰症
Ca	成長抑制，痙攣，テタニー，繁殖障害，骨折，クル病（子犬），骨軟化症（成犬）	成長抑制，軟骨接合部分の肥大
P	成長抑制，食欲不振，衰弱，骨折，クル病（幼犬）	Ca欠乏症を促進
K	食欲不振，成長抑制，筋肉脆弱，運動失調，情緒不安，筋肉麻痺	胃腸炎，心室細動，心不全
NaCl	心拍数増加，情緒不安，粘膜の乾燥，むくみ，成長抑制，食欲不振	喉の渇き，嘔吐
Mg	過敏症，痙攣，後肢の麻痺，食欲不振，体重減少，血管石灰化，運動失調	下痢
Fe	貧血，倦怠感，成長抑制，下痢，血便，衰弱	食欲減退，体重減少，鉄沈着症，消化管障害
Cu	貧血，成長抑制，被毛脱色，骨障害	嘔吐，肝炎（先天性銅代謝疾患の場合）
Zn	食欲不振，成長抑制，脱毛，皮膚炎，傷の治癒遅延，衰弱，嘔吐，結膜炎，角膜炎	嘔吐，胃腸炎，貧血，下痢
I	体重減少，被毛粗化，甲状腺肥大，甲状腺機能低下，脱毛	骨奇形（子犬），甲状腺機能低下
Se	食欲不振，うつ症状，呼吸困難，昏睡，浮腫，筋ジストロフィー，腎臓石灰化，心臓壊死	貧血，肝臓壊死，肝線維症

7　要注意の食品

ヒトには健康によい食品，身近にある食材であっても，イヌには食べさせない方がよい食品があります．イヌの健康に影響を与える食べ物については，それがよい影響なのか悪い影響なのかを問わず，科学的にすべてが解明されている訳ではありません．現在，健康によい，もしくは無害とされている食べ物でも，将来的に悪影響が判明したり，長期的な調査によって長期間の摂取が好ましくないとされたりする可能性があります．次に挙げる物は少量でも健康に有害な影響が出るものやヒトと同じく偏食あるいは過剰に食べれば有害です，それらの食べる量をヒトはコントロールしますが，イヌ自身はコントロールできませんので，飼主として注意する必要があります．

1）動物由来の食物

⑴生食 食材によっては，生で給与しても問題がないものもありますが，肉類に関してはヒトと同様に，必ず加熱調理して与えるようにしましょう．

肉を生で与えることの利点は，消化吸収がよく，イヌの嗜好性が高く，歯石がつきにくいといわれています．野生の肉食動物は，筋肉だけを食べているのではなく，皮や腱，骨もかじっていますが，皮，腱，骨を取り除いた赤身の肉だけを食べている場合は，市販のドッグフード特にウェットタイプフードを食べているのと歯垢や歯石のつき方に大きな差はないように思われます．生食はイヌにとって最も自然に近い食事ともいわれますが，ヒトとの長い歴史の中で，品種改良が行われてきたイヌは，野生のイヌ科の動物とは違って，自然に近い食事といういい方をそのまま当てはめることはできないように思います．

生食については，ヒトの場合にも，ユッケやレバー刺しが原因で，出血性大腸菌感染症（O-157）を発症し，死亡例や健康被害がニュース等でも取り上げられました．ここでは，生食の危険性について少しみていきたいと思います．

① **寄生虫** 畜肉の生食で最も問題となる寄生虫には，原虫のトキソプラズマがあります．終宿主のネコの排泄物に存在する他，中間宿主（ブタ，イヌ，ヒツジ等）の筋肉中に存在し，経口的に感染します．妊婦の場合は，感染による流産や出生児の先天性トキソプラズマ症の危険性があることから，一般的によく知られる寄生虫です．人獣共通感染症の寄生虫原虫としては，クリプトスポリジウムもあり，イヌ，ヒトを始めとした哺乳類に経口感染し，腸炎（時に胆嚢炎・胆管炎）を生じます．この他にも，色々な寄生虫感染症がありますが，加熱することで予防することができます．

② **細菌** サルモネラ菌，大腸菌，カンピロバクターは，食中毒の原因菌です．消化器系の症状が出る場合の他，皮膚炎等の症状が現れる場合もあります．また，イヌやネコの場合，菌を保有していても発病しない場合もあります．このようなイヌやネコが，屋外で排泄をした場合，同時に菌を排泄していることになり公衆衛生上の問題も出てきます．生食をさせていない場合でも，排泄物の

処理には十分注意を払わなければなりませんが，それ以上に，生食をさせている場合には処理に対する責任を認識しなければなりません．

③　**ウイルス**　高病原性鳥インフルエンザウィルス感染症は，多量のウイルスを経口摂取することで発症します．このようなウイルスでも，一般的に80℃，15分加熱処理で死滅します．このようなウイルスに感染した肉類が市場に出回ることはありませんが，ペットの健康被害発生防止のためにも加熱調理は重要であるということです．

と畜場を出る時には，衛生上問題がない肉でもその後の流通経路や取り扱い方法によっては細菌が増殖します．ペットフード安全法でも，原材料に用いる肉類について，処理工場では高温の加熱処理が行われていますし，製造工程でも有害微生物による健康被害発生防止のために加熱処理や水分調整が行われています．イヌやネコだけではなく，ヒトへの感染性食中毒を防ぐためにも，肉類は必ず加熱調理して与えるようにしましょう．

また，穀類は，生のままでは消化性が悪いため，やはり加熱調理して与えるようにします．豆類も生のままでは消化性が悪く，栄養阻害因子（トリプシンインヒビター）の失活を図るためにも加熱調理をします．生で食べられる野菜類も加熱調理するとかさを減らすことができますし，消化性も向上します．

⑵**生卵の卵白**　蛋白質のアビジンはビタミンのビオチンと特異的に結合し，ビオチンの欠乏を招きますので，ヒトと同じく生卵の食べ過ぎには注意しましょう．これは加熱調理することで失活します．また，卵黄にはビオチンが豊富に含まれているので全卵で与えれば問題ありません．

⑶**新鮮でない魚肉類**　腐敗や分解の進んだ魚には，アミノ酸の分解産物ヒスタミンが多く含まれています．イヌやネコはヒトに比べてヒスタミンに耐性が強いですが，ヒスタミンを高濃度に含む魚肉類，特にサバ科を摂取すると食中毒を起こす危険性があります．ヒスタミン中毒では流涎，嘔吐，下痢，発疹，頻脈，呼吸速拍等のアレルギー様症状が起こります．

⑷**生魚と貝類**　ビタミンB_1を分解するチアミナーゼが含まれています．ヒトも同じですが食べ過ぎに注意しましょう．この酵素は加熱により失活するため，加熱調理すれば問題ありません．

⑸**スルメ**　胃の中で水分を吸って，何倍にも膨らみ，胃拡張の危険性があるので与えない方がよいでしょう．

⑹**牛乳**　離乳後のイヌやネコは乳糖を分解する酵素ラクターゼを十分に持っていないため，乳糖が増えると下痢をしやすくなります（乳糖不耐性）．離乳食後も牛乳を飲み続けている場合や少しずつ飲んで慣れている場合は問題ありません。これらのことは，ヒトも同じです．

⑺**ニワトリの骨**　噛み砕いた際や加熱調理されたものでも，ささくれ状に縦に割れるため飲み込んで消化管穿孔の原因になることがあります．

２）植物由来の食物

⑴**ネギ類**　タマネギ，長ネギ，ニラにはイヌやネコの赤血球に対して毒性のある成分（n-プロピルジスルフィドまたはアリルプロピルジスルフィド）があり，これを摂取すると，赤血球膜が壊され，中に含まれるヘモグロビンが変性し，ハインツ小体が形成され，溶血性貧血，血色素尿症や黄疸が生じます．タマネギはイヌに５～10ｇ/体重kg（６kgのイヌであれば30～60ｇ）の過剰量を連日食べさせれば溶血性貧血になります．60kgのヒトが毎日300～600gも食べれば，溶血性貧血になるでしょう．また，ニンニクやその抽出物を摂取した場合にも貧血や皮膚炎，喘息発作を起こす場合があります．タマネギの味を好むイヌも多く，すき焼き鍋の煮汁にはネギ類のエキスが濃縮されるので，イヌやネコには注意したいです．

⑵**ブドウや干しブドウ**　これを食べたイヌが，急性腎不全を起こした例があります．イヌのブドウによる腎不全について埼玉県獣医師会はアメリカの報告として，ブドウ32ｇ/体重kg（６kgのイヌであれば190ｇ）以上食べれば有害と紹介しています．原因として農薬付着説が有力ですが，カビその他の原因も考えられます．健康被害のある食品は与えない方がよいでしょう．

⑶**アボカド**　嗜好性が高く喜んで食べますが，脂肪含量が多く，カロリーが高いため，食べ過ぎるとエネルギーの過剰摂取や下痢，膵臓への影響が生じる可能性があります．また，葉，皮や種に含まれる殺菌作用のあるペルシンが果実に含まれているものもあり，鳥類にとっては猛毒で，イヌ，ネコ，フェレット，ウサギで中毒を生じる場合があります．

⑷**ホウレン草**　シュウ酸を多く含むため，尿の酸性が強めでシュウ酸カルシウム尿石症の危険性のあるイヌには与えない方がいいでしょう．

３）嗜好品・香辛料

⑴**カカオ類**　チョコレート，ココア等カカオの含まれる食品を大量に摂取すると，嘔吐，下痢，頻脈，興奮，痙攣，突然死を起こします．カカオには心臓血管や中枢神経に作用するテオブロミンが含まれており，イヌはこの物質に対する感受性が高いので注意が必要です．中毒量は100～200mg/体重kg（体重６kgのイヌならチョコレートおよそ１枚分）です．少しならと思い，与えてしまうと味を覚えてしまったイヌは，ヒトのようにゆっくり食べないで，あっという間に中毒量を食べてしまいかねません．また，コーヒーに含まれるカフェインにも同じような作用（中枢神経興奮）があります．

⑵**蜂蜜**　ごく稀にボツリヌス菌が入り込むことがあります．１歳未満の子どもでは，消化管機能も十分に発達しておらず，腸内細菌叢もでき上がっていないため，中毒を起こします．子犬や子猫にも与えない方がよいでしょう．

⑶**塩分を多く含む食品**　イヌやネコはヒトに比べて塩味に対する味覚があまり鋭敏ではなく，成犬は必要量もヒトの1/3程度です．塩分の多いものを食べさせ続けていると，心臓や腎臓の障害を起こす危険性が高まります．

⑷**香辛料**　刺激性物質なので胃腸や肝臓に障害を生じる可能性もあります．

⑸**キシリトールを含む食品**　ヒトでは虫歯にならない低カロリー甘味料ですが，イヌでは低血糖症や嘔吐，肝不全を起こします．

⑹**異種動物のフード**　各動物には必要な栄養素や必要量があり，異種動物のフードを長期に与え続けると，特定の栄養素に過不足が生じ，健康被害を起こす可能性があります．イヌにはイヌ用のフードを与えましょう．

⑺**ベビーフードやカップラーメン**　ヒト用のベビーフード，カップラーメン，ラーメンの具には調理済みタマネギやそのエキスパウダーが含まれます．与えないようにする他，誤食できない場所に保管します．

8　サプリメント

サプリメントとは毎日の食事だけでは十分に摂取することができない栄養素

を補う食品（栄養補助食品）を指します．ビタミンやミネラル等の他に健康維持に役立つ機能性成分を含んだ健康補助食品も含めてサプリメントといわれるようになってきています．しかし，医薬品ではありません．病気の予防・治療に用いるものではなく，健康維持やQuality of Life（QOL）の維持のために用いるものです．有効性よりも安全性を重視して，うまく利用しましょう．

1）サプリメントの種類

サプリメントにはビタミンやミネラルの補給に用いられるものの他に抗酸化成分，乳酸菌，食物繊維，軟骨保護成分，脂肪酸，あるいはハーブのような植物抽出成分等を用いたものがあります．

⑴**抗酸化成分**　ビタミンC，ビタミンE，カロテノイド類（β-カロテン，リコピン，アスタキサンチン等），ポリフェノール類（フラボノイド，カテキン，アントシアニン等），コエンザイムQ_{10}.

⑵腸の健康維持　ビフィズス菌や乳酸菌，オリゴ糖，食物繊維類．

⑶関節の健康維持　グルコサミン硫酸塩，コンドロイチン硫酸等．

⑷皮膚の健康維持　リノール酸，γ-リノレン酸，α-リノレン酸，EPA.

⑸免疫力の維持　β-グルカン等．

⑹脳の健康維持　DHA，イチョウ葉エキス等．

2）使用上の注意点

普通に総合栄養食を与えられているイヌでは，カルシウムやビタミンが必要十分量含まれているため，特にビタミンやミネラルのサプリメントを与える必要はありません．逆に，過剰摂取による障害や中毒を生じる危険性があるため，手作り食を与えている場合や特別な疾患で必要となる場合以外は与えないようにします．

色々な機能性成分を含んだサプリメントも出ていますが，与える場合，特に病気の治療等で薬を使用している場合は，サプリメント中の成分によって薬との相互作用が認められるものもあるため，必ず獣医師に相談してからにしましょう．使用に際しては，必ず給与目安量を参考にし，与え過ぎに注意します．また，使用することによって体調や食欲等に変化がみられた場合は，給与を中止し動物病院を受診するようにしましょう．

9 手作り食

愛犬のために手作り食を与えたいと思っている飼主は少なくはないようです．その理由として，①新鮮なもの，有機栽培のもの，自然なものを与えたい，②添加物や汚染物質を避けたい，③ペットフードの原材料が心配，④手をかけてあげたい，⑤食事に変化を持たせたい等があります．中には，イヌがペットフードを受け入れないことや飼主が菜食主義という理由もあります．

1）手作り食の利点

手作り食の利点は常に愛犬に与えるものを把握できる，食事に変化を持たせられる，ペットとの絆が深まる，ペットの健康に対する意識の向上が図れる等があります．また，独り暮らしの高齢者の場合はペットの食事を作ることで，自分自身の食事もきちんと作るようになる等があります．

欠点はその目的によって，内容が少し変わってきます．間食やトッピングとして与える場合は，普段の食事にそのまま足す形で与えると，エネルギーの過剰摂取になる場合や栄養素のバランスを崩す危険性があります．そのため給与量は必要とするエネルギー量の20％以内とし，間食やトッピングで与えたエネルギー分を差し引いた量のドッグフードを給与するようにしましょう．

主食として与える場合には愛犬のエネルギーや栄養素要求量，個々の食材についてエネルギー量や栄養素含有量，要注意の食品についての知識も必要です．さらに，ドライフードに比べると水分含量も多くかさがあるため，１日に２～３回に分けて給与するようにします．水分が多く保存料も添加されていないので傷みやすいことから，30分以上放置しないようにし，保存する場合も冷蔵では１～２日で，冷凍の場合も１週間以内に使い切るようにします．

家族の誕生日とか何かのイベントがある特別の日のご馳走として与える場合には，与え過ぎに注意しましょう．

2）市販ペットフードとの併用

手作り食は飼主の愛犬への愛情発現欲求を満たします．しかし，手作り食だけの給与には，栄養学や食品学の知識が必要になります．実践的には栄養バランスを取るため，ヒトと同じように１日30品目以上の食品を摂取する方法もありますが，市販ペットフードと手作り食の併用を薦めたいです．保存食にもなり，イヌを連れてドライブする場合も市販ペットフードをベースにし，それに不足しがちな野菜類の併用がよいです．例えば，残り野菜の外葉や根菜類の皮等をある程度刻んで水煮し，具入り野菜スープとして与えます．なお，イヌもヒトもすべての食品は偏食的過剰に食べればよくないので，少量多品目を心がけるようにします．特に超小型犬は食べ過ぎないように与えます．

3）手作りおやつ

家族の一員となっているイヌたちと一緒にティータイムを楽しむことができたら，愛犬とのコミュニケーションも深まるし，どんなに豊かな日々が過ごせるでしょうか．しかし，手作りおやつは主食ではありません．ドッグフードと併用してください．躾やご褒美に最適です．参考までに1例を示しました(表XI-5)．

表XI-5　手作りおやつ

1	りんごとにんじんマフィン　薄力粉　80g，全粒粉　50g，強力粉　20g，ベーキングパウダー　小さじ1/2，無塩バター　5g，リンゴ　1/2個，にんじん　1/2カップ，オリゴ糖　大さじ1，低脂肪牛乳　30mL，酵母　大さじ1. 200℃のオーブンで15～20分間焼き上げます．カロリーはマフィン型の小カップ1個　71kcal. 1日の目安量は大型犬2個，中型犬1個，小型犬1/2個.
2	チーズクッキー　オートミール　50g，薄力粉　50g，全粒粉　50g，無塩バター　5g，ベーキングパウダー　小さじ1/4，ショートニング　5g，粉チーズ　大さじ1，オリゴ糖　大さじ1/2，酵母　小さじ3. 170℃のオーブンで15～20分間焼き上げます．カロリーは1枚，7.5kcal. 1日の目安量は，大型犬10枚，中型犬6枚，小型犬3枚.

Ⅻ　飼主のそこが知りたい（Q & A）

本書を書くに当って多くの方に何を書いて欲しいかを聞いてみました.

身近な存在であるがゆえに知りたいことが多いようです. 本文に書ききれていない内容をまとめました.

1 イヌとの接し方

1）イヌとの遊び方

愛犬と遊ぶことはイヌを飼う上での醍醐味の１つといえます. 走ること, 食べること, 匂いを嗅ぐ, 物をかじることが好きなど色々なタイプのイヌがいますが, 最も重要なのは, 自分の愛犬が好むものや状況を把握することです.

遊ぶ際は, 十分に満足するまでやるよりも, まだやりたいと思うくらいのいわゆる腹八分目でやめることが大事なポイントです. そうすることで遊び自体に飽きるのを防ぐことができ, なによりイヌがこのヒトと遊ぶと楽しいと思うようになります. よい飼主は遊び方が上手といわれます. 愛犬と共に楽しい時間を共有するためにも, 上手に遊びを提供できる飼主になりたいものです.

2）イヌ嫌いのヒトでもイヌと遊べる方法

イヌが嫌い, 苦手なヒトの中にはかつて追いかけられたり, 咬まれたりといった経験をしているヒトも少なくありません. 大変な恐怖を体験したヒトにとって, イヌという存在そのものがトラウマとなっている場合もあり, ヒトに危害を加えるようには見えない小型のイヌに対しても拒否反応を示すことがあります. また, 単純にイヌと遊ぶといっても, そこには実に様々な要素が含まれています. ボール投げを例にとってみます. この遊びが好きなイヌならボールをくわえた後, 全速力で走って向かってくるかもしれません. そして再びボールを投げるにはイヌの口の近くに手を持っていかなければなりませんし, 遊んでいるうちに興奮して吠えてしまうこともあるでしょう．どれをとっても恐怖の対象になり得ます．イヌと共に楽しく遊ぶためにはこれらのことをクリアしなければならないのです．ボール投げの場合，ある程度イヌに慣れてきたら二人一組で練習するのも１つの方法です．ハンドラーはリードをコントロールし，対象者に必要以上に近づけさせないようにします．さらにボールを離させるのもハンドラーが行えば，直接の接触を避けることができ，安全に練習できます．自分が投げたボールを一生懸命走って取りに行く様子は見ていて爽快ですし，この経験の積み重ねがイヌたちを好きになるきっかけになるものと思います．

3）イヌ嫌いのヒトでもイヌを好きになれる方法

「嫌い」から「好き」へと考えを180度変えるというのはとても大変です．このような状況の改善として用いられる方法に「暴露法」があります．これは対象となる刺激に徐々に接触させることによって慣れさせていくという方法です．大型犬や成犬が怖いなら，ペットショップ等に何回も通い，色々な品種の子犬を見たり触れあったりするのもよいでしょうし，そもそもイヌに触ることが怖いのであれば，公園で遠くにいるイヌたちを眺めるだけにしたり，TVやインターネットでイヌの登場する動画をみるのもよい練習になります．ポイントは「怖れを感じる一歩手前の刺激での練習を積み重ねること」です．

また，イヌとの散歩の楽しさや飼主同士のつき合いの輪が広がること，イヌがいることで家族や夫婦の会話が増える等，イヌを飼うメリットについて想像することも，イヌを好きになるきっかけになるでしょう．

一方で，恐怖とは違った理由でイヌ嫌いな人もいます．それは，散歩の際の不適切な排泄や吠え声の騒音といったトラブルがきっかけでイヌが嫌いになってしまったヒトたちです．例え，自分の愛犬がそんな粗相をするイヌでなくても「イヌ」という生き物でひとくくりにされてしまうことも残念ながらよくあります．このような方々の意識を変えることは個人では到底難しいでしょう．しかし，一人一人が少し意識をして生活することで状況は変えられると思います．イヌ嫌いなヒトを生むのもなくすのも愛犬家の行動１つなのだということを常に考えなければなりません．

4）現在飼育するイヌより後から生まれた赤ちゃんや幼児とのつき合い方

イヌには，幼児のベッドや乳母車に乗ったり，触ったりしてはいけないこと，赤ちゃんの口を舐めてはいけないことをきちんと教えるようにします．赤ちゃんの世話をする時は，ケージに入れるか，そばに座らせて，イヌにも話しかけながら世話をするようにします．また，イヌと赤ちゃんだけを同じ部屋に残しておくことや留守番させることは避けなければなりません．赤ちゃんの世話が終わった後は，イヌに愛情を注ぐことも必要です．

幼児には，イヌの尾や耳等をひっぱってはいけないことを教えていくようにします．ただ，幼児期の子どもは，色々なことがエスカレートしてしまう場合もあるので，イヌが逃げられる場所を作ってあげることや度が過ぎないように見守ってあげることが大切になります．また，幼児は，なんでも口に入れてしまう可能性もあるので，イヌの食事中は，そばに近寄らせないことも大事ですし，食べ残しはすぐに片づけるようにします．また，排泄物についても，すぐに片づけるようにすると共に，幼児が行きにくい場所にトイレを設置するようにしましょう．

上記の回答は，しっかり躾のされた健康なイヌ（予防や駆虫もきちんとできていて）の場合です．わがままや自己主張の強いイヌや子どもに近づけるのが危険な犬種は近づけないようにします．

2 イヌの習性

1）手を出すと舐められるのは？

イヌたちには親愛や服従を表す印として，口元を舐める習性があります．これはオオカミの時代に母親が離乳食として半消化された食べ物を吐き戻して与えていたことにさかのぼるといわれています．そこから子どもが食べ物をねだる時のアピールとして口元を舐めるようになりました．ヒトは食べ物を与える際にはもちろん手を使います．その手を舐めることは母犬の口元を舐めるのと同じような意味合いもあるのではないかといわれています．また，ヒトは汗腺が発達しているために，汗の塩分が好みで舐めているという説もあります．

2）散歩中に会うイヌが寄ってくるのは好意なのですか？

散歩中に出会うイヌたちが皆好意的とは限りません．怖がりなイヌもいれば，堂々とふるまうイヌ，無関心なイヌ等様々です．それでは，好意的かどうかを見分けるにはどのようにすればよいのでしょうか．指標となるのはボディ・ランゲージです．ヒトはコミュニケーションの手段として言葉を使うように，イヌたちは自分の意志や感情を体全体で伝えようとしています．例えば目の前に「尻尾を振っているイヌ」がいたとします．多くの方が「この子はフレンドリーで，近寄って触っても大丈夫」と思われるのではないでしょうか．しかし，イヌたちは緊張，興奮している時にも尻尾を振るので，尻尾だけの情報で安易に距離を詰めたりすると逃げ場を失った感情がピークに達して攻撃に転じることも少なくありません．

よく知らないイヌと出会った時は耳の位置や体の姿勢，表情等，トータルによく観察してそのイヌが今どんな感情なのかを読み取る必要があります．

近寄ってくるイヌが「体をくねらせる等じっとしていない，口を軽く開けている，耳を垂らして目を細めている，尻尾を振りながらお辞儀のような姿勢をとる」等であるならおおむね好意的であると思ってよいでしょう．反対に「耳をピンと立てる，頭を高く保ち口を引き結んでいる，身体を前傾気味にし，足をしっかり踏ん張って立っている，背中の毛を逆立てている」等がみられるなら警戒している表れなので，安易に近づかない方がよいでしょう．

また，相手方のイヌの様子ばかりでなく愛犬の様子も見逃さないようにしましょう．しきりに身体を振る，イヌのいる方から目を逸らす，急に地面の匂いを嗅ぐ等の行動は，イヌが興奮したり，恐怖ストレスを感じている時に，争いを避けるためや自身を落ち着かせようとする仕草で，カーミング・シグナル（calming signal）とも呼ばれます．双方のイヌの様子をしっかり確認し，無用な争いが起こらないように配慮するのも飼主の大事な役割です．

3　イヌの体と能力

1）イヌはどのくらい頭がよいのですか？

動物の体重から予想される脳の大きさに比較して実際の脳の大きさがどれく

らいかを算出した「脳化指数」は，ヒトの7.44に対し，イヌでは1.76程度です．また，イヌの学習能力は，ヒトの２～３歳児程度のようです．イヌの頭の良し悪しについて，一般的に比較される部分は，どのくらいヒトの指示に反応して行動ができるかという点だと思います．まさに学習能力というものです．学習能力には犬種によって差があるようですが，学習能力の高いイヌは，覚えてほしいことだけでなく，覚えさせたくないことまで覚えてしまう場合も多く，どこまでが許される行動なのかをさらに覚えさせなければならなくなってしまうことも多いようです．

２）ヒトの言葉がわかるのですか？

イヌはヒトと比べて，大脳の前頭葉や言語野の発達は悪いようですが，ヒトの話した言葉のうちの30～100語は，言語野で判断してわかるようです．また，ヒトの手や体の動作もみながら合わせて判断しているようです．ただし，言語野の発達は悪いため，ヒトの言葉を話すことはできません．

３）イヌの地震や帰宅予知能力

地震前に地中で生じる電磁波，地上に出てきた電磁波によって帯電した水蒸気やほこりを感じ取るため，異常に吠えたり，いつもよりもうろうろ動き回ったり，どこかに隠れようとする行動をとるようです．しかし，まだ，これだけでは説明がつかない不思議な能力のようです．

飼主の帰宅予知は地震予知よりもはるかに精度が高いです．イヌは嗅覚や聴覚が発達しているため，大好きなヒトの匂いや足音，飼主の運転している自転車や自動車の音をいち早く察知できます．これらの優れた感覚に加え，朝の夫婦の会話，日没，腹時計，夕刊配達，テレビ番組，隣人の帰宅等々色々な日常的な流れを学習して飼主の帰宅時間を予知して待機しています．

４）脱走しても家に帰ってくる？

野生のオオカミやイヌ科の動物が，食料を求めて遠くまで狩りに出かけても，自分たちの居住地に戻ってくるのと同じように，イヌには，帰家性があります．匂いや視覚の記憶を頼りに戻ってくるということだけでは説明がつかない場合もあります．そこで考えられているのが，イヌには，直感的に方向がわかる感覚が備わっているのではないかということです．ただし，迷子になるイヌもいることから，この感覚にも個体差があるようです．つけ加えると，多くのイヌは排便時に，常に同じ一定の方角を向いています．

4　イヌの行動

1）どうして遠吠えをするのでしょうか？

遠吠えはイヌの本能に根差した行動です．自分の場所を知らせる等遠くの仲間とのコミュニケーションをとるための手段として遠吠えをします．嬉しい，楽しい感情からする場合もありますし，時には，哀しい，寂しい等嘆きの意味を持った遠吠えをする場合もあります．

2）足に傷があってそれをずっと舐めているのはどうしてですか？

痛みの感覚を和らげるために舐めています．痛みの感覚は，傷を受けた部位から電気信号になって神経を伝わり脊髄を通り，脳の感覚をつかさどる部分に伝達され痛みを感じます．痛みのある部分を舐める刺激も電気信号になって同じ経路をたどり脊髄から脳へ伝わります．この舐める行為によって痛みの信号が脳へ伝達することを抑制しています．ヒトでも痛い部分を手で押さえたり，擦ったりするのはこのためです．

3）イヌが心を許すとお腹を出すのはなぜですか？

お腹を見せて寝転がるのは，上位のイヌやヒトに対する服従の意味のボディ・ランゲージです．あなたを心から信頼し，従いますとの意味があります．

4）イヌは肉球を舐めるのが好きなんですか？

イヌが肉球を舐めている時は，そこに傷がある場合やアレルギー，寄生虫性や感染性の皮膚病のため違和感がある場合が多いようです．そのため，動物病院で獣医師に診てもらうことをお勧めします．もし，動物病院で診てもらって何もない場合には，ストレスがあって，自分自身をなだめるために舐めている場合があります．また，散歩や遊びが十分にできないことで退屈して暇つぶしで舐めている場合もあります．最初は，何もないところでも異常に舐め過ぎると皮膚病を生じる可能性もあります．イヌがストレスを感じている原因を取り除くことや退屈しないように十分に体が動かせるような環境を整える，おもちゃ等で気を紛らわせるなどしてあげましょう．

5）イヌは骨が好きなのですか？

進化の過程で，骨の中の骨髄に含まれる栄養分＝脂肪を獲得したいという欲求を失わなかったため骨が好きということのようです．食料の乏しい季節の餌となる被捕食動物には，十分な脂肪がなかったため，エネルギー源として重要な脂肪を得るためには，骨の中の骨髄を摂取する必要があり，脂肪を得られるかどうかが，種の生き残りに関わっていたようです．進化の過程で，生き残りに関わる行動には，快感を伴う必要があったようで，イヌは，骨にしゃぶりついてかじることが幸せで満足感につながる行為になったということです．

6）散歩の時に，飼主の方をちらちら見ながら歩くのは？

その時の彼らの様子はどうでしょうか. ボディ・ランゲージに注目すると色々な情報が得られます.「尻尾が下がる，耳も寝せていて，歩き方もとぼとぼしている」ような状態と「常に興奮して（時には吠えたりして）眼もらんらんとし，ちぎれんばかりに尻尾を振っている」状態では明らかに意味合いが違うと思います．前者は周りの環境や飼主自体に恐怖や不安を感じていることが考えられます．こういった因子を取り除き，自信を持たせてやる必要があります．また後者は興奮し過ぎでかえって危険な場合があるため，声をかけ過ぎないことや飼主が少しゆっくりめに歩くといった対応が有効です．どちらも散歩の時にしか使わないスペシャルなおやつを用いると散歩の上達の助けになります．

7）散歩の時，家が近くなると甘えてくるのは？

家に帰ると何かいいことが待っている等を予感している可能性があります．私たちの生活でも知らず知らずのうちに生活のリズムやタイミングが定まっていることがあるでしょう. 例えば, 朝起きる→顔を洗う→朝食→歯を磨くといったような状況です．イヌたちもこういった一日の流れを自然に覚え，予感することは十分にあり得ます．それが散歩の後の食事や自宅に入る際に抱き上げてもらうこと等，イヌが心地よく感じる何かが待っていれば，甘えるという行動に出ているのではないでしょうか．

8）未知のヒトや家の前をヒトが通るとすぐ吠えるのは？

自分が家の中にいる状態で吠えているのであれば縄張りを主張している行動と思います．未知のヒトに対する吠えは縄張りの主張以外にも恐怖等も関係してくるでしょう．こうした不意の刺激に慣れていないために周りから「迷惑なイヌ」と思われてしまうのはあまりにもかわいそうです．

これらの場合，まず先に考えなければならないのは愛犬との関係性です．

「縄張り」も「恐怖」もイヌが自ら解決に乗り出している状態といえます．ですが，これが信頼できるヒトがそばにいるとどうでしょう．しっかりと守ってくれるヒトとの関係を築ければわざわざ自分から行動する必要はなくなります．不必要なストレスを感じさせることのないよう，飼主は努めなければなりません．

9）ネコとの性格の違いは？

ネコは基本的には，単独行動の動物で，自分で判断し行動してきたのに対して，イヌは祖先のオオカミにもみられるように，群れ，集団として行動してきました．群れには必ずリーダーが必要で，リーダーの指示に従って行動をしてきたため，飼いイヌとなった現在は，飼主が群れのリーダーになっています．飼主が喜ぶ行為，飼主に褒められる行為は，イヌにとって喜びとなり，ネコと違って，イヌの方が従順なのです．

5　管　理

1）イヌが下痢した時にヒトの薬を体重に比例してあげてよいですか？

ヒト用の薬には，イヌにとっては中毒を起こす成分が含まれている可能性もありますし，犬種によっては，成分に対して効き目が強く出過ぎて副作用を生じる場合もあります．お腹を壊した時は，乳酸菌の整腸剤を体重に比例して給与するぐらいにして，消化のよい食事を与えることを最優先にしてあげてください．長引く場合は，便を持って動物病院を受診することをお勧めします．

2）抜け毛は減らせますか？

全身毛だらけのイヌの場合は，抜け毛は仕方ないものです．しかし，犬種によって，抜け毛の多少や毛の始末のしやすさに差があります．部屋が抜け毛で汚れるのを予防するもっともよい方法は，まめにグルーミングしてあげることです．グルーミングする際に，ぬるま湯で湿らせて絞ったタオルで毛を軽く湿らせてあげると，静電気が起きることが少なくなりますし，毛が飛び散りにくくなります．また，グルーミングする部屋や場所も決めておいて，落ちた毛の始末等がしやすいカーペットや床材を選ぶようにしましょう．毛がついてしまった場所は，ゴム手袋をはめてその場所を滑らせる，粘着テープを使う，湿らせたラバーブラシや爪ブラシ，濡れ雑巾等でこする等して丸めて取り除くといいでしょう．掃除機に被毛取り専用の吸い込み口をつけて掃除する方法もあります．

3）イヌの匂い（獣臭）は消せますか？

イヌは視力があまりよくないので，個体識別やコミュニケーションのために嗅覚を利用しています．イヌの皮膚にある汗腺は，汗を出すためのエクリン汗腺と個体特有の匂いを含んだ分泌物を出すアポクリン汗腺があります．イヌではエクリン汗腺は肉球と鼻鏡の一部にしかありませんが，アポクリン汗腺は全身にあります．ヒトでは，アポクリン汗腺は，腋の下や耳の後ろ，肛門の付近等にあります．腋臭（わきが）は，分泌物に細菌が繁殖することで異臭を生じるものです．イヌの場合も，分泌物に細菌が繁殖することで匂いが強くなってしまいます．イヌの生活する場所の衛生を保つことや汚れたらシャンプーしてあげるなど清潔を保つことで不快な匂いがすることを抑制できると思います．また，雨や水に濡れると皮脂腺から分泌される脂の量も増えます．これをそのままにしておくと分泌された脂が酸化して，悪臭が生じます．そのため，よく拭いてあげることも大切です．生活環境の衛生や皮膚の清潔を保つことは，獣臭を和らげるのみならず，皮膚病の予防にも有益なことです．

4）散歩の時間と回数

小型から中型犬であれば，１回20分～30分程度を１日２回，大型犬であれば，30分～１時間程度を１日２回ぐらいしてあげるといいようです．ただし，運動能力が高く，散歩だけでは不十分な犬種もいますので，途中で，イヌが遊べる広い場所等があれば，ボール等で「とってこい遊び」をすることもよいかもしれません．また，歩く速さは，一定にするのではなく，立ち止まって色々な匂いを嗅がせたり，時々小走りしてみたりしてあげる方がイヌの満足度も上がるようです．散歩に出る時間をいつも同じにすると，イヌが覚えてしまって，要求するようになってしまいますので，あくまでも飼主さん主導で，散歩に連れ出してあげてください．夏の暑い時は，地面の温度が上がらない早朝やある程度気温が下がった夜にする等，気温に応じて散歩の時間を変えるようにしてあげることも大切です．

5）利用できる運動施設

イヌが利用できる運動施設には，ドッグラン（施設の中でイヌを放して自由に遊ばせることができます）やアジリティ（イヌの障害物競走施設）等がありますが，多様なイヌと接触するため，定期的な駆虫，ワクチン，ノミ・ダニ予防をしておくようにします．また，きちんと他のイヌとの対応ができるように躾ておくことも大切です．

6）イヌがシャワーを嫌がる場合は一生しなくてよいですか？

身体を長期に洗わなければノミやダニがつくかもしれませんし，皮膚病に罹りやすいし，悪臭も発生するでしょう．シャワーは耳の中に水が入りやすいので嫌がるイヌもいますが，慣れるまでは肩から下だけシャワーするのもよいでしょう．シャワーや風呂の後は褒めたり，褒美としておやつをあげるなど，騙し騙し慣らしましょう．シャワーはコミュニケーションの場であり，飼主の愛情とも思います．洋犬や水中作業犬は，水を嫌がらないことが多いようですが，日本犬は，水が嫌いな場合が多いです．手に負えないほどシャワーを嫌がるとすれば，ブラッシングの後に濡れタオルで拭くとか，湯を使わないムース状のペット用ドライシャンプーがあります．

7）年をとってきて瞳が濁ってくる訳は？

瞳の濁りには，核硬化症という老齢性変化と，白内障の場合があります．核硬化症は，加齢と共に現れてくる変化です．６歳を過ぎた頃から現れてくることが多いです．水晶体の中心部に数層の膜からなる核があるのですが，この核が年齢と共に中心に向かって圧縮されていくことで青白くみえるようになります．水晶体が全体的に濁ってみえることが特徴です．光を通すため眼底検査で眼底をみることができます．また，視覚を失うことはありません．

白内障は，水晶体に濁りが生じる病気で，色々な原因（遺伝性，代謝性，中毒性，外傷性，老齢性，続発性等）で生じます．老齢性白内障の場合は，進行はゆっくりです．初期は，白濁がみられるのは水晶体の１部だけですが，進行すると全体的に白濁が広がって，視力を失ってしまいます．また，放置しておくと，眼の炎症を生じる場合や緑内障を生じる場合があります．そのため，初期には白内障の進行を抑制する点眼薬を用います．進行した場合には，白内障手術を行う場合もあります．

8）動物病院でできること，できないこと

動物病院の規模や大きさにもよりますが，動物病院でできることは，基本的には，予防，駆虫，診察，検査，診断，治療，看護と，躾指導，食事指導，リハビリテーション等です．動物病院でできないことは，普段からイヌと一緒に生活し，ずっとイヌのことをみてきた飼主さんの代わりを務めることです．やはり，色々な場面で，飼主さんでなければということがあるのです．

6　イヌの食べ物

1）日本にペット飼養標準はありますか

ペットフード科学は家畜家禽の栄養科学の中で新しく，その分，研究課題は多く，興味ある分野です．日本には独自の信頼できる栄養標準がありません．ペットフード協会ではAAFCO（アメリカ飼料検査官協会）の飼養標準を採用していますが，NRC（アメリカ国立研究審議会）標準とAAFCO標準の成犬の蛋白質最小量（乾物中）はNRCが８％（推奨量10％）に対しAAFCOは18％（推奨量未定）で，その差は2.25倍もあります．この大差はNRCが精製飼料（消化率が高い）を用いて実験を行ったのに対して，AAFCOでは，市販フードに近いフードを用いて実験を行ったために出てきたものです．また，AAFCOのライフステージ区分はヒトに例えれば，離乳児から高校生までの栄養標準が同一で，妊婦と授乳婦の標準も兼ねています．これは栄養学的にあまりにも大雑把です．

こうした開きの原因は①研究の歴史が浅い，②畜産の主目的は「生産」で研究が容易ですが，ペットの主目的は「健康」なので研究が難しく，③動物福祉の関係で厳密な動物実験が困難，④ネコの体重の開きは２倍以内ですが，イヌではチワワとセント・バーナードとで30倍以上の差があり，種類も多いので基準犬が決められないことがあります．

2）消化メカニズムの特異性

イヌは胃酸とプロテアーゼ（蛋白質分解酵素）活性が強く蛋白質消化能力は高いですが，炭水化物消化能力は低いといわれています．それはイヌの特異性というよりも食生活の問題で蛋白質を多く食べ続けた結果と考えられます．健康長寿を目的にしたNRC栄養基準に準じた蛋白質10％程度のドッグフードを食べ続ければ，それに消化酵素系は馴致して炭水化物消化能力は向上するでしょう．同様な例として，乳糖分解酵素が少ないために牛乳を飲むと下痢するヒトやイヌも少量ずつ飲めば馴致可能です．近年，ヒトの食物アレルギー免疫療法で，アレルゲンの食物を少しずつ食べて減感作させる方法が注目されています．

3）イヌが好きなものだけ与えてよいですか？

子どもが好きなものだけを食べさせてよいでしょうか？ 答えは子どももイヌもノーです．子どもやイヌにチョコレートを好きなだけ食べさせれば，有害です．イヌが好きな肉だけを与えれば，栄養失調の一種である全肉症候群になります．

美味しそうに食べる姿をみて喜ぶ飼主が多いですが，それは溺愛であり利己愛です．イヌの健康に繋がってこそ真の愛情です．子犬用から成犬用に切り替えた時に，食べてくれないと感じた飼主は仕方ないので子犬用に戻したり，補足的におやつを与えると，食べることを拒否すれば別の食べ物がもらえることをイヌは学んでしまいます．しかし，忍耐強く成犬用だけ与ることでいずれ食べるようになります．

4）年齢や犬種によるペットフードの違い

ペットフードの違いの要因として栄養必要量と物性の違いが考えられますが，ここでは前者について考察します．栄養必要量は代謝速度に比例します．このことは２ヵ月で孵化体重の100倍になるブロイラー，半年で生時体重の100倍になる肉豚，半年でシラス体重から1,000倍になる養殖鰻，育種改良による高性能採卵鶏等の栄養必要量の変遷をみれば明白です．この代謝速度比例を基本にして，ペットフード区分必要度を順位づければ，ライフステージ（幼齢，育成，授乳，妊娠，維持，老齢）＞摂取目的（体力，健康）＞環境＞品種（体型，被毛状態）と推察します．「ライフステージによる区分」の必要性は「品種による区分」よりも優先すると判断します．あえて品種的な違いを挙げれば，小型犬は体重に対する体表面積比率が大きいので体温維持エネルギー必要量が多く，長毛種は体温維持エネルギーが少ない反面，毛の主成分の蛋白質（特に含硫アミノ酸）必要量がやや多いでしょう．

5）ドッグフードの給与量，給与法，肥満防止

１日１頭当り平均的給与量は体重当り大型犬で1.5％程度，超小型犬で３％程度ですが，詳細は各々の包装容器に表示されています．しかし，その給与量は目安として捉えたいです．適正な給与量は個々のイヌによって異なります．必要な給与量は消費エネルギー（維持エネルギー＋運動エネルギー）と摂取エネルギーの出納によって決ります．品種と体重が同じでも消費エネルギーはイヌの環境によって異なります．夏か冬か，屋内か屋外飼育か，運動量等によって異なります．

そこで，まず表示通り計量給与し，月１～２回の体重測定とボディチェック（外見や肋骨触診等）をしながら給与量を調整します．ペットが家族の一員であれば，この程度の面倒は飼主の責任です．

ペットの肥満は虐待であり，英国で肥満ペットの飼主が虐待罪になった判例があります．イヌもヒトも肥満の主因は消費エネルギーに対する摂取エネルギーの過剰ですから，体重管理をダイエット用サプリメントに頼り過ぎないようにしましょう．

7 イヌの病気

1）ワクチン接種．本当に必要なのでしょうか？危険はないのでしょうか？

感染症の様々な症状によって，ペットは体力を消耗し，食欲不振に陥り，場合によっては生命の危機に陥ります．伝染病は，罹ってから直すより罹らないように予防することが大切です．イヌが予防注射（ワクチン）によって予防できる伝染病には，ジステンパー，犬パルボウイルス感染症，犬伝染性肝炎，犬伝染性喉頭気管炎，犬コロナウイルス感染症，パラインフルエンザ感染症，レプトスピラ感染症（２～４種），狂犬病等があります．

ワクチンは，コアワクチンとノンコアワクチンに分けることができます．コアワクチンは，イヌが健康で人間社会に受け入れられるために必要なワクチンで，イヌでは５種または６種の混合ワクチンがあります．ノンコアワクチンは，イヌの生活環境（山野林に猟に行く，外出自由等）や居住地域（当該ワクチン予防が必要な流行地域，汚染地域）等によって，接種が必要なワクチンで，単味のものや混合ワクチンの形になっているものがあります．

ワクチンは，「病原体に対する免疫を付与することを目的とした製剤」で感染症に罹らないようにするため，あるいは罹っても軽症で済ませるために接種するものです．ワクチンの初回接種は，３ヵ月齢未満の場合は，動物病院によって色々ですが，生後４～８週齢時に行い，その後は，４週間ごとに３ヵ月齢を超えるまで接種し，３ヵ月齢以上の個体では，３～４週間あけて，２回接種する場合が多いです．その後，成犬や成猫では，１年ごとに追加接種をします．狂犬病の予防接種は，生後91日以降に１回接種し，１年ごとに追加接種ということが「狂犬病予防法」で定められています．ワクチンを接種した場合の免疫反応は，母親からの移行抗体（胎盤や初乳を経由）がある場合は，ワクチン抗原が中和されてしまい，効果が十分に現われない場合があるため「捨てワクチン」といわれることもあります．そのため初回接種は，移行抗体が低くなった時点で接種する場合が多いですが，この時期が一番感染に感受性が高い時期でもあるので，散歩や見知らぬイヌやネコとの接触等を避ける必要があります(感染源となり得るものからの隔離)．また，免疫を確実にするために追加接種が行われます．

ワクチン接種をする際には，ただ接種するのではなく診察して健康状態をチェックして，ワクチン接種による悪い影響が出ないことを確認してから行います．それでも，副作用やアレルギー症状が出る可能性もありますので，接種の際には獣医師や看護師がそれらについてもきちんと説明し納得が得られてから接種します．また，副作用やアレルギー症状が出てしまった場合も，動物病院ではそれに対する対応ができるようになっています．

２）イヌとネコを一緒に飼う時にネコの病気がイヌにうつりませんか？

ネコに特有の伝染病や病気がうつることはありません．ダニやノミ，疥癬等の外部寄生虫や回虫，鉤虫，コクシジウム等の内部寄生虫，真菌症等は，ネコが持っている場合はうつります．

3）イヌの健康状態の簡便な見極め方

食欲や飲水量の増減，便の状態，尿の量，回数や色，皮膚や毛に関しては，抜け毛の量，フケの量，光沢の有無，活動性，歩き方，眼の状態，散歩に行きたがるかどうか，疲れやすいかどうか，やせてきていないか，あるいは太ってきていないかどうか等，普段に比べて変わったところがある場合には，何か病気や怪我等があるかもしれません．健康状態を見極めるためには，普段からのイヌの状態を知っておくことが大切です．

詳しくは，第X章イヌの健康と病気の項を参照してください．

4）寄生虫の予防と駆除

寄生虫は動物の体力を消耗し，寄生虫の種類や抵抗力の低い動物では，寄生虫感染によって生命の危機に陥る場合もあります．消化管内寄生虫には，回虫，鉤虫，鞭虫，条虫（瓜実条虫，マンソン裂頭条虫等），原虫（コクシジウム，ジアルジア，トリコモナス等）等があります．消化管内寄生虫については，感染糞便等を散歩の時に踏んでしまう，匂いを嗅ぐ等で感染してしまう可能性があるので，定期的な糞便検査をして定期的な駆虫を行いましょう．ノミ，ダニ等の外部寄生虫も予防駆虫が大切です．予防駆虫薬には，飲ませるタイプや皮膚に滴下するタイプがあります．外部寄生虫は，吸血や痒みだけではなく，アレルギー性の皮膚炎を生じる場合や寄生虫の中間宿主になっているものもありますし，恐ろしい病気を媒介する危険性もあります．蚊に吸血されることで，心臓に糸状虫が寄生するフィラリア症は，月1回の飲み薬や滴下薬，半年または1年にわたって効果が持続する注射で予防することができます．

8 イヌの将来像やイヌの可能性

1）イヌと会話できる可能性

ソフトバンクのCMのカイ君のように，将来自由にイヌと会話ができる可能性はあり得るのでしょうか．イヌは「条件反射」の代表例として教科書に掲載されたことがある程に反射的記憶力は素晴らしいです．イヌは飼主の日常会話や日常行動のかなりの部分を理解できます．「お預け」や「お手」等は容易に覚えるし，躾次第で「留守番」と伝えれば指定された場所へ自ら行って待ちます．家族間で出かける話をすれば，落ち着かなくなり玄関口に先回りするイヌは多いです．近頃のイヌは口笛に反応しなくなりましたが，飼主が口笛を吹かなくなったからでしょう．

一方，ヒトはイヌの声やボディ・ランゲージやアイコンタクト等を理解する能力が低いので会話が成り立ちにくいです．会話成立の障害はヒトの能力不足にあります．とはいえ，家族の一員として数年間の濃い接触をすれば，イヌの鳴き声や表情をある程度読み取れるようになります．近未来にはコンピュータとカメラを使うことによって，鳴き声や表情の通訳が可能になるでしょう．コンピュータによるヒトの脳波解明の研究も進んでいますが，イヌと会話が成立つようになれば，聞きたくない話も聞くことになり可愛さが半減するかもしれません．

２）野生動物も家畜化ができますか？オオカミがヒトの家族になれたのにライオンやシカなど他の野生動物ではなぜだめだったのですか？

野生動物がヒトの生活圏の中で暮らしていくためには，双方にとって，利益・得がなくてはなりません．オオカミには，ヒトについていけば，食料のおこぼれをもらえる，安全な住処を提供してもらえるという利点がありました．ヒトにとっては，いち早く危険を知らせてくれる，獲物の回収をしてくれるという利点がありました．オオカミは，リーダーを中心とした，群れ（集団生活）をしてきていたので，ヒトの環境や生活に適応する能力が高く，ヒトがリーダーとなった場合にも，その集団（家族）の中で生きていくことができたからです．

３）将来の品種改良の目標は？

身近な動物でありながらイヌに関しては不明なことが多過ぎて，この質問は回答が難しいですね．これだけで１冊の本になってしまうでしょう．近年は携帯ゲーム機の中で動物を飼育し，その動物は構ってあげないと病気になって死んでしまいます．戸外飼育から室内へ，コンパニオンとなったイヌはやがて電子犬へと変化するかもしれません．

参考書籍

J.M.Evans & Kay White著　苅谷和廣監訳　ドッグロペディア　チクサン出版社　2004
佐々木文彦著　楽しい解剖学　ぼくとチョビの体のちがい　学窓社　2008
佐々木文彦著　続　ぼくとチョビの体のちがい　学窓社　2008
スタンレー・コレン著　三木直子訳　犬と人の生物学　夢・うつ病・音楽・超能力　築地書館　2014
中間實徳ら監訳　犬と猫の健康　メルク・メリアルマニュアル　家庭版　インターズー　2010
日本動物看護学会監修　実用百科　ペットのための介護ガイド　実業之日本社　2000
ブルース・フォーグル著　福山英也監修　新犬種大図鑑　ペットライフ社　2011

2017

2017年 4月5日　第1版第1刷発行

犬を科学する

著者との申し合せにより検印省略

定価（本体2400円＋税）

著作代表者　石橋　晃（いしばし　てる）

発行者　株式会社　養賢堂
代表者　及川　清

印刷者　株式会社　丸井工文社
責任者　今井晋太郎

発行所　株式会社 養賢堂
〒113-0033 東京都文京区本郷5丁目30番15号
TEL 東京(03)3814-0911　［振替00120-7-25700］
FAX 東京(03)3812-2615
URL http://www.yokendo.com/

ISBN978-4-8425-0559-6　C3061

PRINTED IN JAPAN　製本所　株式会社丸井工文社